JN038602

情報文化スキル

第4版

Windows 10 & Office 2019 対応

城所弘泰・井上彰宏・今井　賢●共著

第4版まえがき

読者の皆さんもご存知のように，文科省は初等教育指導要領を改正し2020年度からすべての小学校で「プログラミング」の授業が必修となりました．このことは，本書第1～3版のまえがきで指摘していた我が国の情報教育における教育ビジョン構築への長期的無策に対して，教育上層部が危機感をつのらせ，その改善の一歩を踏み出したと，高く評価できます．もちろん，これで我が国の情報教育課程が完成されるわけではなく，今後，多くの問題に直面しながら幾多の軌道修正を余儀なくされることでしょう．

さて，このような新しい情報教育必修化の開始とともに，ここで取り残された人々がいることにお気付きですか．そうです，本書を手にしている皆さんです．社会科学系・人文科学系の（自然科学系以外の）学生を対象としている本書の読者は，（高校でパソコン教育を受けた一部の学生を除き）プログラミング教育を受けるチャンスが基本的にありません．

90年代の中ほどまで大学では，文科系学部にもプログラミング教育がカリキュラム化されていました．しかし，その後（25年ほど前）いわゆる企業先導型の情報リテラシー教育，つまりパソコンを使ったWord，Excelなどの実習教育が開始されてから，プログラミング教育は（経営学部など，一部の学部を除き）大学の文科系学部から姿を消してしまったのです．

それでは，今，皆さんに情報の分野で求められているのは何でしょうか．それは，氾濫する情報の真偽・善悪を見極めながら収集する力，それらを正しく分析する力，そしてその結果を情報倫理にのっとり発信する力，これら3つの総合力（メディアリテラシー）です．皆さんには，それぞれの力を発揮していく中で，今の時代に即応した問題を発見する目を養い，その問題を解決する腕を磨き，将来の展望へと繋いでいってほしいと期待しています．

さあ，レガシー（時代遅れの）システムへの対策が喫緊の課題となっている「2025年の崖」が目前に迫っています．さらに人工知能が人智を超えるシンギュラリティ「2035年問題」が次に控えています．読者の皆さんはメディアリテラシー$+\alpha$を備えて，これらの直面する問題に立ち向かっていってください．

さて，この度，本書の内容をWindows 10とOffice 2019対応版に改訂いたしました．執筆者の担当箇所は前版と変わっていません．改訂にあたり(株)オーム社の矢野友規氏，可香史織氏に多大なお力添えをいただきました．本紙面を借りて心より御礼を申し上げます．

本書が，引き続き，情報教育の意識改革に少しでも役立つことを願ってやみません．

2020年1月

執筆者を代表して　今井　賢

第３版まえがき

まず，下のグラフを見てください。これは，1995年から2000年までの我が国のソフトウェア輸出入の統計調査結果を表したものです．このグラフから明らかなように，我が国のソフトウェア貿易収支は大幅な赤字です．なんと輸入額が輸出額の約100倍となっています．2001年以降も，正確なデータはありませんが，この赤字傾向にさほど変化はないと考えて間違いはありません．この大幅な赤字の要因は何でしょうか．日本における情報教育にもその責任の一端があるのではないでしょうか．私たち情報教育に携わる者はこの現実を真摯に受けとめ，これまでの情報教育の改善方法を真剣に模索していかなければなりません．

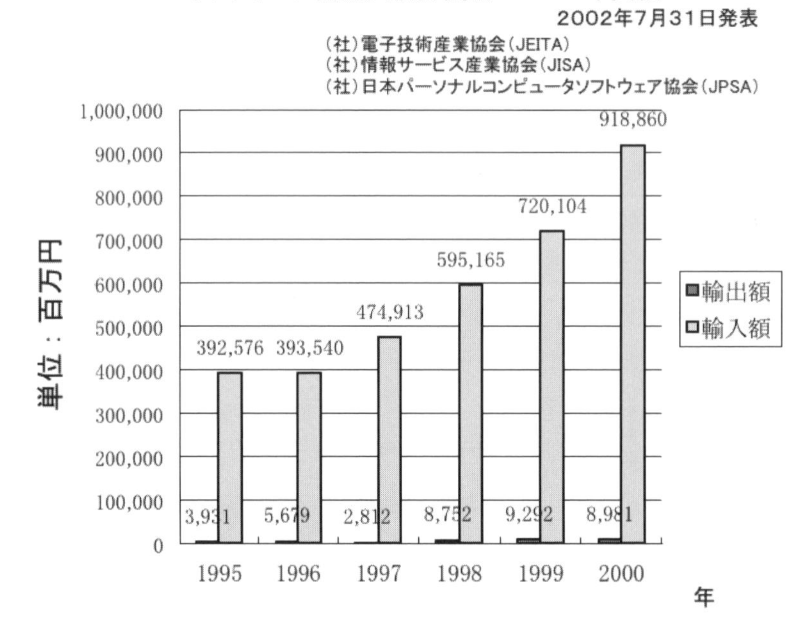

（日本パーソナルコンピュータソフトウェア協会ホームページより引用：このデータは，ソフトウェアに関係した３団体の協力によって得られたものですが，残念ながら2001年以降同じ調査は実施されていません．３団体のうちの１つであるJISAが，2004年度のソフトウェア輸出入額調査結果を公表していますが，３団体協力の調査に比べると，全体像を把握するデータとしては不完全であると見られています）

私たちの生活をとりまく情報文化の発展は加速の一途を辿っています．パソコンの性能アップとインターネットの普及に始まり，携帯電話の機能拡大からスマートフォンへの移行，さらにSNSの利用者急増，そして情報教育においては，高校教育新課程でパソコン教育を受けた学生が2006年4月から大学に入学するなど，IT革命はとどまることなく続いています．このような情報文化の中にあって，情報教育は最も重要な位置にありながら，主体的な教育ビジョンが構築されていなかったのです．社会に迎合するための，一部の企業先導型教育を続けているのです．直接教育する側も，教育を受ける側も，教育を支援する側も，今こそ，教育に対する"主体的"な目的意識が必要なのではないでしょうか．

さて，本書は，1999年に初版が出版された「情報文化リテラシ」（昭晃堂）を土台として作成されています．おかげさまで「情報文化リテラシ」は，多くの大学で初等情報教育の教科書・参考書として採用されてまいりました．本書は，この「情報文化リテラシ」の実績を踏まえ，一部を除き，執筆者の担当箇所を変えるなど，まったく新たに「情報文化スキル」と改称して出版されました．城所弘泰が第4，6，7章，井上彰宏が第2，3，5章，今井賢が第1，8章を担当しています．

そしてこのたび，本書の内容をMicrosoft Windows 8.1とMicrosoft Office 2013対応版に改訂し，2014年オーム社のご厚意により新たに出版する運びとなりました．昭晃堂からオーム社へ移行する際，元昭晃堂の橋本成一氏，オーム社出版局の皆様にたいへんお世話になりました．ここに，本紙面を借りて御礼を申し上げます．

本書が，情報教育の意識改革に少しでも役立つことを願ってやみません．

2014年11月

執筆者を代表して　今井　賢

目 次

第1章 コンピュータの基礎

1.1 単語「情報」の発祥

「情報」という単語は，中国から伝わってきたのではなく，日本で作られた単語とみなされています．もともと中国語には「信息（シンシー）」という「情報」と同じ意味の単語があります．「信」は手紙や知らせの意味で，「息」は気，息，呼吸，消息の意味を持っています．現在の中国では「信息」と「情報」の両方が存在し，「情報」という語は日本から中国へ伝わったと考えられます．

それでは，「情報」という単語は誰がいつ創ったのでしょうか．これまで，森鴎外が，クラウゼビッツ（ドイツ）の「戦争論」の訳本（明治34年（1901年）「戦論」）で，初めて「情報」という語を使ったとされてきました．しかし，その後の調べで，明治9年（1876年）陸軍少佐の酒井忠恕が実地演習の教科書として，フランス語を訳した「仏国歩兵陣中要務実地演習軌典」の中に「情報」という単語が使われていたことがわかりました．現在のところ，これが単語「情報」の誕生と考えられています．

この明治時代の「情報」の意味は「敵情の報知」「敵情報告」で，現在の「諜報」の意味を持っています．そして，このころは「情報」と「状報」の2つの漢字を同じ意味で使っていました．

1.2 「情報」の定義

現在の「情報」の意味は，上述の「情報」という単語が使われ始めた明治時代とは大きく変化しています．広辞苑（第6版）によれば，「①ある事柄についての知らせ　②判断を下したり，行動を起こしたりするために必要な種々の媒体を介しての知識」とあります．情報処理の立場からみるならば，日本工業規格（JIS）の情報処理用語では，「事実，事象，事物，過程，着想などの対象物に関して知り得たことであって，概念を含み，一定の文脈の中で特定の意味をもつもの」と定義されています．またJISでは，「データ」を「情報の表現であって，伝達，解釈または処理に適するように形式化され，再度，情報として解釈できるもの」として定義しています．

例えば，道路を歩いていて，目の前の信号機が赤に変わったとします．私たちはその赤の色を見て「止まれ」だなと思い，立ち止まります．ここで信号機の「赤い色」が「データ」です．

データである「赤」を見て，私たちは「止まれ」の意味であると解釈します．この解釈した意味が「情報」です．逆に，この「止まれ」という「情報」の表現が，「データ」である信号機の「赤」なのです．

JIS の説明文の「一定の文脈の中で」とあるのは，この例なら「道路を歩いていて，目の前の信号機を見るという一連の流れの中で」という意味です．

このように，JIS では「情報」と「データ」とを始めは別々に定義していますが，同じものとして取り扱って問題ないとしています．なぜなら，その定義からわかるように「情報」と「データ」とは表裏一体で，切り離せないものだからです．

1.3　ディジタルとアナログ

ディジタルもアナログも日常的に使われている単語です．JIS の用語の定義によれば，ディジタルとは「数字によって，離散的に表現されるデータおよびそのデータを使う処理過程または機能単位に関する用語」です．そしてアナログとは「連続的に可変な物理量，連続的な形式で表現されたデータおよびそのデータを使う処理過程または機能単位に関する用語」となっています．

1.4　ハードウェアとソフトウェア

「ハードウェア（Hard Ware）」や「ソフトウェア（Soft Ware）」も情報処理の分野に限らず，日常的に使われています．例えば，学校などの授業において，ハードウェアは，机，黒板，教室，鉛筆……であり，ソフトウェアは教員が話している内容，資料，ノート，参考書……となります．料理の場合，オーケストラの場合，薬の場合など，それぞれにハードウェアとソフトウェアとを挙げることができます．ハードウェアを日本語に訳せば，「硬いもの」「金物」で，ソフトウェアは「やわらかいもの」となります．

情報処理の立場から，JIS の用語の規格によれば，ハードウェアは「情報処理システムの物理的な構成要素の全体または一部分」であり，ソフトウェアとは「情報処理システムのプログラム，手続き，規則および関連文書の全体または一部分」となっています．簡潔に言えば，ハードウェアはコンピュータの装置そのものであり，ソフトウェアはプログラムおよび関連文書のことです．

1.5　コンピュータとは

「コンピュータ」は，以前は単に「計算機」と呼ばれていましたが，今では「電子計算機」，

「電脳」ともいいます．JIS の用語の定義では「算術演算および論理演算を含む大量の計算を人手の介入なしに遂行することのできる機能単位」とあります．しかし，「計算」という語が誤解を招きやすいため，むしろ，「ディジタルデータに対して入力・保存・蓄積・計算・編集・加工・出力など様々な処理を人手の介入なしで実行する電子装置」と言い換えたほうが，一般にわかりやすいでしょう．このように，コンピュータの定義については学術的に確定した概念になっている訳ではありません．

ところで，「世界最初のコンピュータは何か」との問いに対しては，次の 3 つの説を紹介しましょう．まず始めに，1939 年に Atanasoff（米・アイオワ州立大学）が作った「ABC マシン」，次が 1943 年に Turing（英・ブレッチレー研究所）が製作した「Colossus」，最後に 1946 年に Eckert と Mauchly（米・ペンシルバニア大学）が製作した「ENIAC」です．これらの諸説が存在することは，コンピュータの定義の違いに由来します．

さて，「コンピューター」と「コンピュータ」の 2 つの表記についてですが，これも JIS の用語の規格で「英単語の語尾が -ir，-or などのあいまい母音で伸ばす場合，末尾の長音符号はつけない．ただし，長音符号を含め 3 文字以下なら長音符号をつける」と決まっています．例えば，「プリンター」は「プリンタ」，「エラー」はそのまま「エラー」です．しかし，規格は単なる標準であって，法律ではありません．ですから，長音符号をつける／つけないは，まったく本人（または組織）の自由です．情報処理の専門性の高い図書は JIS に従って「コンピュータ」と表記し，マスコミ関係では「コンピューター」と表記しています．なお，「～大学計算機センター」などは，固有名詞ですので，規格とは無関係の話です．

参考として，文化庁と JIS の関連事項（必要な箇所のみ抜粋・編集）を以下に示します．

1991 年（平成 3 年）文化庁　国語表記の基準　内閣告示　外来語の表記

　長音は原則として長音符号「ー」を用いて書く．

　ただし，慣用に応じて「ー」を省くことができる．

【以下，過去の参考として】

2005 年（平成 17 年）JIS（JIS Z 8301:2005）

G.6.2.2　英語の語尾に対応する長音符号の扱い

a) 専門分野の用語の表記による．

　注記　学術用語においては，長音符号を付けるか，付けないかについて厳格に一定にすることは困難であるため，各用語集の表記をそれぞれの専門分野の標準とするが，長音符号は，用いても略しても誤りでない．

b) 表 G3

　その言葉が 3 音以上の場合には，語尾に長音符号を付けない．

　その言葉が 2 音以下の場合には，語尾に長音符号を付ける．

なお，マイクロソフトは 2009 年にリリースした Windows 7 から長音符号を付けています．

1.6　コンピュータの基本構成

基本的にコンピュータは 5 つの機能と，それぞれの機能を有する 5 つの装置（制御装置，演算装置，記憶装置，入力装置，出力装置）とから構成されています．制御装置と演算装置とが 1 つのチップ上にのっていて，これが中央処理装置（Central Processing Unit）で，英語の頭文字をとって CPU と呼んでいます．

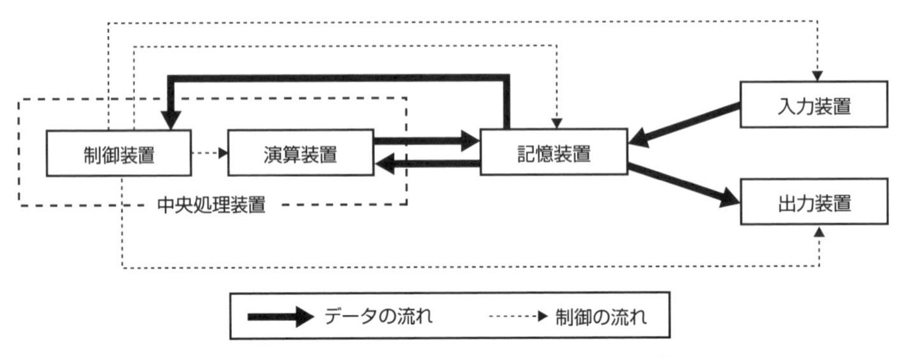

▲ コンピュータの 5 大装置の位置づけとデータおよび制御の流れ

CPU はプログラムの制御や演算処理を行います．記憶装置は，CPU が処理するためのプログラムやデータを格納しておくところです．入力装置は，記憶装置にプログラムやデータを送る機能を持ち，出力装置は処理結果を人にわかる形で示してくれる機能を持っています．

現在のパソコンではこれら 5 つの装置のほかに，補助記憶装置と通信装置が付いています．

1.7　ビットとバイト

米国の数学者 Shannon は，1948 年に著書「Mathematical Theory of Communication」を発表し，通信に関する多くの基本的な理論を明らかにし，今日の「情報科学」の礎を築きました．Shannon のこの業績を「情報理論」と呼んでいます．その業績の 1 つは，情報の持つ「意味」や「内容」を無視して，情報の定量化に成功したことです．

生起確率が P(A) であるような事象 A が実際に起こったとします．このことを知らされたとき，我々が受け取る情報量 I(A) を

$$I(\mathrm{A}) = -\log_a P(\mathrm{A}) \quad (\text{ただし } a>1)$$

と定義します.

特に，$a=2$ の場合，$I(\mathrm{A})$ の単位をビットと呼びます.

そして，同等な確率で起こる 2 つの内 1 つが起こったときに我々の受け取る情報量を単位ビット，つまり 1 ビットと呼びます.

$$\begin{aligned} I(\mathrm{A}) &= -\log_a P(\mathrm{A}) \\ &= -\log_2 \frac{1}{2} \\ &= 1 \end{aligned}$$

しかし，情報リテラシ教育の範囲内なら，単純に「0 か 1 かのどちらか 1 つで 1 ビットである」と考えて特に問題はありません．つまり，

01101101

これで，8 ビットです.

そして，8 ビット = 1 バイトと換算します．半角文字 1 文字をコンピュータ内部では 1 バイトで表現しています．一般にビットは「b」または「bit」，バイトは「B」で表します.

なお，bit は binary digit を語源とした造語です.

1.8 単位系

情報処理では，次の接頭語がよく使われます．単位に次の接頭語がつくと，それぞれの後に記されている数値倍された値になります．例えば，1km = 1,000m であるのは知ってのとおりでしょう.

大きい数を表す接頭語は以下の通りです.

キロ	k	10^3
メガ	M	10^6
ギガ	G	10^9
テラ	T	10^{12}
ペタ	P	10^{15}
エクサ	E	10^{18}
ゼタ	Z	10^{21}
ヨタ	Y	10^{24}

ただし，情報処理の世界では，メモリなどの情報の容量を数える場合は2のべき乗で表現します．すなわち，“キロ”は通常は1,000倍を表しますが，情報処理の（メモリの）世界では，Kは1,024倍，Mは1,048,576倍，Gは1,073,741,824倍となります．

なお，“キロ”に関して，通常の1,000倍のkは小文字で書きますが，情報処理の世界の1,024倍のKは大文字で書きます．（M，G，T……は常に大文字です）

逆に小さい数を表す接頭語は以下の通りです．

ミリ	m	10^{-3}
マイクロ	μ	10^{-6}
ナノ	n	10^{-9}
ピコ	p	10^{-12}
フェムト	f	10^{-15}
アト	a	10^{-18}
ゼプト	z	10^{-21}
ヨクト	y	10^{-24}

（注意）スマートフォンなどの無線通信システムで見られる「4G」や「5G」などのGは，世代（Generation）のことです．4Gは「第4世代移動通信システム」を表しています．

第2章　Windows の基本操作

Windows 10 は，パーソナルコンピュータ（以下パソコンあるいは PC と省略）およびタブレット PC に対応した OS です．タッチパネル対応モニターであれば画面をタッチすることで操作できますが，本書ではマウスを使った操作を説明します．

2.1　Windows の起動と終了

2.1.1　Windows の起動

1. まずパソコン本体の電源（パワー）ボタンを押します．
   モニターの電源が連動していない場合は，先にモニターの電源を入れておきましょう．
2. Windows 10 が起動すると，ロック画面になります．マウスの左ボタンをクリックするか，[ENTER] キーを押すことでサインイン（ログイン）画面になります．パスワードまたは PIN（暗証番号）を入力すると，下図のようなデスクトップ画面が表示されます．
   設定次第ではパスワードなどを入力せずにサインイン（自動サインイン）することも可能です．

2.1.2　電源を切る

パソコンの電源を落とす操作には，電源を切る「シャットダウン」，待機状態にする「スリープ」など，下図のメニューに現れていない方法を含め数種類あります．長時間パソコンを使用しない場合はシャットダウンすることをお勧めします．

- **スタートメニューからのシャットダウン方法**
  画面左下にある［スタート］ボタンをクリックし［スタートメニュー］を開き，［電源］から［シャットダウン］をクリックします．
- **クイックリンクメニューからのシャットダウン方法**
  画面左下にある［スタート］ボタンの上で**右クリック**して［シャットダウンまたはサインアウト（U）］から［シャットダウン（U）］をクリックします．

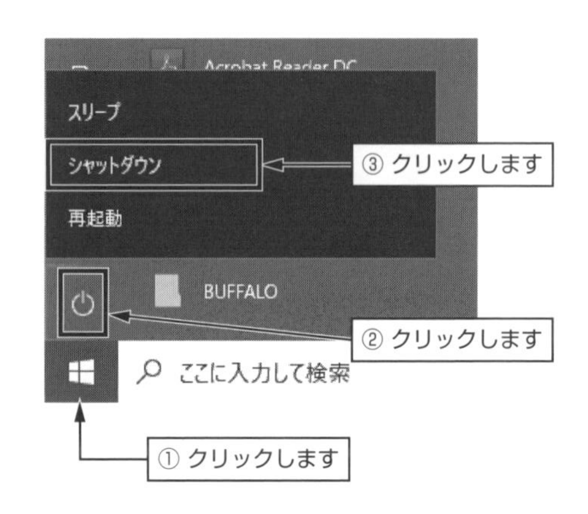

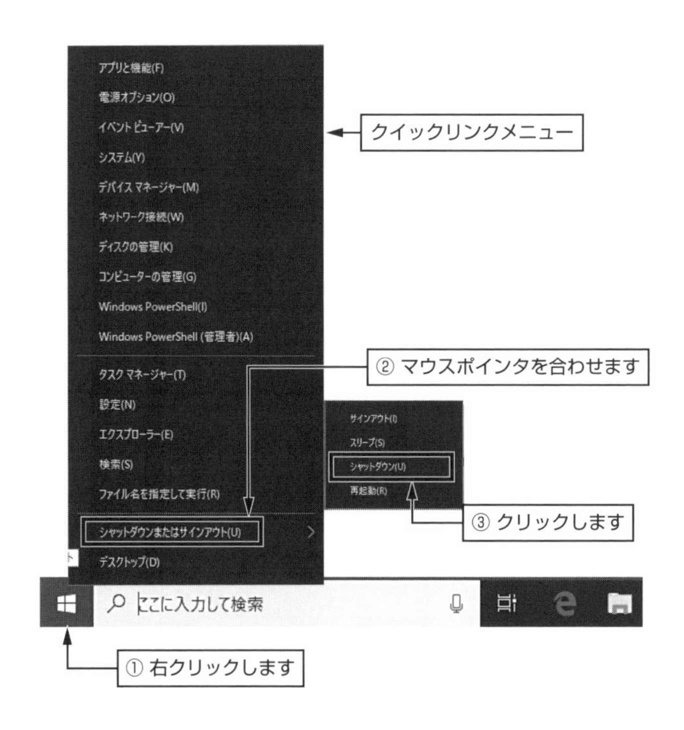

2.2　Windows 10 の基本

2.2.1　デスクトップ

下図が Windows 10 を起動した時に表示される画面です．

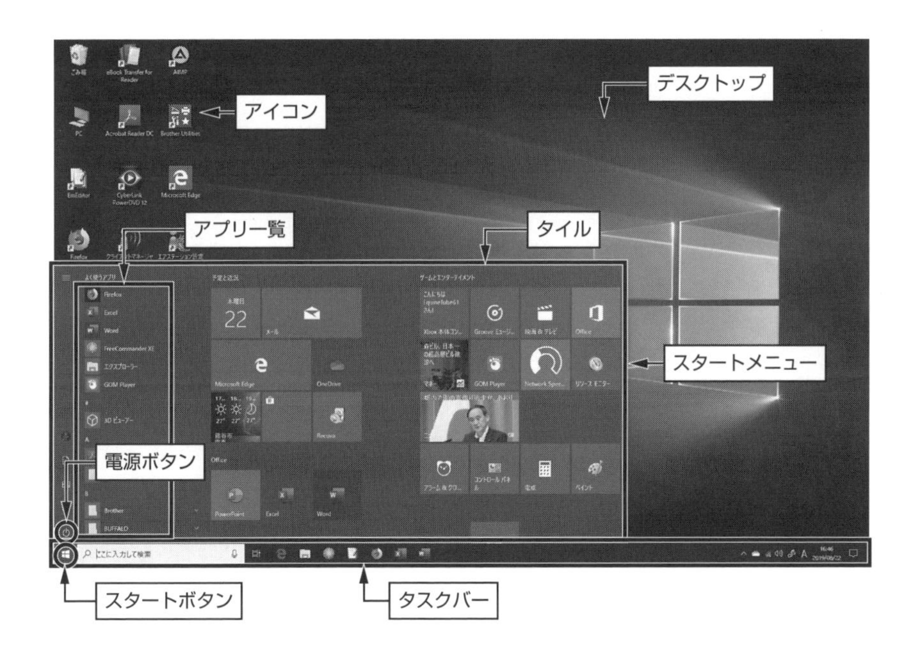

- **アイコン**

  アプリを小さな絵で表したもののことです．デスクトップにあるアイコンは，ダブルクリックすることでアプリを起動することができます．

- **タスクバー**

  画面の（通常は）下に表示されている細長い帯状のエリアのことです．下図のタスクバーでは左端から，「スタートボタン」「検索ボックス」「タスクビューボタン」「固定表示されているタスクバーボタン」「起動中のタスクバーボタン」「通知領域」「デスクトップの表示ボタン」となっています．

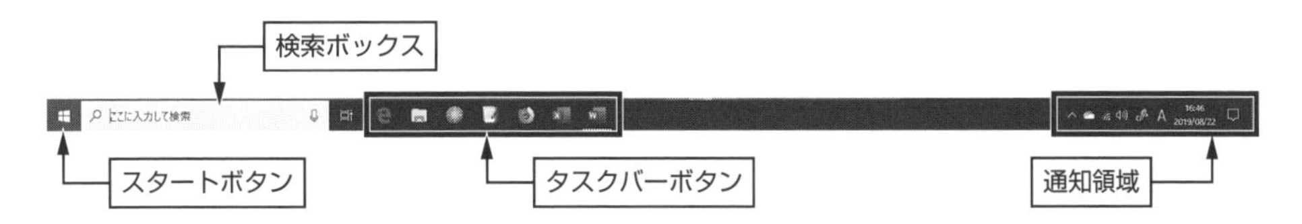

下に線がついたタスクバーボタンは，そのアプリが起動中であることを意味しています（右図）．

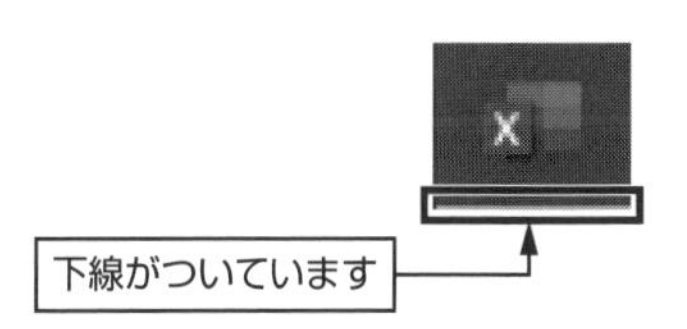

- **スタートボタン**

  クリックすることでスタートメニュー（画面）を表示で

きます．また，右クリックするとクイックリンクメニューが表示され，Windowsの管理・設定ツールを起動したり，パソコンをシャットダウンすることができます．

- **スタートメニュー（スタート画面）**

［スタート］ボタンをクリックすると現れます．Windowsキー を押すことでも呼び出せます．非常に便利なのでぜひ活用してください．

- **タイル**

スタート画面にある四角いボタンのことです．クリックすることでよく使うアプリを起動できます．

- **電源ボタン**

パソコンをシャットダウンできます．

- **検索ボックス**

アプリやファイル（文章・写真・音楽・動画など）を検索して起動したり，Windowsの設定画面を呼び出したり，Web検索することができます．

- **タスクバーボタン**

よく使うアプリはタスクバーボタンとして登録（ピン留め）しておくと便利です．いちいちスタートメニューからアプリを見つけて起動することなく，タスクバーボタンをクリックするだけで起動できるようになります．アプリをピン留めするには，スタートメニューのアプリ一覧から登録したいアプリの上で右クリックし［タスクバーにピン留めする］を選択します．このとき，［スタート画面にピン留めする］を選択すると，スタート画面にタイルとして登録することができます．

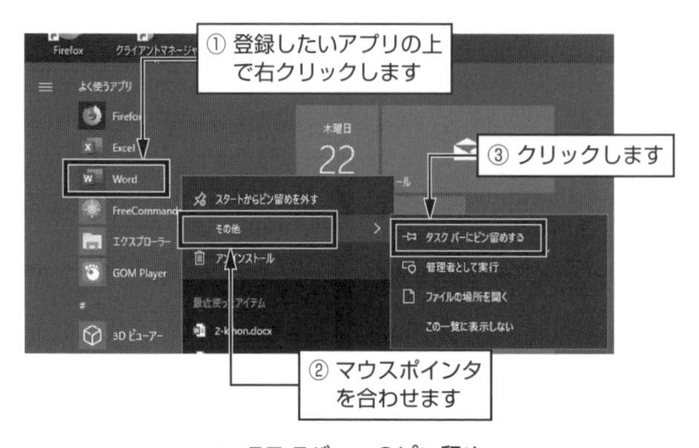

▲ タスクバーへのピン留め

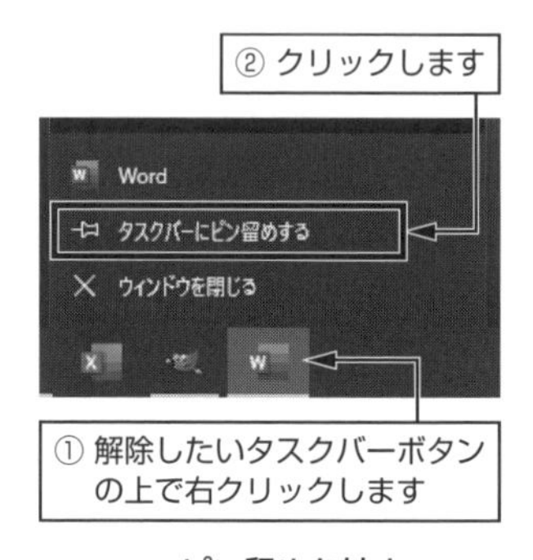

▲ ピン留めを外す

- **通知領域**

タスクトレイともいいます．タスクバー右端の時刻やアイコンが表示されている領域です（次図）．通知領域に表示されているアイコンはバックグラウンドで動いている常駐ソフトの状態を表しています．アイコンを（左または右）クリックすることで，常駐ソフトの設定を変更することができます．

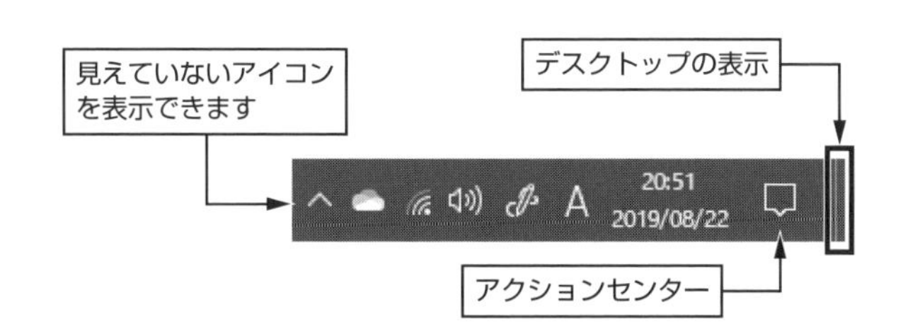

- **アクションセンター**
  Windows やアプリからのお知らせがあると通知バナーが表示され，アクションセンターアイコンに未読通知の件数が表示されます．アクションセンターアイコンをクリックしてアクションセンターを表示できます．アクションセンターの上部にはお知らせ履歴が表示され，下部にはクイックアクションという Windows の設定を素早く変更できるボタンが並んでいます．
- **デスクトップの表示**
  タスクバーの右端にある長方形のボタンで，クリックすると開いているすべてのウインドウを最小化できます．もう一度デスクトップの表示ボタンをクリックすると元の状態に戻すこともできます．

2.3　アプリの基本操作

2.3.1　アプリの起動

スタートメニューのアプリ一覧やタイル，タスクバーに登録されているアプリは，アイコンをクリックして起動します．デスクトップ上のアイコンはダブルクリックすることでアプリを起動できます．

タスクバーやデスクトップのアイコンとして登録されていないアプリは，アプリ一覧から見つけるよりも，検索ボックスで検索して起動する方が簡単です．

2.3.2　アプリの操作

- **ウインドウの最大化**
  ウインドウの右上にある［最大化］□ボタンをクリックします．タイトルバーをダブルクリックしても同じことができます．

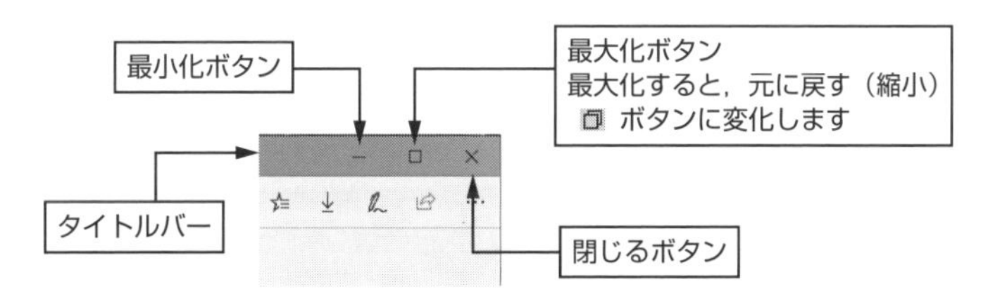

- **ウインドウの縮小**

  最大化されたウインドウの右上にある［元に戻す（縮小）］ボタンをクリックすることで，最大化されたウインドウを元に戻すことができます．

- **ウインドウの最小化**

  ［最小化］ボタンをクリックすることで，ウインドウを一時的に見えなくします．最小化されたウインドウは，タスクバーのボタンだけになります．

- **最小化からの復帰**

  タスクバーにある最小化されたボタンをクリックすることで，元の状態のウインドウに戻すことができます．

  同じアプリが複数起動されている場合は，2.3.6 項を参照してください．

- **ウインドウを閉じる**

  ウインドウ右上にある［閉じる］ボタンをクリックすることで，そのウインドウを閉じる（アプリケーションを終了する）ことができます．

2.3.3　ウインドウの移動

ウインドウの**タイトルバー**をドラッグします（右図）．

※最大化されたウインドウは，位置の変更はできません．

2.3.4　ウインドウサイズの変更

1. ウインドウの右下隅にマウスポインタを合わせると，形状が↘に変化します．
2. ドラッグしてサイズを変更します．

※ウインドウの四隅・四辺でもサイズ変更は可能です．マウスポインタの形状の変化に注目しましょう．

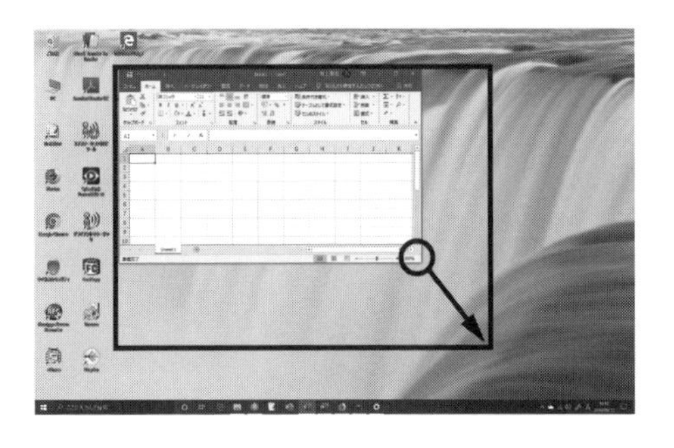

2.3.5　スナップ

タイトルバーを画面の端にドラッグすることで，ウインドウを最大化したり，画面の左右にウインドウをフィットさせることができる機能です．［Windows］キー＋［上下左右のカーソルキー］でキーボードから操作することも可能です．

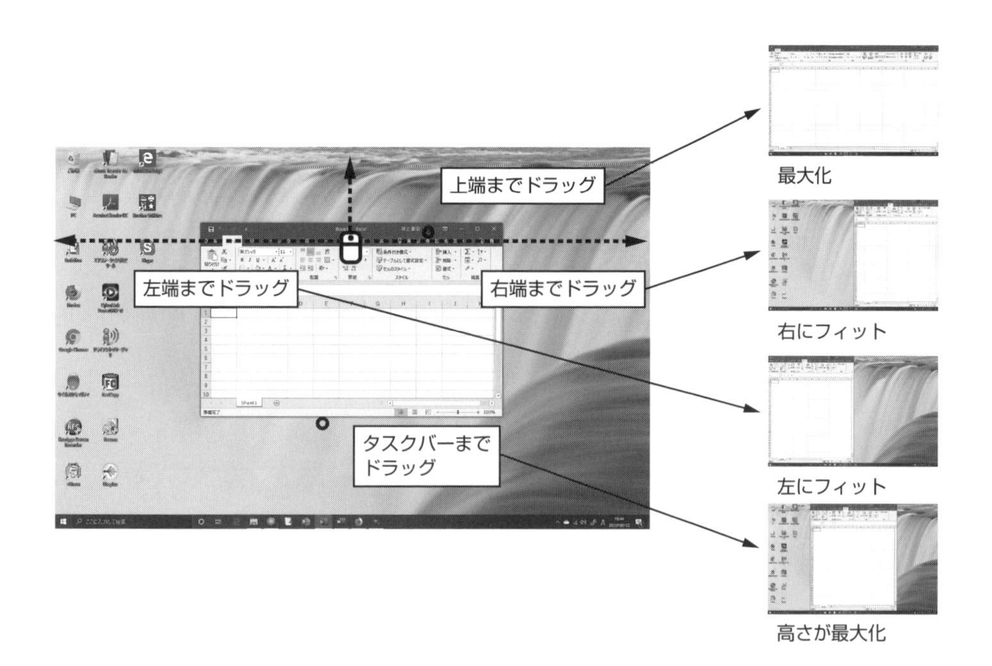

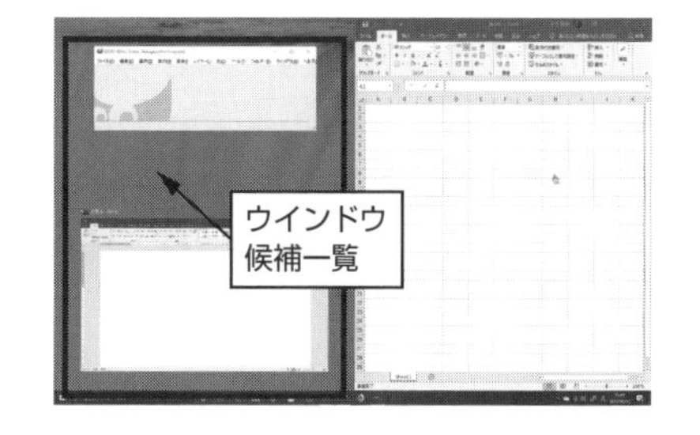

複数のウインドウが起動中の場合は，右図のように並べて表示するウインドウの候補一覧が表示されます．並べて表示したい場合は，ウインドウ一覧から表示したいウインドウをクリックします．並べて表示したくない場合は，候補のウインドウ以外の場所をクリックします．

2.3.6　アプリの切り替え

複数のアプリを起動している場合，作業したいアプリ（ウインドウ）を切り替えたい場面が度々あります．作業したいアプリを切り替えるには，タスクバーボタンをクリックすると選択したウインドウが前面に出てきて作業可能になります．

同じアプリが複数起動している場合は，タスクバーボタンをマウスでポイントして起動中のウインドウのサムネイル（縮小表示）プレビュー一覧を表示します（次図）．操作したいサムネイルプレビューをクリックすることで操作したいウインドウを選択できます．

※作業したいウインドウを直接クリックしても切り替えることができます．

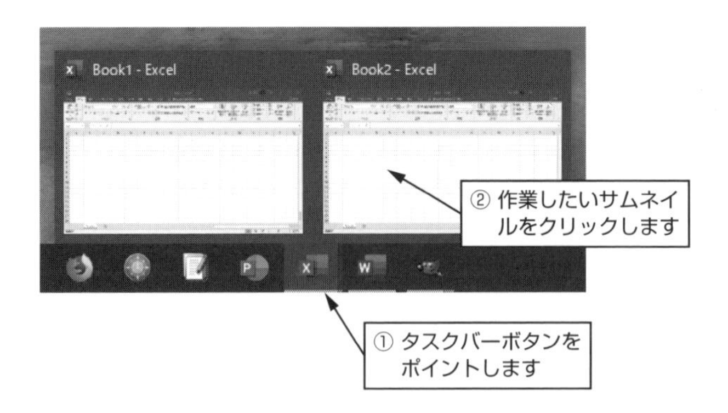

2.4 Microsoft Office 2019の基本操作

Microsoft Office 2019に入っているアプリの共通した基本操作を説明します．

2.4.1 リボン

アプリウインドウ上部に表示されるコマンドが並んでいる帯状の場所をリボンといいます．クリックや範囲指定して選択したものによって，表示されるリボンは変わります．

Windows 10ではエクスプローラーやペイントなどOSに付属したアプリでもリボンが採用されています．

- **リボンの表示**

リボンの右端にある［リボンを折りたたむ］コマンドを使うと，リボンのタブだけが表示された状態になります（右図）．リボンのコマンドが表示されるように戻すには以下のような方法があります．

・リボンのタブをダブルクリックします．

・［リボンの表示オプション］コマンド（下図）から［タブとコマンドの表示］をクリックします．

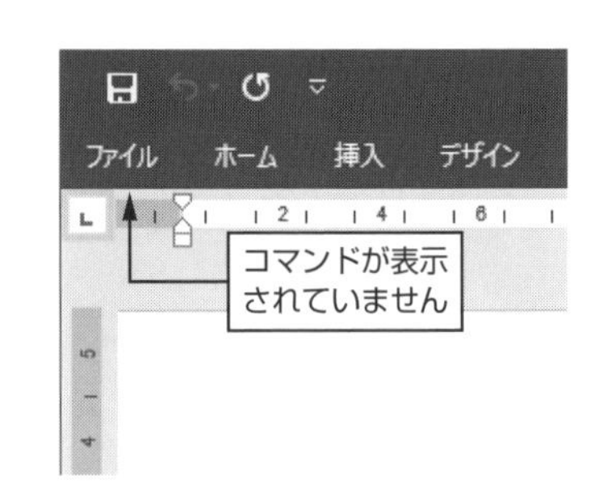

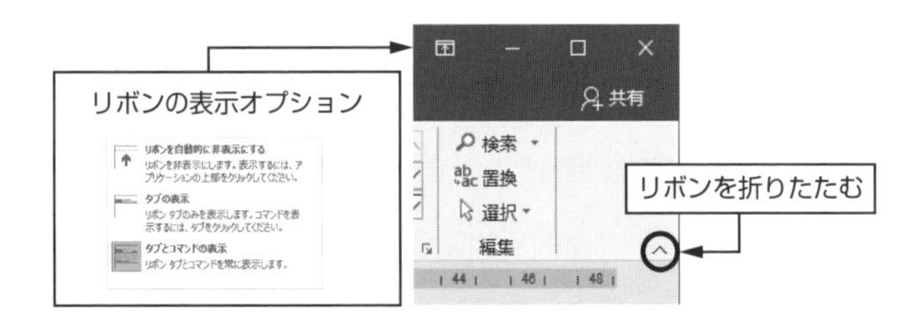

- **リボンの切り替え**

リボンの上に付いているタブをクリックして切り替えます.

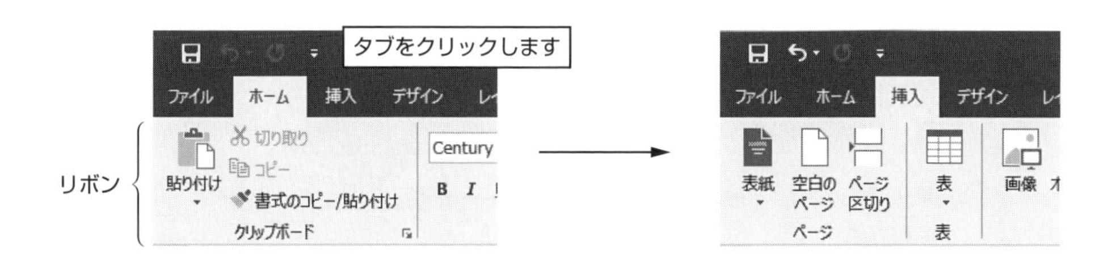

- **ダイアログの呼び出し**

リボンには全てのコマンドが表示されているわけではありません. リボンにコマンドがない場合は, グループ右下にある［ダイアログ起動ツールボタン］をクリックします.

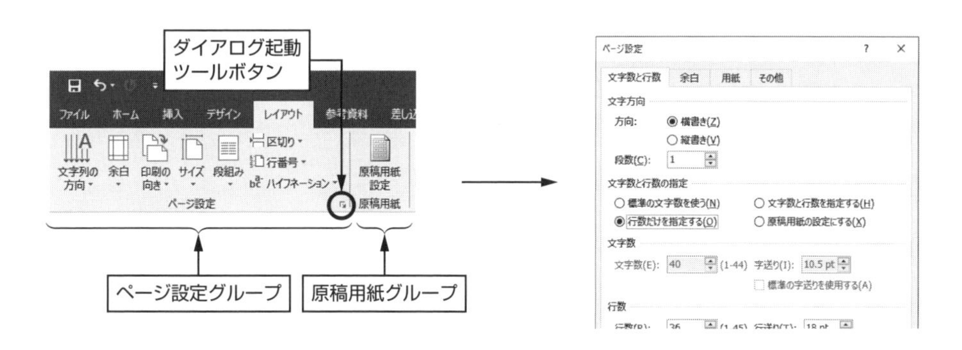

2.4.2 ファイル・メニュー

- **Backstage ビュー**

ファイル・タブをクリックすると「Backstage ビュー（バックステージビュー）」が表示されます. Backstage ビューでは, ファイルの保存や印刷などのファイルおよび関連データの管理を行うことができます. また, アプリの設定を行うこともできます.

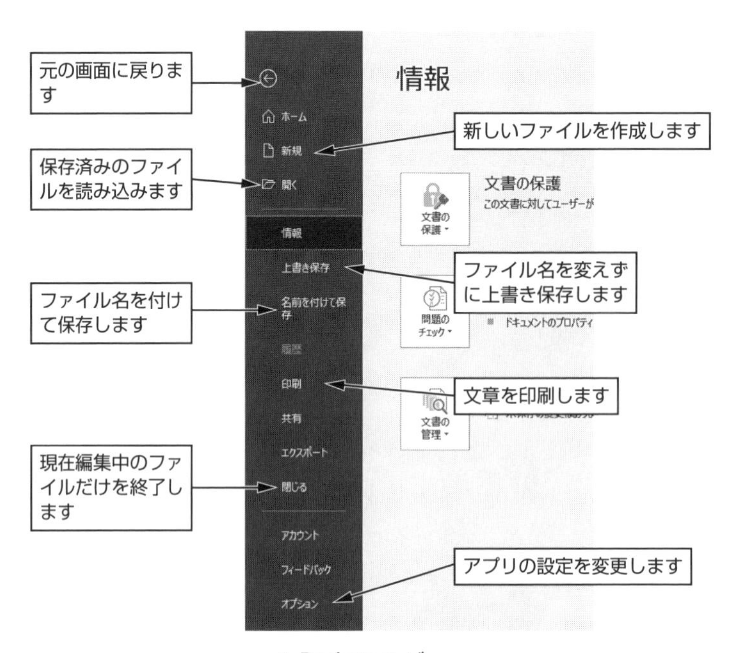

▲ Backstage ビュー

- **ファイルを開く**

1. Backstage ビューから［開く］をクリックします.
2. ［参照］をクリックします.

　「最近使ったアイテム」に開きたいファイル名が出ている場合は，そちらを利用しましょう.

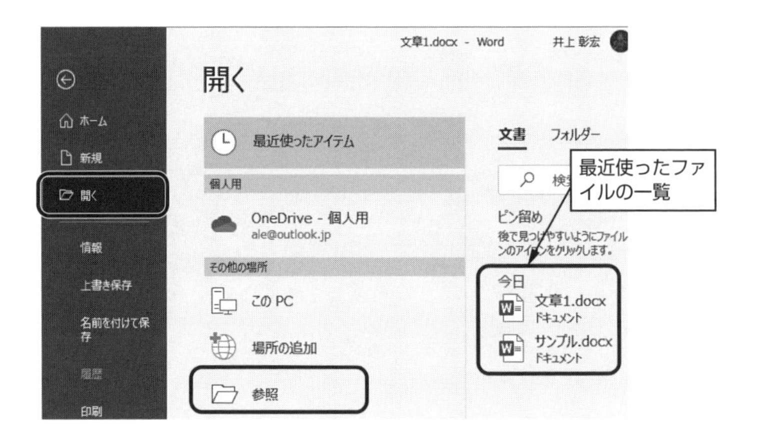

3. アドレスバーを見て現在表示されている場所（フォルダー）を確認します．読み込みたい文章が保存されている場所ではない場合は，左側のナビゲーションウインドウかアドレスバーを使ってファイル（文章）のあるフォルダーに変更します.

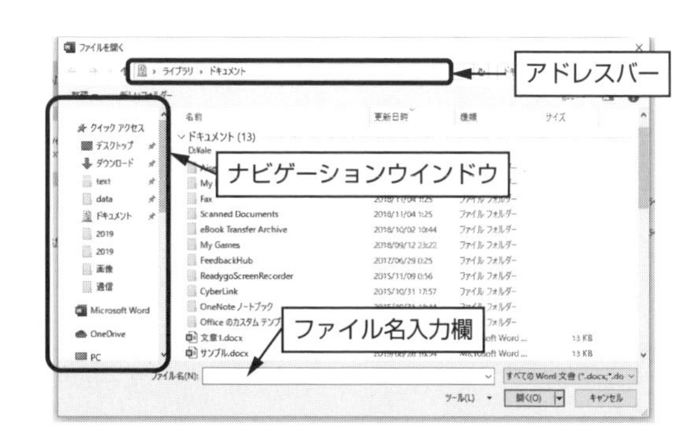

4. 保存されているファイルの一覧が表示されますので，読み込みたいファイルをクリックして選択します.
5. ［開く］ボタンをクリックします.
   ※ USB メモリからファイルを読み込んだ場合は，そのファイルを閉じるまでその USB メモリを絶対に抜かないようにしてください.

- **名前を付けて保存**

1. Backstage ビューから［名前を付けて保存］をクリックします.
   2.～3. の操作は，ファイルを開く操作と同じになります.
2. ［参照］をクリックします.
3. アドレスバーを見て現在表示されているフォルダーを確認します．保存したいフォルダーと異なる場合はナビゲーションウインドウを使って保存場所に移動します.
4. ファイル名を入力します.
5. ［保存］ボタンをクリックします.

- **上書き保存**

一度名前を付けて保存したファイルは，名前を変えて保存するとき以外は［上書き保存］で保存できます．上書き保存は，クイックアクセスツールバーの上書き保存ボタン🖫を利用すると簡単です.

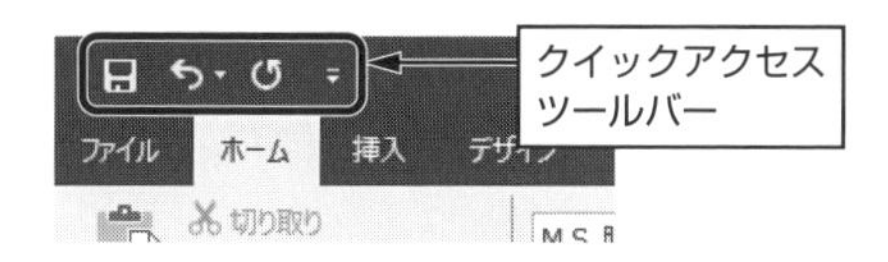

2.5　日本語入力のための基礎知識

2.5.1　文字の種類

コンピュータは欧米の言語圏で発生した物なので，もともと英数字しか扱うことができませんでしたが，現在では日本語や中国語など様々な言語をコンピュータ上で扱うことができるようになっています.

2.5.2　半角と全角

コンピュータで入力できる文字には，半角文字と全角文字の2種類あります．全角文字は半角文字の2文字分の横幅の文字となります．最近のパソコンでは文字によって横幅を微調節されているので，全角文字が半角文字のぴったり2倍の横幅にはなっていません.

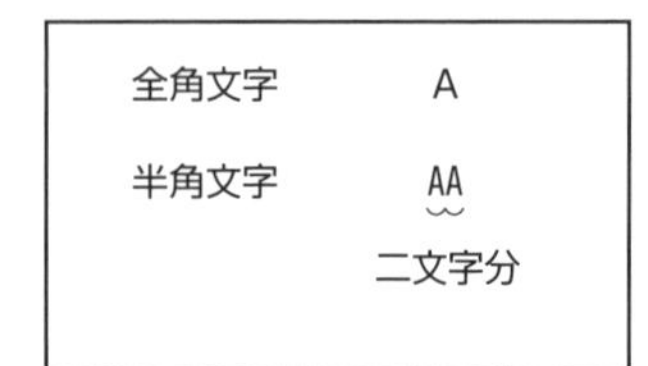

アルファベットの場合，半角全角の違いのほか大文字小文字の違いもありますので，Aだけでも半角文字のA，全角文字のＡ，半角文字のa，全角文字のａの四種類の**別の文字**があることになります.

ネットワーク社会になってIDやパスワードを入力する機会が増えましたが，ID・パスワードを入力する際には文字の種類に注意する必要があります．IDやパスワードは基本的に半角文字が使われていますので，半角文字の大文字は大文字，小文字は小文字で入力する必要があります．**大文字と小文字を同じ文字として扱えるように作られている場合もあります**が，あくまで例外と考えてください.

キーボードから入力される文字は，基本的に全て半角文字です．WindowsではIME（Input Method Editor）というソフトウェアを使ってキーボードから入力された半角文字を全角文字に変換することで，全角文字を入力することができるようになっています.

半角文字	英数字，カタカナ，記号
全角文字	ひらがな，カタカナ，漢字，英数字，記号

2.6　キーボード操作

キーボードにはいろいろな種類がありますので，キーの表面（キートップ）に書いてある文字やキーの配置が下図とは異なる場合があります.

2.6.1 タッチタイピング

キーボードで素早く，正確に文字を入力するには，キーボードを見ないで入力するタッチタイピングをマスターする必要があります．タッチタイピングは，ホームポジションという正しい位置に指を置いておくことからはじまります．ホームポジションは，両手の親指を細長いスペースキーに，左手の他の指を小指から順に［A］［S］［D］［F］，右手の他の指を人差し指から順に［J］［K］［L］［;］キーにそれぞれ置いておきます．キーを打ち終わった後は必ず指をホームポジションに戻すように心がけてください．はじめは苦痛を感じるかもしれませんが，我慢して練習しているとみるみるキータイピングの速度が速くなるのが実感できます．専用のソフトウェアを使って練習するのもタッチタイピングをマスターする近道です．

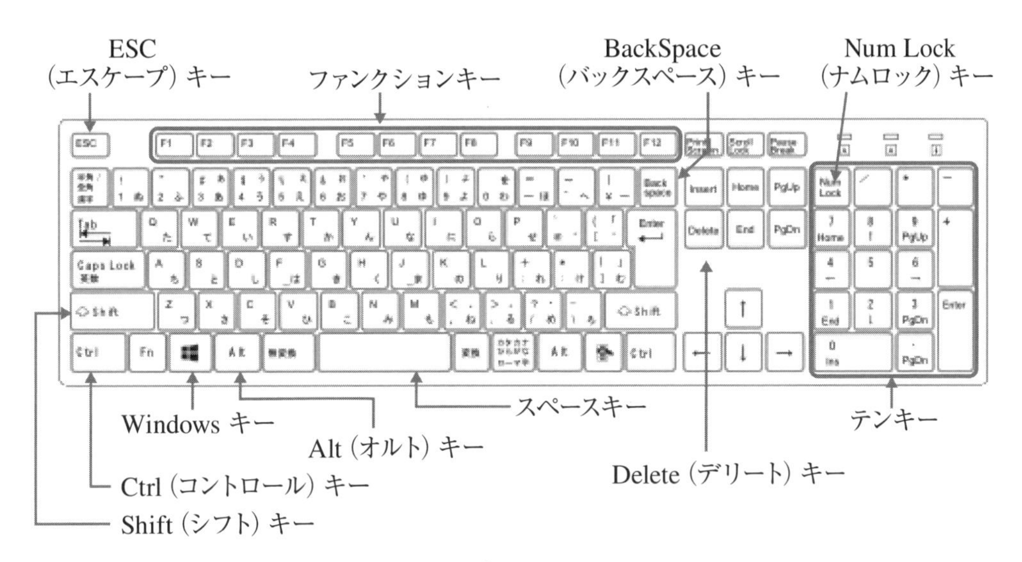

▲ キーボードのキー配置

2.6.2 修飾キー

キーボードのキーには，単体では文字を入力することのできないキーもあります．［Shift］キーや［Ctrl］キー，［Alt］キーなどは，他のキーと同時に使って初めて機能します．2つ以上のキーを同時に押す場合は，あらかじめ［Shift］キーなどの修飾キーを押しっぱなしにしておいて，最後に1つだけで機能をはたすキーを押します．

例えば，［Ctrl］キーと［s］キーの2つのキーを同時に押したいときには，はじめに［Ctrl］キーを押しっぱなしにしておいて，最後に［s］キーを押します．

なお，本書では，このように2つ以上のキーを同時に押す操作を表現するとき，同時に押すキーを＋記号でつないで書き表しています．例えば，［Shift］キーと［3］キーを同時に押すときは

[Shift]＋[3]

と書き表します．

▼ 単体では文字を入力できないキー

キー	読み	説　明
Shift	シフト	アルファベットの大文字や記号を入力するのに利用します
Ctrl	コントロール	ショートカットキーに利用します
Alt	オルト	キーボードだけでメニューを選択するのに利用します
⊞	Windows	Windowsの操作に使います

2.6.3　アルファベット・記号の入力

キートップには，最大で4つの文字や記号が書かれていますが，アルファベットや多くの記号はキートップの左側に書かれています．キートップの左下に書かれている文字は，そのキーを押すだけで，左上に書かれている記号は［Shift］キーと同時に押すことで入力することができます．

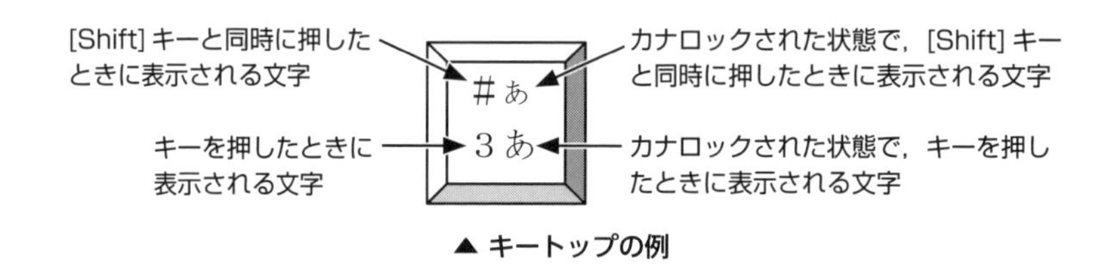

▲ キートップの例

アルファベットには大文字と小文字がありますが，「キャプスロック」されていない状態でアルファベットを入力すると小文字が，「キャプスロック」されている場合は大文字が入力できます．「キャプスロック」を切り替えるには，キーボードの[Shift]＋[Caps Lock]キーを押します．

小（大）文字が入力できる状態で，1文字だけ大（小）文字を入力したい場合には，いちいち［Shift]+[Caps Lock］キーを押すのは面倒です．このような場合は，［Shift］キーとアルファベットのキーを同時に押すことで，一時的に大（小）文字を入力することができるようになっています．

例）「Hello World !」と入力する

1. キャプスロックの確認：「キャプスロック」されていないかどうかを確認します．「キャプスロック」されている場合は，[Shift]+[Caps Lock］キーを押して「キャプスロック」を解除します．
2. H：大文字を入力するので，[Shift］キーを押しながら［H］キーを押します．

3. Hello：［e］キー，［l］キー，［l］キー，［o］キーを続けて押します．
4. Hello_：［スペース］キーを押して空白を入れます．
5. Hello W：大文字を入力するので，［Shift］キーを押しながら［W］キーを押します．
6. Hello World：［o］キー，［r］キー，［l］キー，［d］キーを続けて押します．
7. Hello World_：［スペース］キーを押して空白を入れます．
8. Hello World !：［Shift］キーを押しながらキーボードの左上にある［1］キーを押します．テンキーの［1］では！は入力できません．

▼ 記号の読み方

記号	読み方	記号	読み方
*	アスタリスク，アステリスク	[	左大括弧
:	コロン	]	右大括弧
;	セミコロン	{	左中括弧
,	コンマ，セディユ	}	右中括弧
.	ピリオド，ドット	_	アンダースコア，アンダーライン
<	不等号（小なり）	&	アンパサンド，アンド
>	不等号（大なり）	¥	円記号，円マーク
/	斜線，スラッシュ	~	チルダ
-	ハイフン	@	アットマーク，単価記号
"	引用符，ウムラウト，ダブルクォーテーション	'	シングルクォーテーション，アポストロフィ
!	感嘆符，エクスクラメーションマーク	^	キャレット，カレット

2.7 日本語入力

Windows上で日本語を入力するためには，「IME」（Input Method Editor）と呼ばれるソフトウェアが必要です．IMEにはWindowsに標準で搭載されている「Microsoft IME」やジャストシステム社の「ATOK」などいくつかの種類がありますが，それぞれ特徴と癖を持っています．ここでは，Microsoft IME（以下MS IME）を例に日本語を入力する方法を説明します．

2.7.1 日本語入力の流れ

日本語を入力する流れは，次のようになります．

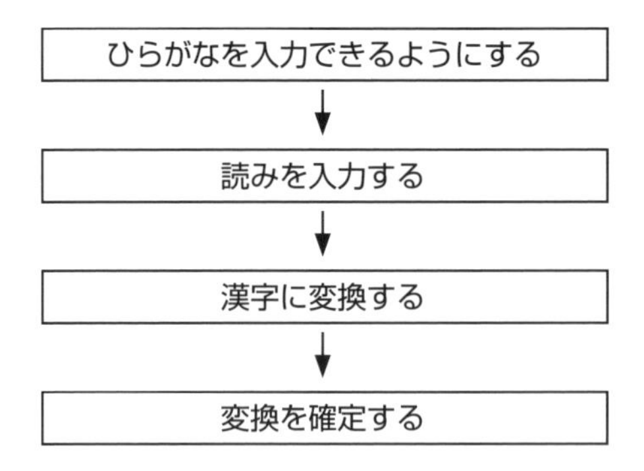

2.7.2　日本語入力モード

日本語を入力するには，まず日本語入力モードをオンにする必要があります．日本語入力モードを切り替えるには，キーボードの［半角／全角］キー（または［漢字］キー）を押します．

日本語が入力できるモードになれば，タスクバーの通知領域にあるMS IMEのアイコンがあに変わります（右図）．MS IMEのアイコンをクリックして切り替えることもできます．

2.7.3　MS IMEのメニュー

MS IMEの初期設定では，言語バーが表示されません．IMEパッドなどを利用する場合は，通知領域にあるMS IMEのアイコンを右クリックして利用してください．

メニュー

通知領域にあるMS IMEのアイコンを右クリックして出てくるメニューから，MS IMEの様々な機能を利用することができます．

入力モード

入力する文字の種類を選択するのが入力モードです．通常使うのは，日本語を入力する場合の「ひらがな」モード，半角の文字を入力する場合の「半角英数」モードの2つになります．この2モードは，［半角／全角］キーを押すことで切り替えることができます．どうしてもそれ以外の入力モードを使いたい場合は，通知領域のMS IMEのアイコンあ（またはA）を右クリックして，変更したい文字種を選択します．

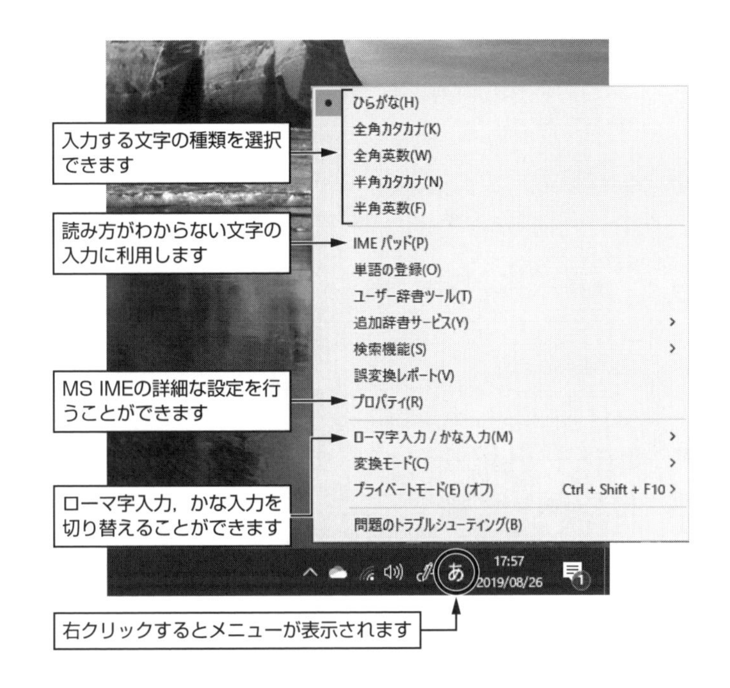

IME パッド

読みのわからない漢字を探すときに使用します．「手書き」「文字一覧」「総画数」「部首」の 4 つの方法で漢字を探すことができます．また，ソフトキーボードを呼び出すこともできます．

単語の登録

正しく変換されない単語を登録します．

ユーザー辞書ツール

辞書に登録した単語を登録・編集・削除できます．

プロパティ

［詳細設定］ボタンを押すことで MS IME の詳細設定を行うことができます．

2.7.4 読みの入力

読みの入力には，ローマ字で入力する方法とかなで入力する 2 通りの方法が用意されています．ローマ字入力はかな入力と比べるとキータイピングの量が多くなりますが，アルファベットのキーの位置さえ覚えてしまえば，英字も日本語も打つことができますので，これからキータイピングを覚えようとする人にはローマ字入力をおすすめします．

ローマ字入力

入力モードを「ひらがな」にして，キーボード上のアルファベットキーを用いて，日本語の読みをローマ字つづりで入力します．

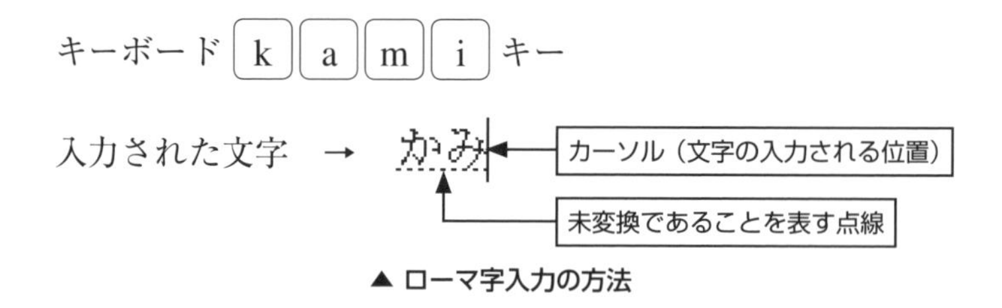

▲ ローマ字入力の方法

「2.7.8　ローマ字かな対応表」に「ローマ字かな対応表」を載せておきましたが，間違えやすいローマ字規則が何点かありますので，ここで紹介しておきます．

- 「ん」の入力：nn　と入力します（n 1 文字でも入力可能）

  例）　kannji　→　かんじ

- 「っ」の入力：「っ」の直後に入れる子音を 2 つ入力します

  例）　kurikku　→　くりっく

- 小さなかなの入力：l（エル）または x の後ろに小さくしたい「かな」のローマ字

  例）　la　→　ぁ　　　xya　→　ゃ

- 「を」の入力：wo　と入力します
- 「ヴ」：「ヴ」のひらがなはありません

2.7.5　文字の修正

カーソルの移動

カーソルは文字を入力する場所を表しているとともに，訂正できる場所をも表しています．カーソルを移動するには，キーボードの［←］［→］キーを押すか，マウスで移動したい場所をクリックします．

文字の削除

［Delete］キーを押すと，カーソルの右側の文字が削除できます．

［BackSpace］キーを押すと，カーソルの左側の文字が削除できます．

文字の修正の例

1. まえのつずき|　　「まえのつづき」を誤って入力した場合
2. まえのつず|き　　［←］キーを押して，カーソル（|）を「ず」の後ろに持っていきます

3. まえのつき　[Backspace] キーを押して，カーソルの左側の「ず」を削除します
4. まえのつづき　「づ」を入力します

入力した読みの取り消し

[Esc] キーを押すと，入力した読みが全て取り消されます.

2.7.6　文字の変換

文章の読みを入力して [スペース] キーまたは [変換] キーを押すと，漢字混じり文章に変換できます.

正しく変換できたら，変換を確定する必要があります．確定するには [Enter] キーを押します．次の文章を入力すると，前に変換した文章が確定されますが，[Enter] キーを押して意識的に確定した方が確実です．一度に長い文章を変換したりしないで，短めに入力して変換したほうが効率よく変換できます.

漢字変換

「熱い珈琲が飲みたい」という文章を例に入力方法を説明します.

1. 作成したい文章の読みを入力します.

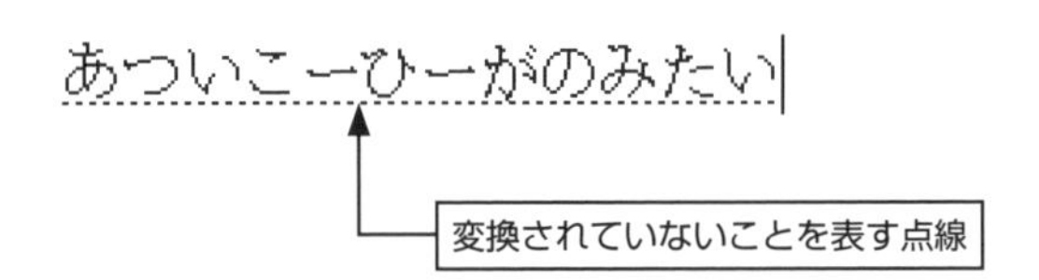

2. [スペース] キー（または [変換] キー）を押して変換します.

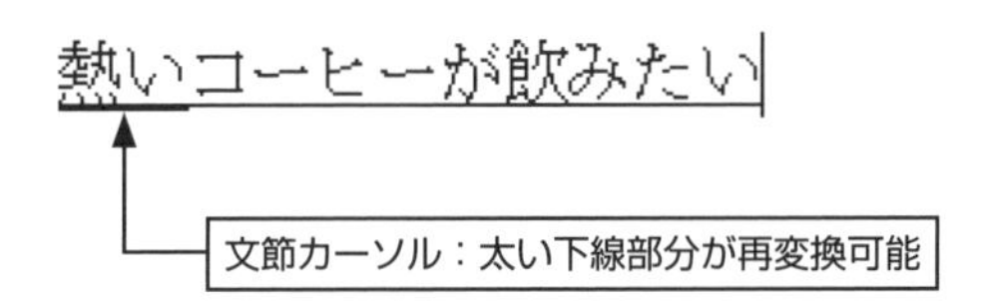

3. 「コーヒー」を「珈琲」という漢字に変換したいので，太下線表示されている文節カーソルを [→] キーで右に移動します.

熱いコーヒーが飲みたい

4. ［スペース］を押して再変換します．スペースキーを押すと右図のように候補一覧が現れます．候補一覧が現れたら［スペース］キーか［↑］［↓］キーで目的の候補を選択します．

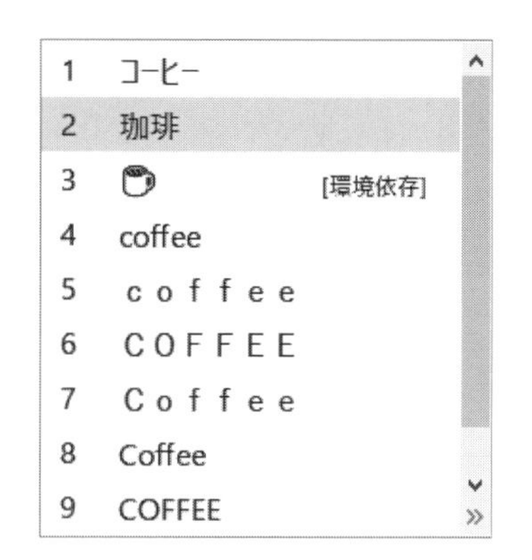

熱い珈琲が飲みたい

5. ［Enter］キーを押すと確定します．
　※［→］キーを押すと確定になりません．（次の文節を変換することができます．）

［スペース］キーまたは［変換］キーを押すと，変換候補の一覧が表示されますが，そのときの操作には次の方法があります．

- 候補を選択して［←］［→］キーを押す
  入力中の文章は確定されず，変換対象の文節を移動します．
- 候補をマウスでクリックする
  入力中の文章は確定されず，変換対象の文節も移動しません．
- 左側にある数字（例えば［2］キー）を押す
  入力中の文章は確定されず，変換対象の文節も移動しません．
- 候補を選択後，［Enter］キーを押す
  入力中の文章が全て確定します．

変換時の便利な機能（文字の説明）

変換候補が一覧表示されるとき，候補の右側にその文字の説明が表示されます．右図は「いち」と入力して変換した場合の例です．この例では「全角」「半角」の区別や，「環境依存文字」であるか否かを知ることができます．

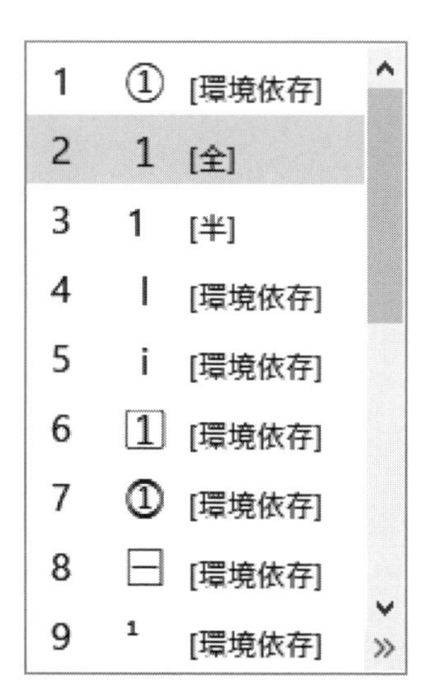

環境依存文字

特定のコンピュータでのみ扱える文字のことで，「機種依存文字」ともいいます．ワープロでならば使用してもかまいませんが，メールなどインターネット環境で利用することは避けましょう．

変換時の便利な機能（同音異義語）

同音異義語に対して，語句の説明が表示されるものがあります．下図は「はやい」と入力して変換した場合の例です．語句の選択に役立てることができます．

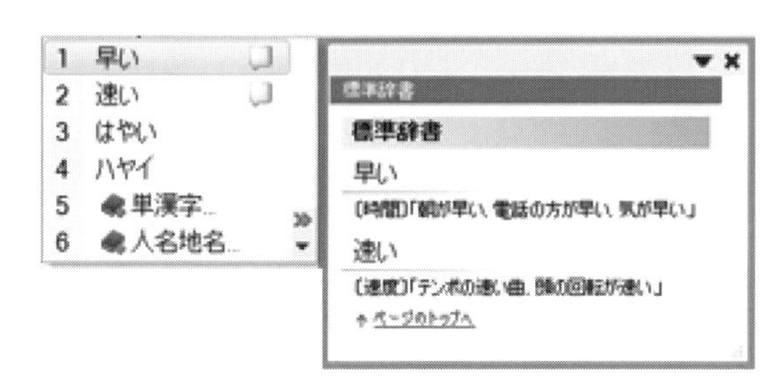

文節長の変更

「今日歯医者に行く」と入力したいのに「今日は医者に行く」と変換されてしまったときの修正方法を説明します．

文節の長さを変更するには次のように操作します．

1. 文節カーソルを目的の文節に移動します．（この例では，はじめから目的の文節に文節カーソルがあります．）

   今日は医者に行く

2. 文節長を短くしたい場合は［SHIFT］＋［←］，文節長を長くしたい場合は［SHIFT］＋［→］を押します．文節長が変更された文節は反転し，再び未変換文字（読み）になります．

   きょうは医者に行く

3. ［スペース］キー（または［変換］キー）で変換します．

   今日歯医者に行く

4. ［Enter］キーで確定します．

変換中の読みの訂正

「環境問題」と入力したいところを「かきょうもんだい」と入力して変換してしまったときのように，変換中に読みの入力ミスに気づいたときの訂正は以下のように行います．

1. ［←］［→］キーを用いて，文節カーソルを訂正したい文節に移動します．（この例では，はじめから目的の文節に文節カーソルがあります．）

   華僑問題

2. ［ESC］キーを押して，その文節を未変換文字（読み）に戻します．

   かきょう問題

3. ［←］［→］キーを用いて，文字カーソルを挿入（訂正）したい場所まで移動します．

   かきょう問題

4. 挿入したい文字「ん」を入力します．

   かんきょう問題

5. ［スペース］キー（または［変換］キー）で変換します．

   環境問題

6. ［Enter］キーで確定します．

ファンクションキーの活用

入力した読みのままでよければ，そのまま［Enter］キーで確定します．別の文字種に変換するときには，［スペース］キーで変換しても出てきますが，ファンクションキーを用いるとすばやく変換することができます．

- **全角ひらがな変換**
  ［F6］キーを押すと，対象文節をひらがなに変換します．
- **全角カタカナ変換**
  ［F7］キーを押すと，対象文節を全角カタカナに変換します．
- **半角変換**
  ［F8］キーを押すと，対象文節の全角文字を半角文字に変換します．

- **全角英字変換**

  ［F9］キーを押すと，対象文節を全角英字に変換します．

- **半角英字変換**

  ［F10］キーを押すと，対象文節を半角英字に変換します．

続けて［F10］キーを押すと，全て大（小）文字にしたり，頭文字だけを大文字にしたりできます．

また，入力後に［無変換］キーを押すと，全角カタカナ，半角カタカナ，ひらがなに変換することもできます．

2.7.7 IME パッドの使い方

1. あらかじめ文字を入力したい場所にカーソルを移動しておきます．
2. 通知領域の IME のアイコン あ を右クリックしてメニューを呼び出します．
3. メニューから［IME パッド］を選択します．
4. 「手書き」 あ になっていることを確認します．
5. マウスをドラッグして文字を手書きします（下図）．
   書き順，線の上下左右の関係さえ守れば，大雑把に書いても認識されます．
6. 文字の候補一覧に該当すると，判断された文字の一覧が出てきますので，その中から入力したい文字をクリックします．
7. 文章のカーソルがある位置に文字が未確定状態で入力されるので，［Enter］キーで確定します．

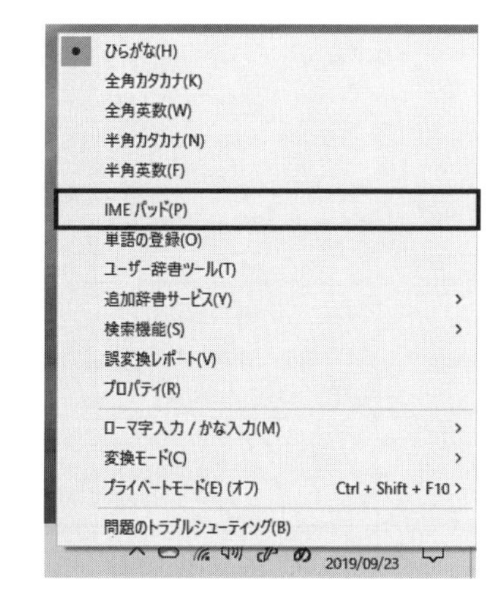

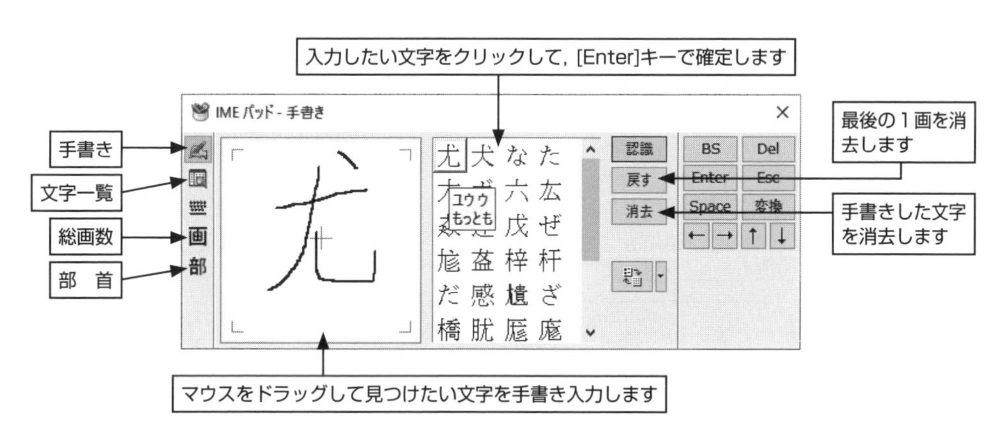

2.7.8　ローマ字かな対応表

あ	い	う	え	お
A	I	U	E	O
か	き	く	け	こ
KA	KI	KU	KE	KO
さ	し	す	せ	そ
SA	SI	SU	SE	SO
	SHI			
	CI		CE	
た	ち	つ	て	と
TA	TI	TU	TE	TO
	CHI	TSU		
な	に	ぬ	ね	の
NA	NI	NU	NE	NO
は	ひ	ふ	へ	ほ
HA	HI	HU	HE	HO
		FU		
ま	み	む	め	も
MA	MI	MU	ME	MO
や		ゆ		よ
YA		YU		YO
ら	り	る	れ	ろ
RA	RI	RU	RE	RO
わ	うぃ		うぇ	を
WA	WI		WE	WO
が	ぎ	ぐ	げ	ご
GA	GI	GU	GE	GO
ざ	じ	ず	ぜ	ぞ
ZA	ZI	ZU	ZE	ZO
	JI			
だ	ぢ	づ	で	ど
DA	DI	DU	DE	DO
ば	び	ぶ	べ	ぼ
BA	BI	BU	BE	BO
ぱ	ぴ	ぷ	ぺ	ぽ
PA	PI	PU	PE	PO
きゃ	きぃ	きゅ	きぇ	きょ
KYA	KYI	KYU	KYE	KYO
しゃ	しぃ	しゅ	しぇ	しょ
SYA	SYI	SYU	SYE	SYO
SHA		SHU	SHE	SHO
ちゃ	ちぃ	ちゅ	ちぇ	ちょ
TYA	TYI	TYU	TYE	TYO
CYA	CYI	CYU	CYE	CYO
CHA		CHU	CHE	CHO

てゃ	てぃ	てゅ	てぇ	てょ
THA	THI	THU	THE	THO
にゃ	にぃ	にゅ	にぇ	にょ
NYA	NYI	NYU	NYE	NYO
ひゃ	ひぃ	ひゅ	ひぇ	ひょ
HYA	HYI	HYU	HYE	HYO
ふぁ	ふぃ		ふぇ	ふぉ
FA	FI		FE	FO
ふゃ	ふぃ	ふゅ	ふぇ	ふょ
FYA	FYI	FYU	FYE	FYO
みゃ	みぃ	みゅ	みぇ	みょ
MYA	MYI	MYU	MYE	MYO
りゃ	りぃ	りゅ	りぇ	りょ
RYA	RYI	RYU	RYE	RYO
ぎゃ	ぎぃ	ぎゅ	ぎぇ	ぎょ
GYA	GYI	GYU	GYE	GYO
じゃ	じぃ	じゅ	じぇ	じょ
JA		JU	JE	JO
JYA	JYI	JYU	JYE	JYO
ぢゃ	ぢぃ	ぢゅ	ぢぇ	ぢょ
DYA	DYI	DYU	DYE	DYO
でゃ	でぃ	でゅ	でぇ	でょ
DHA	DHI	DHU	DHE	DHO
びゃ	びぃ	びゅ	びぇ	びょ
BYA	BYI	BYU	BYE	BYO
ぴゃ	ぴぃ	ぴゅ	ぴぇ	ぴょ
PYA	PYI	PYU	PYE	PYO
ヴぁ	ヴぃ	ヴ	ヴぇ	ヴぉ
VA	VI	VU	VE	VO
ぁ	ぃ	ぅ	ぇ	ぉ
LA	LI	LU	LE	LO
XA	XI	XU	XE	XO
ゃ		ゅ		ょ
LYA		LYU		LYO
XYA		XYU		XYO
ん				
N	Nは子音の前のみ可．母音の前はNN			
NN	例）KANNI → かんい			
	例）KANI → かに			
っ				
LTU	または子音2つ連続			
XTU	例）KATTA → かった			
LTSU				

※大文字・小文字共通

2.8 ファイル

2.8.1 ファイルとは

コンピュータは，ハードディスクやCDなどにデータやプログラムを「ファイル」という形で保存します．つまり，CDに入っているソフトウェアや音楽データ，絵はすべてファイルという形で保存されているわけです．

ファイルはOS（オペレーティングシステム）によって管理される都合上，固有の名前（ファイル名）が付けられています．

ファイル名

Windows上でファイル名を付ける場合の規則について簡単に説明しておきます．

- ファイル名の最後に「.（ピリオド）」で始まる拡張子が付きます．ほとんどのソフトウェアでは自動的に挿入されますので，通常自分で付ける必要はありません．また，拡張子は自分で変更してはいけません．
- 拡張子は，半角英数字です．
- 同一フォルダー内に同じ名前のファイルを保存することはできません．もし同一フォルダー内に同じ名前で保存すると上書きされてしまい，以前からあるファイルが無くなってしまいます．
- ファイル名には　￥　／　，　；　：　＊　？　”　＜　＞　の記号は使えません．

ファイルの種類と拡張子

ファイルはコンピュータが実行できる「プログラムファイル」と実行できないデータの集まりの「データファイル」に分けることができます．ファイルの種類は拡張子によって区別されます．以下に代表的な拡張子の一覧を示します．

▼ 代表的な拡張子の一覧

拡張子	ファイルの種類
.exe	実行可能なプログラムを保存したファイル
.com	実行可能なプログラムを保存したファイル
.dll	複数のアプリケーションが利用できるプログラム部品のライブラリ フリーソフトをインストールすると，「○○.DLL をインストールしてください」というメッセージが出ることがあります
.docx	Word 2007 以降の Word で作成したファイル
.doc	Word 97～Word 2003 で作成したファイル
.xlsx	Excel 2007 以降の Excel で作成したファイル
.xls	Excel 97～Excel 2003 で作成したファイル
.pptx	PowerPoint 2007 以降の PowerPoint で作成したファイル
.ppt	PowerPoint 97～PowerPoint 2003 で作成したファイル
.lnk	Windows のショートカットファイル．ダブルクリックするとソフトウェアが起動します
.bak	多くのソフトウェアで利用されるバックアップファイル 上書き保存した場合，以前の保存ファイルの拡張子が .bak に変更されて保存されたものです
.bmp	画像ファイルの形式の１つ
.jpg	画像ファイルの形式の１つ．.jpeg となっている場合もあります
.gif	画像ファイルの形式の１つ
.avi	動画ファイルの形式の１つ
.mpg	動画ファイルの形式の１つ．.mpeg となっている場合もあります
.zip	圧縮ファイルの形式の１つ
.lzh	圧縮ファイルの形式の１つ
.txt	テキストファイル
.html	ホームページ
.htm	ホームページ

圧縮ファイル

フォルダや複数のファイルを１つのファイルにまとめて小さく圧縮したものです．展開という操作を行うと元のファイルに戻すことができます．

Windows 10 では，ZIP 形式の圧縮ファイルを作成したり，展開することができます．詳しくは「2.12　圧縮ファイル」を参照してください．

画像ファイル

デジカメで撮った写真や絵を拡大していくと，非常にたくさんの点でできていることがわかります．この点１つが白黒であれば，コンピュータの扱うことができる最小単位である１ビットで表すことができます．１ビットとは，２進数の１桁に相当するもので，０と１とで２つの状態（白と黒）を表すことができます．（「1.7　ビットとバイト」参照）

しかし，写真や絵はカラーで表されていますから，１つの点を１ビットで表すことができません．カラー画像を何色で表すかで変わってきます．24 ビット true color の場合は，1 つの点を 24 ビット（3 バイト）で表しています．日本語 1 文字は 2 バイトで表されますから，わずか 1 つの点を表すのに日本語 1.5 文字分の情報量が必要ということです．

右の四角形は 100×100 の点で出来た四角形ですが，これだけで 100×100×3＝30000 バイト（日本語 1 万 5 千文字）もの情報量が必要となるわけです．画像ファイルがいかに大きくなるかがわかると思います．

そこで，実際に使用される画像ファイルでは，画像情報を圧縮してファイルの大きさを小さくしています．画像ファイルには様々な拡張子が用意されていますが，それは画像を保存するときの色数や圧縮方式が異なるためです．このときの多くの圧縮方式は，「非可逆圧縮」といって，画質を落とすことによって圧縮しています．このように圧縮された画像を完全に元に戻すことはできませんが，用途に応じて上手に利用するようにしましょう．

2.8.2 フォルダーとは

ハードディスクや CD，DVD といった補助記憶装置の中に作られた部屋のようなものを「フォルダー」といいます．

フォルダーは，ファイルを整理するために用意されています．パソコンのソフトウェアやデータを保存するハードディスクを倉庫に例えてみるとよくわかります．まったく仕切りのない一部屋の巨大な倉庫に何万個もの荷物（ファイル）が置いてあった場合，目的の荷物を見つけるのは至難の業です．そこで，倉庫（ハードディスク）を複数の部屋（フォルダー）で仕切って，用途別に収納してあるわけです．

1 つの部屋（フォルダー）には同じ名前のファイルは 1 つだけしか収納することができません．そこで，ソフトウェアを作っている会社は，ソフトウェアのファイル専用の部屋（フォルダー）を作り，その中にそのソフトウェアのファイルをすべてしまうことにしています．こうすることで，他のソフトウェアのファイル名を気にせず，自社のソフトウェア用のファイルを作成することができます．

2.9 ファイル管理

ハードディスクなどの補助記憶装置に保存されているファイルやフォルダーを操作するには「エクスプローラー」というアプリを使います．本節では，エクスプローラーを使ったファイル操作の説明を行います．

2.9.1 エクスプローラー

エクスプローラーを使ってドキュメントを表示するには，次のような方法があります．

- タスクバーボタンの［エクスプローラー］をクリックします．

- デスクトップにあるPCアイコン をダブルクリックします．
- Windowsの検索機能で「ドキュメント」で検索します．
- アプリ一覧画面から「エクスプローラー」をクリックします．

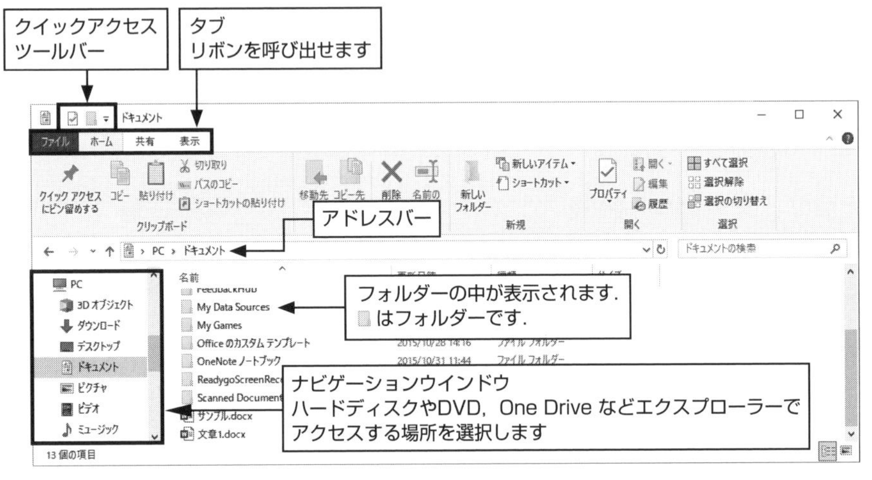

▲ エクスプローラー

2.9.2　ライブラリ

ドキュメントや画像などのファイルを管理するスペースです．ドキュメントなどの各ライブラリに任意のフォルダーや外部ストレージ，オンラインストレージOneDriveなどを登録することで別々の場所に保存されたファイルを一元管理することができます．コンピュータに登録されているユーザーごとに，次のようなライブラリが用意されています．

- **ドキュメント**

  ワープロや表計算ソフト，プレゼンテーションソフトで作成したファイルを保存・管理するためのライブラリです．

- **ダウンロード**

  ブラウザでダウンロードしたファイルが保存されます．

- **ピクチャ**

  画像ファイルを管理するライブラリです．これ以外に「ミュージック」や「ビデオ」などのライブラリがあります．

2.9.3 ナビゲーションウインドウの表示／非表示

ナビゲーションウインドウ（前図参照）は操作したいフォルダーを変更する場合に重宝します．ナビゲーションウインドウを表示したい場合は，［表示］リボンの［ナビゲーション］コマンドから［ナビゲーションウインドウ］をクリックしてチェックマークを付けることで表示できます．

ナビゲーションウインドウを非表示にしたい場合は，［ナビゲーションウインドウ］をクリックしてチェックマークを外します．

2.9.4 フォルダーの作成

1. フォルダーの中身を表示している状態で，ホームタブをクリックします．
2. ホームリボンにある［新しいフォルダー］コマンドをクリックします．

3. ファイルの一覧画面に新しいフォルダー 新しいフォルダー が作成されます．
4. フォルダー名を入力して［ENTER］キーを押します．
   クイックアクセスツールバーの［新しいフォルダー］ を利用することもできます．クリックしてみます（右図）．

2.9.5 ファイルやフォルダーの名前を変更する

1. ファイルやフォルダーを選択します．
2. ホームリボンから［名前の変更］コマンドを選択します．
3. 新しい名前に変更します．拡張子は変更しないように注意しましょう．

2.9.6　ファイルやフォルダーの削除

1. 削除したいファイルやフォルダーを選択します.
2. ホームリボンから［削除］を選択します.
   ※［Delete］キーや右クリックのメニューからも削除できます.

2.9.7　ドラッグでファイルやフォルダーを移動・コピー

1. コピー（移動）したいファイルやフォルダーを**右ボタン**でドラッグします.
   （左ボタンでドラッグした場合，ドラッグ先が同じ補助記憶装置のときは移動に，
   異なる補助記憶装置のときはコピーになります.）
2. コピー（移動）先のフォルダーの上でボタンから指を離します.
3. 現れたメニューから，コピーしたい場合は［ここにコピー］を，移動したい場合は［ここに移動］を選択します.

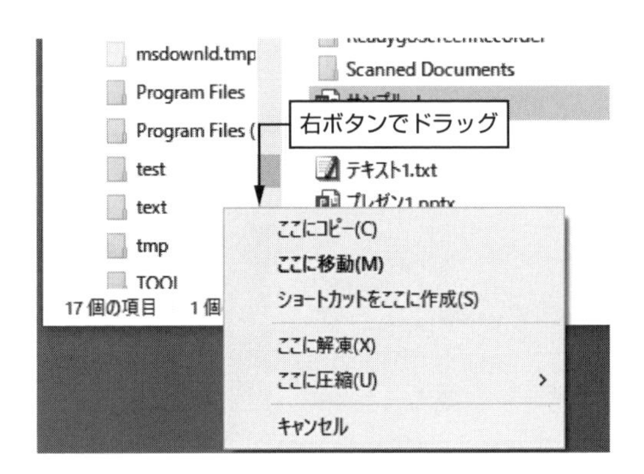

2.9.8　ドキュメントフォルダーへのコピー

コピー先がドキュメントフォルダーの場合は，もっと簡単にコピーできます．同じ操作でCD や USB メモリなどへのコピーもできます.

1. ファイルの上で**右クリック**します.
2. 現れたメニューから，［送る］－［ドキュメント］と選択します.

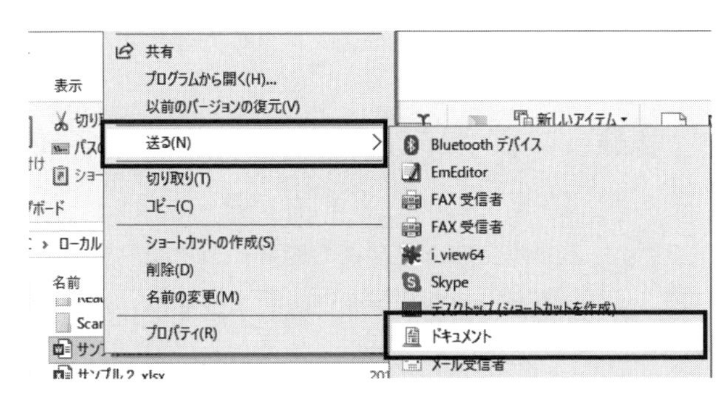

2.9.9 コマンドでファイルやフォルダーを移動・コピー

文字列などの移動・コピー操作と同様に，［切り取り］（または［コピー］）コマンドと［貼り付け］コマンドを使って，ファイルの移動・コピーをすることができます．

例えばファイルをコピーするには次のように行います．

1. コピー元のファイルがあるフォルダーを開きます．
2. ファイルアイコンを右クリックして［コピー］コマンドを選択します．

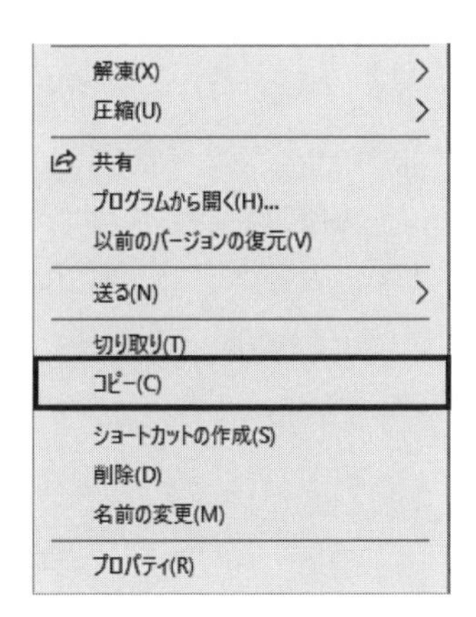

3. コピー先のフォルダーを開きます．
4. 右クリックして［貼り付け］コマンドを選択します．

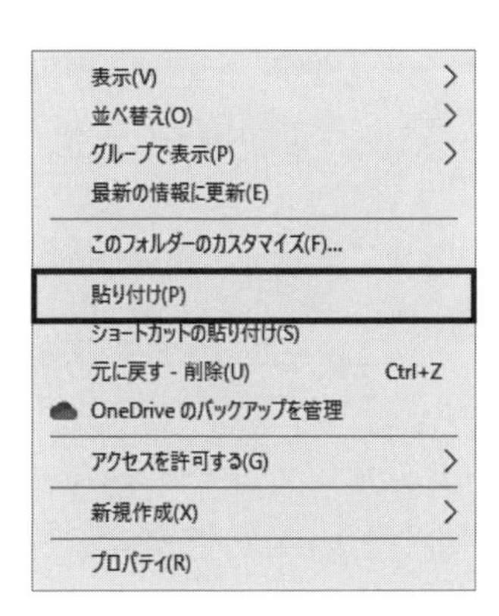

※ホームリボンの［コピー］［貼り付け］コマンドを利用することもできます．

2.10　メディアのフォーマット

USB メモリやハードディスク等の記憶媒体が壊れることがあります．ハード的に壊れてしまった場合はどうにもなりませんが，ソフト的に壊れてしまった場合は「フォーマット（初期化）」しなおすことで再び使用できるようになります．**フォーマットをすると，そのメディアに保存されている内容はすべて消えてしまいます**ので，消えてしまうと困るデータが保存されているメディアはフォーマットしないようにしましょう．

2.10.1　フォーマットとは

USB メモリなどのメディアは，作られたときは住所がついていない広大な土地のようなものです．この状態では「A さんの家に荷物を届けて」と言われてもどこにあるのかわかりませんから荷物を届けることができません．そこで，区画整理をして住所を付ける必要が出てきます．この操作をフォーマットと呼んでいます．

住所が書いてあれば郵便が届くように，フォーマットされて初めてデータを正しい場所に保存したり読み込んだりできるようになるわけです．

2.10.2　フォーマットの仕方

USB メモリを例にフォーマットの操作方法を紹介します．

1. エクスプローラーの左側のウインドウからリムーバブルディスクを見つけます．
2. USB ドライブ のアイコンを右クリックします．
3. 表示されたメニューから［フォーマット］を選択します．

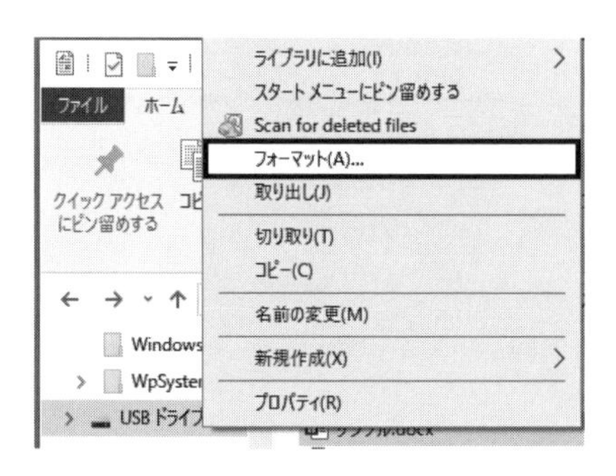

4. クイックフォーマットのチェックマークを外します．

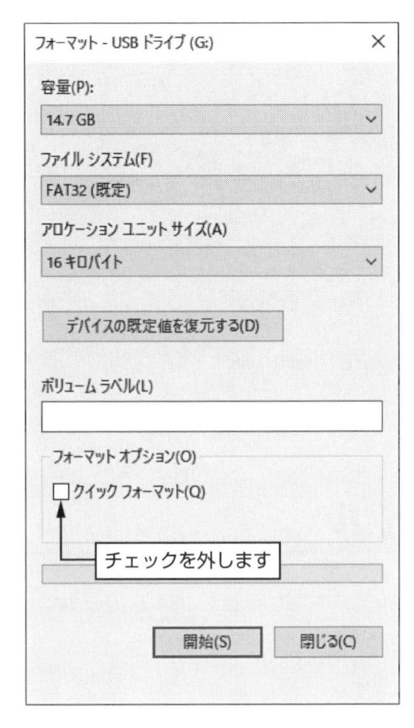

5. ［開始］ボタンをクリックします．
6. フォーマットが終了したら［OK］ボタンをクリックします．

2.11　USB 機器の取り外し方

USB メモリを持ち歩く人が増えていますが，正しくない取り外しの仕方をしている人をよく見かけます．正しい手順で取り外さないと，せっかく保存したデータが破損したり，USB メモリ自体が壊れてしまうことがあります．

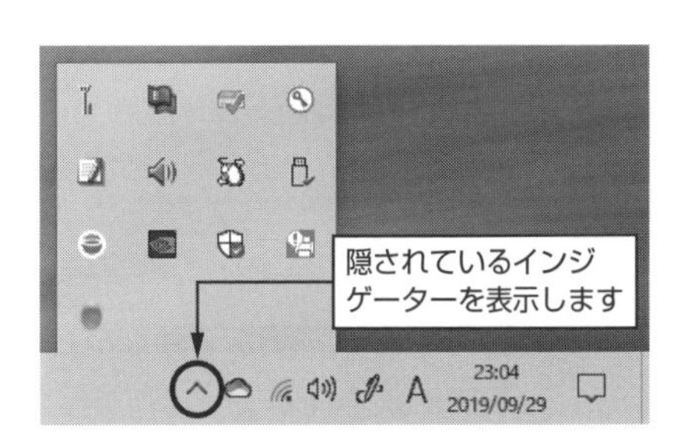

パソコンに USB 接続された機器を，Windows が起動中に正しく取り外す手順は次の通りです．

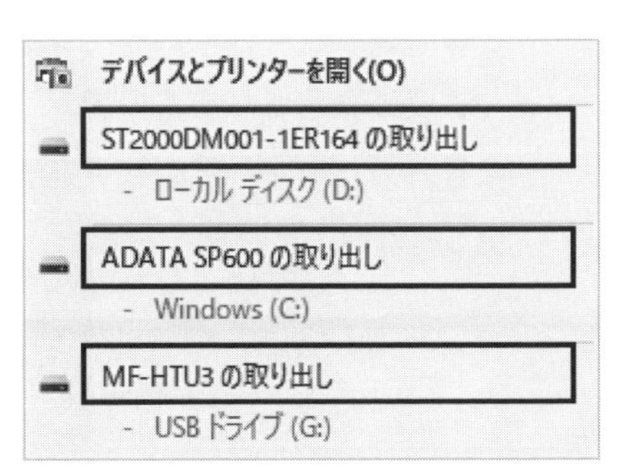

1. 通知領域にある をクリックします．タスクトレイに表示されていないアイコンは，右図のように ^ ボタンをクリックすることで表示されます．
2. ポップアップした接続機器の一覧（右図）から取り外したい機器を選択します．
   右図は３種類の USB メモリを接続した状態です．メーカーや商品によっては「USB Flash Disk」

ではなく商品名などが表示されることがあります.

3. 下図のようなメッセージが現れてUSBメモリを安全に取り外すことができるようになります.

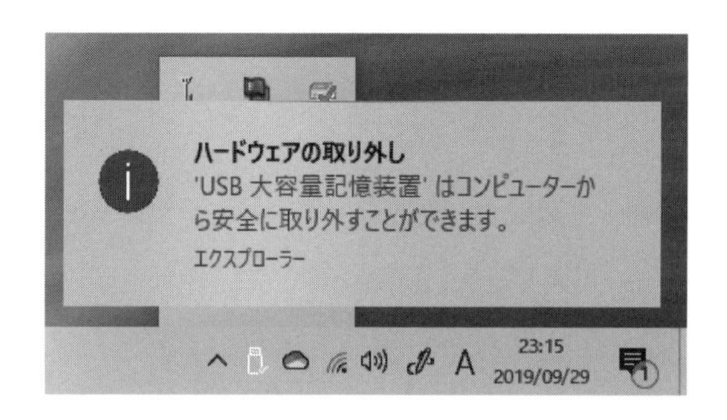

2.12 圧縮ファイル

圧縮とは，ファイルサイズを小さくすることです．圧縮することにより，ディスク使用量を節約したり，送受信の時間を短縮することができます．また，複数のファイルを1つにまとめて圧縮したり，フォルダーごと圧縮することができます．

コンピュータで使われている圧縮形式には色々な形式がありますが，Windows 10には，ZIP形式の圧縮ファイルを作成したり，展開する機能が標準で用意されています．

圧縮する

ファイルを圧縮するには次のように操作します．

1. エクスプローラーを起動します（2.10.1項　参照）．
2. 圧縮したいファイルまたはフォルダーのアイコンをクリックして選択しておきます．
3. ［共有］リボンのZipコマンドをクリックします（右図）．
   このとき複数のファイルを選択してから圧縮すると，複数ファイルを1つにまとめて圧縮できます．
4. 圧縮ファイルが作成され，サンプル.zip のように表示されますので，ファイル名を入力します．このとき拡張子を変更してはいけません．

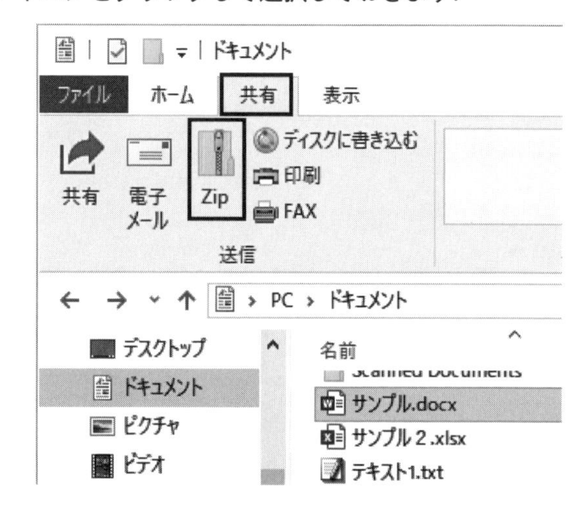

展開する

圧縮ファイルを元のファイルに戻すことを「展開する」といいます．ZIP 形式の圧縮ファイルを展開するには次のように操作します．

1. 圧縮ファイルを右クリックして，［すべて展開 (T)…］を選択します．

2. 展開先のフォルダーを指定すると，ZIP ファイルの名前と同じフォルダーが自動的に作られ，その中にファイルが展開されます．

第3章 Wordによる文書作成

Word 2019は，文章の作成を行うワープロアプリの1つです．文章作成を補助する機能が豊富に用意されています．

3.1 Wordの起動と終了

3.1.1 Wordの起動

本節ではスタートメニューからWordを起動する方法を紹介します．Wordはよく使うアプリですので，スタートメニューのタイルやタスクバーにピン留めして素早く起動できるようにしておくと便利です．

1. スタートボタンをクリックします．
2. アプリ一覧からWordをクリックします．

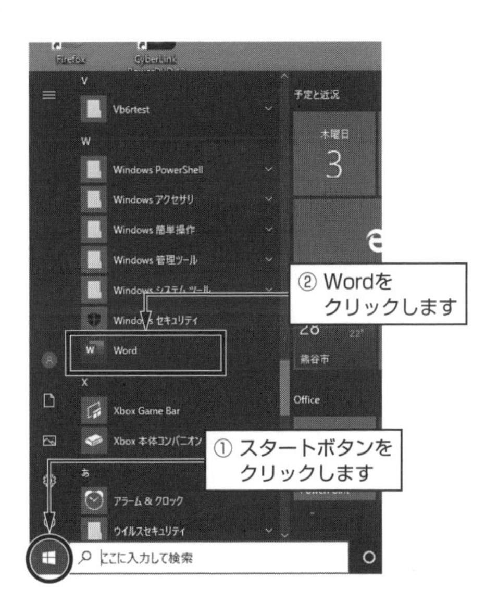

3.［白紙の文章］をクリックします.

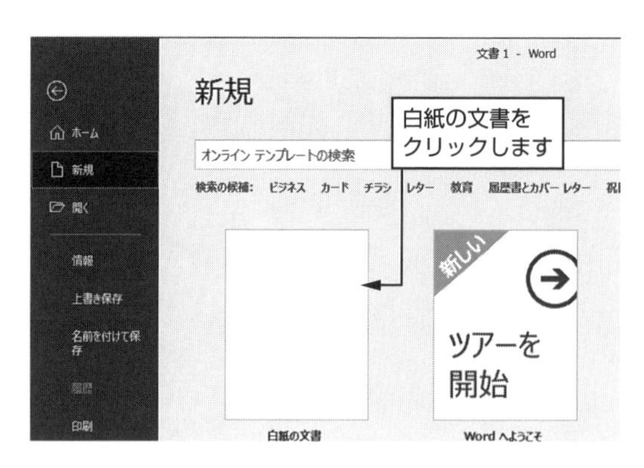

3.1.2　Word の終了

Word を終了するときは，タイトルバーの閉じる［×］ボタンをクリックします．現在作業中の文章だけを閉じたい場合は，ファイルタブから［閉じる］をクリックします．

3.2　Word の基本画面

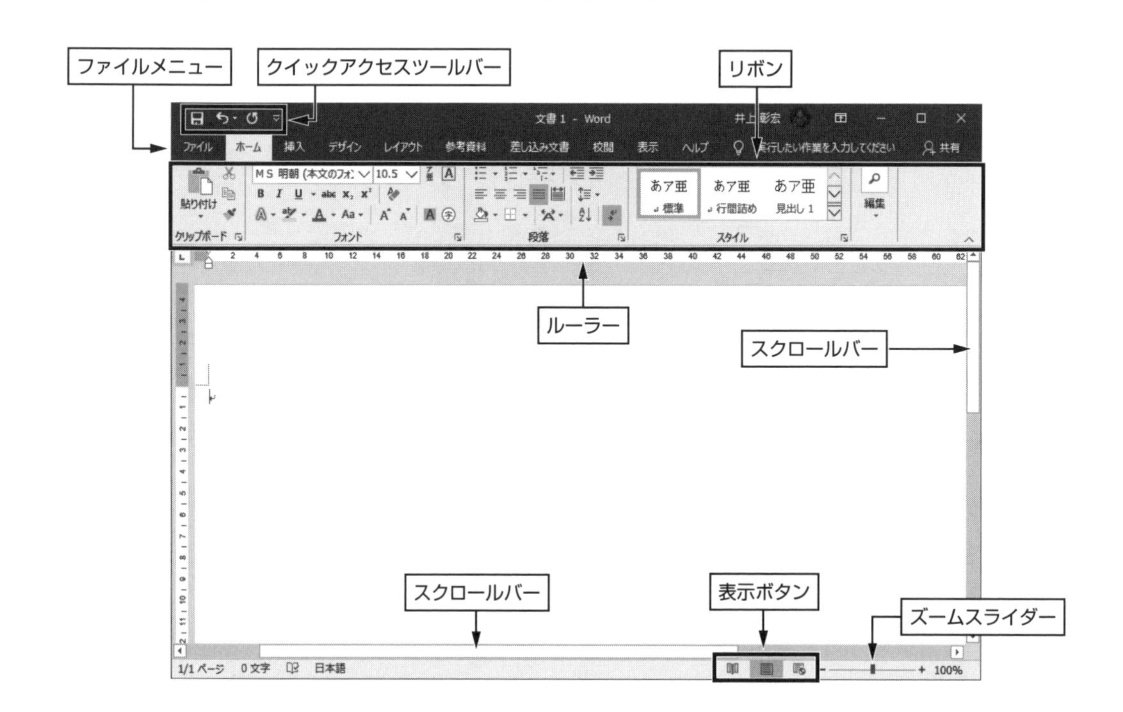

3.3　保存と文章の読み込み

文章の保存，文章を読み込むなどファイルメニューの操作は「2.4.2　ファイルメニュー」を参照してください．

3.4　印刷

1. ファイルメニューから［印刷］をクリックします．
2. 必要に応じて印刷の設定を行います．
3. ［印刷］ボタンをクリックします．

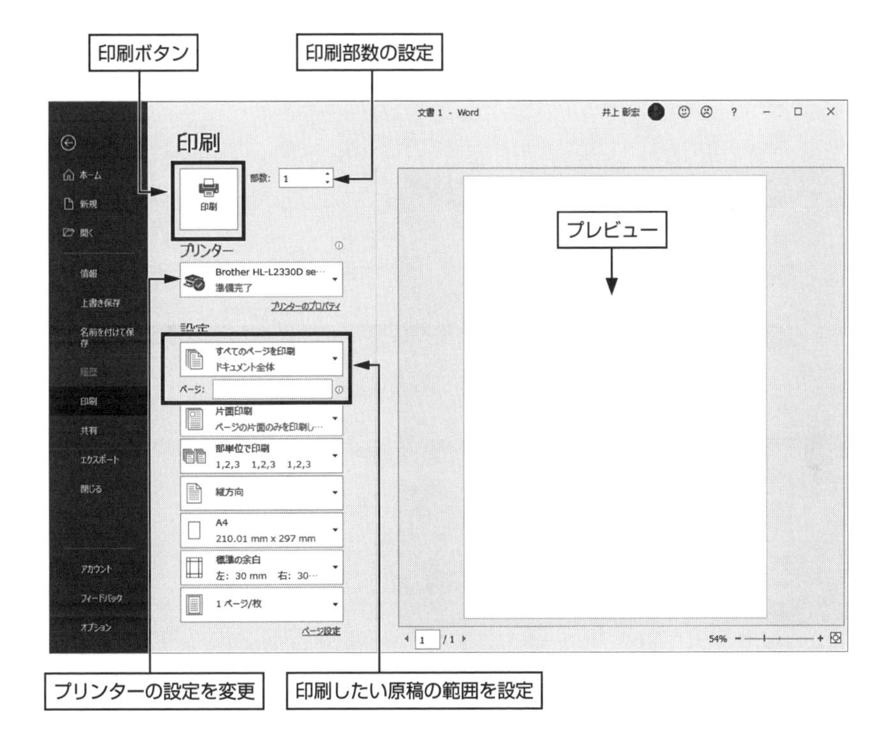

3.5　ページレイアウトの設定

文章を作成するときは，最初にページレイアウトを決定しましょう．文章のページレイアウトは，［ページレイアウト］リボンを利用することで設定できます．

1. ［ページレイアウト］タブをクリックします.
2. ［ページレイアウト］グループのダイアログボックスを表示させます.

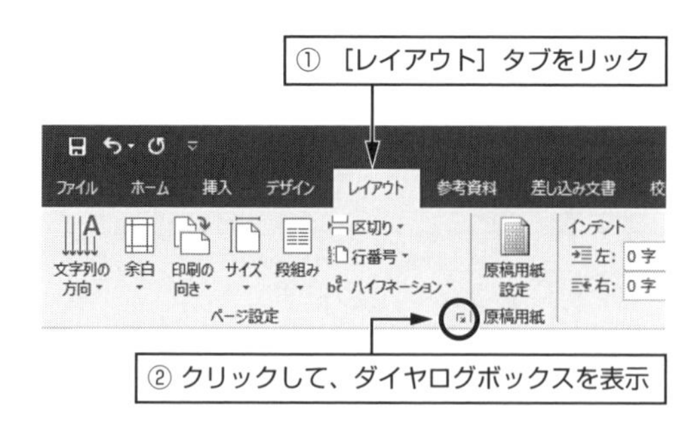

3. A4 用紙以外の文章を作る場合は，最初に［用紙］タブをクリックして用紙サイズを設定します.

4. ［余白］タブをクリックして，印刷の向き，余白を設定します.

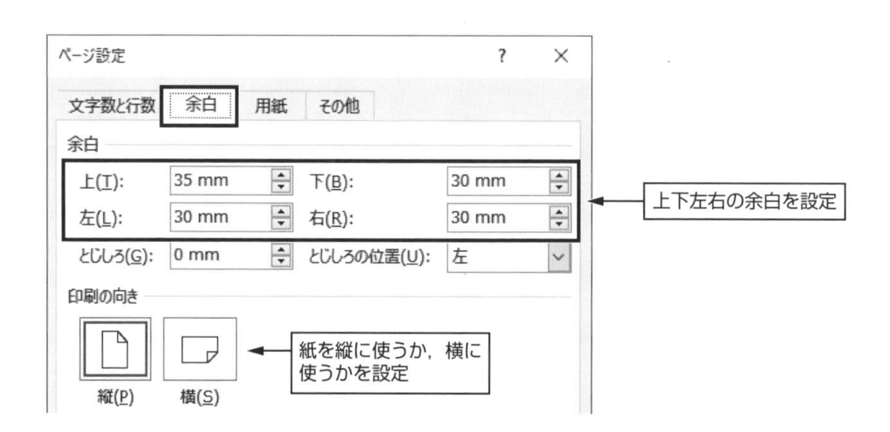

5. 最後に［文字数と行数］タブをクリックして，文字数・行数などを設定します.

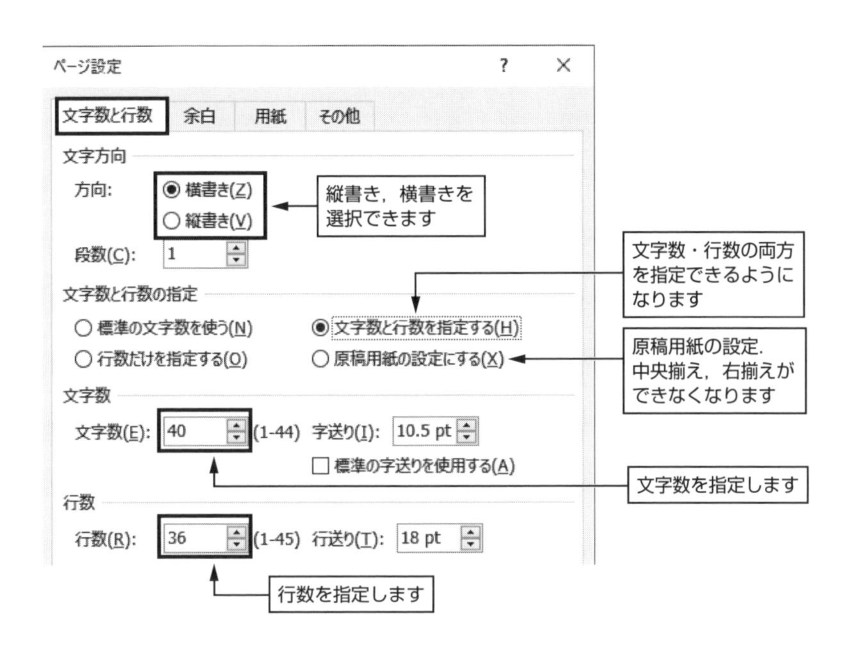

6. ［OK］ボタンをクリックして設定を完了します．

3.5.1　編集記号

［ホーム］リボンの段落グループにある［編集記号の表示／非表示］ボタン をクリックして，編集記号が見えるようにしておきましょう．編集記号とは，段落記号や空白などその場所で何らかの編集操作を行ったことを示す**印刷されない記号**です．

編集記号の削除

編集記号は印刷されませんが，文字の一種ですので，通常の文字と同じ操作で削除することができます．編集記号が削除されれば，編集操作が解除できます．

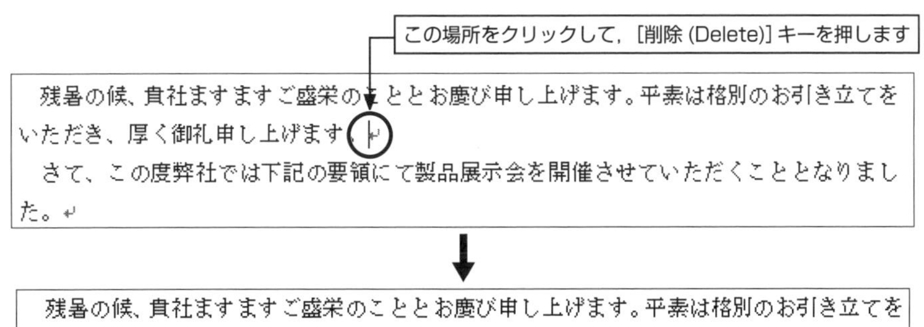

3.5.2　Wordにおける段落とは

Wordでは，段落記号と次の段落記号の間のことを「段落」と呼んでいます（下図）．

段落記号とは，［Enter］キーを押したときに入る「折れ曲がった矢印の記号」です．

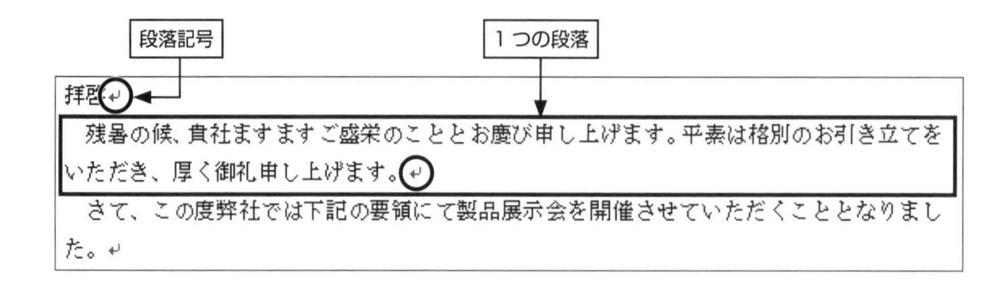

改段落

段落を変えるには，［Enter］キーを押します．［Enter］キーを押した場所には段落記号「↲」が挿入されます．新しくできた段落は［Enter］キーを押した段落と全く同じ書式設定になります．

改行

段落を変えずに改行したい場合は，［Shift］キーを押しながら［Enter］キーを押します．改行した場所には「↓」という編集記号が挿入されます．

改ページ

必ず次のページから文章を書き始めたい場合は，改ページ記号を挿入すると便利です．

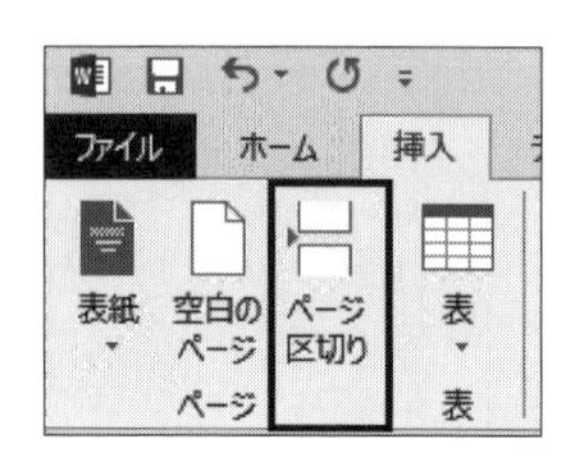

改ページ記号は，［挿入］リボンの［ページ区切り］コマンドを使用するか，［ページレイアウト］リボンの［区切り］コマンドを使用します．［Ctrl］キーを押しながら［Enter］キーを押しても改ページできます．

不適切な文章の書き方

初心者にありがちな，よくない文章の書き方を紹介します．次の例のような書き方をした場合，文章を修正するときに余計な手間がかかってしまいます．ひとまとまりの文章（段落）が終わるまでは，段落記号を入れないようにしましょう．

- 正しい例

インデントの例1□□□1行目のインデントと、ぶら下げインデントの例です。ルーラの三角形（マーカー）が「1行目のインデント」の開始位置を、左下の三角形が「ぶら下げインデント」の開始位置を表しています。右の三角形は右のインデントを表しています↵

段落記号は段落の最後に入れます

- よくない例1：段落の途中の行末に段落記号を入れる

インデントの例1□□□1行目のインデントと、ぶら下げインデントの例です。ルー↵
ラの三角形（マーカー）が「1行目のインデント」の開始位↵
置を、左下の三角形が「ぶら下げインデント」の開始位置を↵
表しています。右の三角形は右のインデントを表しています。↵

- よくない例2：空白で行頭・行末の位置調整をする

インデントの例1□□□1行目のインデントと、ぶら下げインデントの例です。ルー□□□
□□□□□□□□□□□□ラの三角形（マーカー）が「1行目のインデント」の開始位□□□
□□□□□□□□□□□□置を、左下の三角形が「ぶら下げインデント」の開始位置を□□□
□□□□□□□□□□□□表しています。右の三角形は右のインデントを表しています。↵

上に示した「よくない例」のような書き方をすると，文章を校正（修正）したときに文字数が変わると修正が大変です．

それでは，［Enter］キーや空白文字を使わないで左右の余白を調整するにはどうしたらいいのでしょうか．その方法は，「3.9.1　インデントの設定」で説明します．

3.5.3　記号の入力

［挿入］リボンの［記号と特殊文字］コマンドを使用すると，様々な記号を利用することができます．

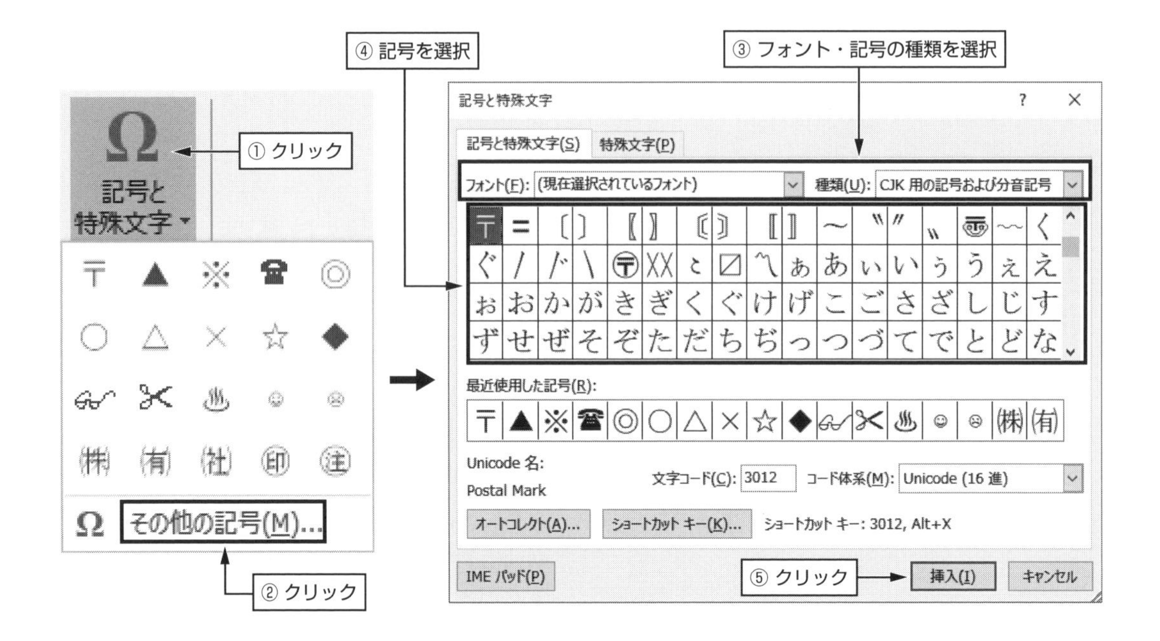

3.6　文章の範囲選択

操作対象を指定するためによく行う操作です．効率的な操作のためには範囲指定する方法を複数知っておくことが有効です．

- **マウスでドラッグする**
  範囲指定の基本です．この方法さえ知っていれば何とかなります．
- **キーボードから［Shift］＋［矢印］キー**
  慣れてくるとキーボードを使ったこの方法が便利に感じます．

これ以外の知っていると便利な範囲選択の方法を次表にまとめておきます．

行	左の余白の部分をクリック	同じ種類の文字列	文字列をダブルクリック
段落	左の余白の部分をダブルクリック	文	[Ctrl]＋クリック
文書全体	左の余白ですばやく3回クリック	ブロック	[Alt]＋ドラッグ

3.7　複写と移動

3.7.1　複写

1. 複写元の文字列を範囲指定します．

箱根温泉，鳴子，城崎

2. ［ホーム］リボンの［コピー］コマンド コピー をクリックします．［Ctrl］+［C］でも同じことができます．
3. 複写先にカーソルを移動します．

箱根温泉，鳴子，城崎

4. ［ホーム］リボンの［貼り付け］コマンド 貼り付け をクリックします．［Ctrl］+［V］でも同じことができます．

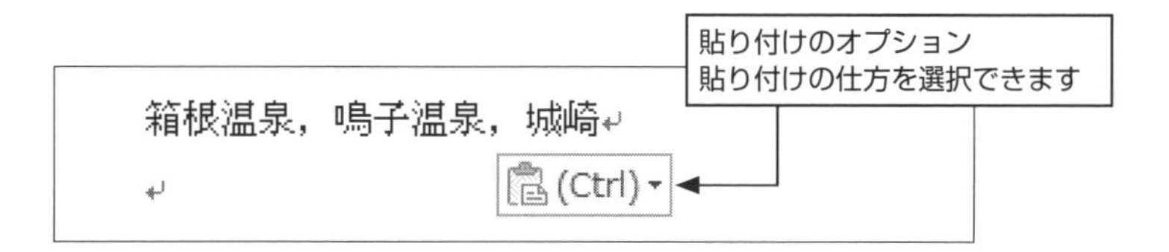

※コピー・貼り付けコマンドは，選択した文字列の上で右クリックしても出てきます．

※クリップボードを介した複写は異なるソフト間でも行うことができます．

3.7.2　移動

1. 移動元の文字列を範囲指定します．

箱根温泉，鳴子温泉，城崎温泉

2. ［ホーム］リボンの［切り取り］コマンド 切り取り をクリックします．［Ctrl］+［X］でも同じことができます．
3. 移動先にカーソルを移動します．

鳴子温泉，城崎温泉

4. ［ホーム］リボンの［貼り付け］コマンド をクリックします．［Ctrl］+［V］でも同じことができます．

鳴子温泉，箱根温泉，城崎温泉

※移動元文字列を範囲指定した部分にマウスを合わせて，マウスをドラッグしても文字列を移動できます．

3.8　文字単位の書式設定

文字の書式設定は，次の順番でおこないます．

1. 変更する文字を選択します
2. どのように変更するか指示します

3.8.1　フォントの書式設定

フォントの書式設定は，［ホーム］リボンのフォントグループで設定できます．

フォントサイズの変更

フォントの書式設定の仕方の一例として，フォントサイズの指定の仕方を紹介します．①書式を変更したい文字列を選択，②どのように変更するかをフォントグループのボタンをクリックして指定，という順番はどの操作でも同じです．

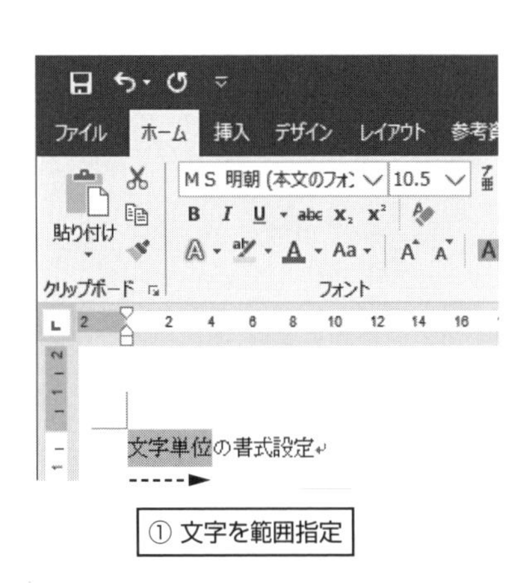

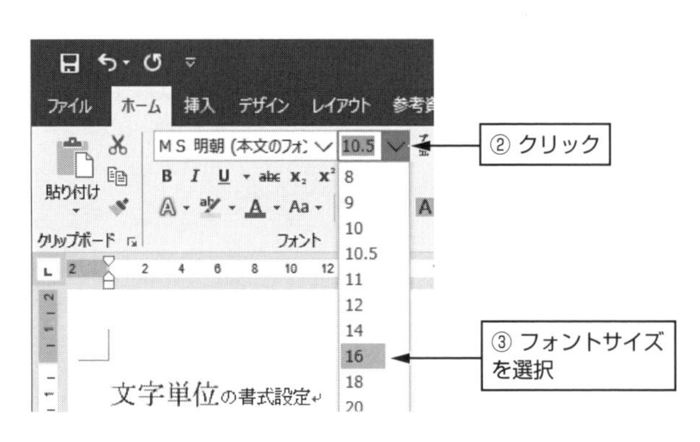

フォントグループ

［ホーム］リボンのフォントグループに用意されているボタンの一覧です．

コマンドにない書式設定を行いたい場合は，右下にある［ダイアログボックス起動ボタン］をクリックし，ダイアログボックスを起動して設定しましょう．

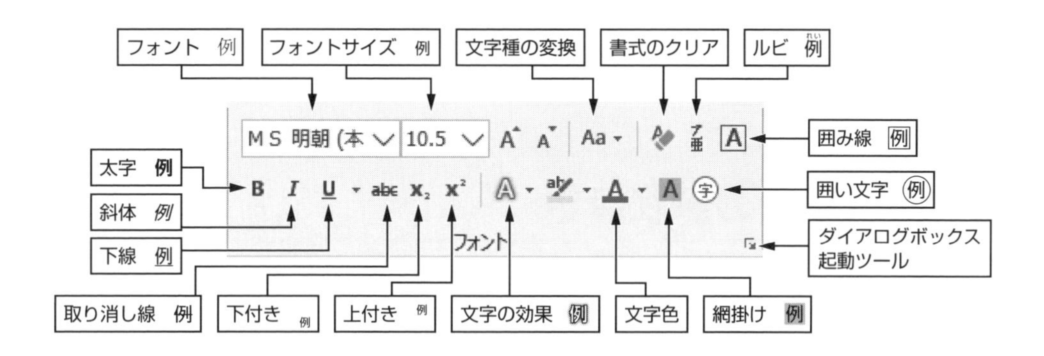

文字効果

ワードアート機能が飾り文字を絵として表現するのに対し，文字効果機能は飾り文字を**文字のまま**作成できます．文字のままなので文字を変形させることはできません．

使い方は，次の通りです．

1. 文字を範囲指定します
2. ［ホーム］リボンのフォントグループにある［文字の効果と体裁］ボタンをクリックします
3. サンプルから選択するか，サンプルの下にあるメニューから各効果を指定します

フォントの種類

フォントは大きく「等幅フォント」と「プロポーショナルフォント」の2種類に分類できます．「等幅フォント」とは，すべての文字が同じ幅になっているフォントのことで，すべて全角（半角）の文字で文章を書けば，文字が縦にきっちりと揃います．それに対して「プロポーショナルフォント」では，文字によって横幅が違うために，文字の縦位置が揃いません．

例　等幅フォントとプロポーショナルフォントの違い

等幅フォント

MS明朝体　等幅フォントとプロポーショナルフォントの違い

HG行書体　等幅フォントとプロポーショナルフォントの違い

プロポーショナルフォント

MSP明朝体　等幅フォントとプロポーショナルフォントの違い

HGP明朝B　等幅フォントとプロポーショナルフォントの違い

3.9　段落単位の書式設定

Wordの書式設定は，前節で紹介したフォント単位の書式設定の他に，段落単位で設定できる書式設定があります．

3.9.1　インデントの設定

左右の余白から文字までの距離を設定する機能がインデントです．インデントは，1つの段落につき，左側に2つ（段落の1行目と2行目以降），右側に1つ設定できます．

インデントを設定するには，リボンの下にあるルーラーのマーカー▽⌂△（次図）をドラッグするか，［ホーム］リボンの段落グループから段落ダイアログボックスを呼び出して設定します．

ルーラー

リボンの下にルーラーがない場合は，［表示］リボンの表示グループにある［ルーラー］にチェックマークを入れます．

ルーラーのグレーの部分はページレイアウトで設定した余白，白い部分は文章の書ける範囲を表しています．

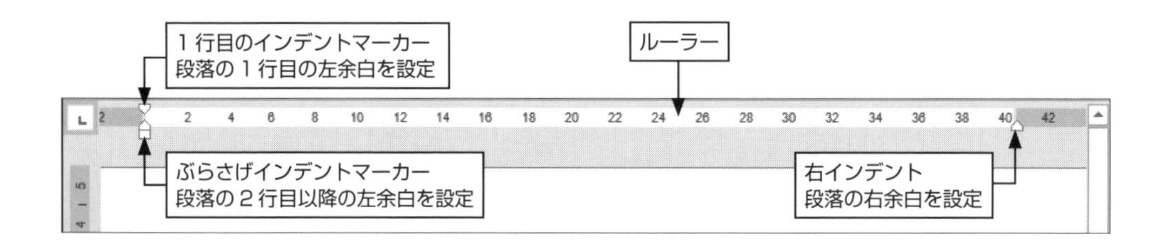

※⌂の四角の部分をドラッグすると，左側の2つのマーカーをまとめて移動させることができます．

インデントの設定の仕方 1

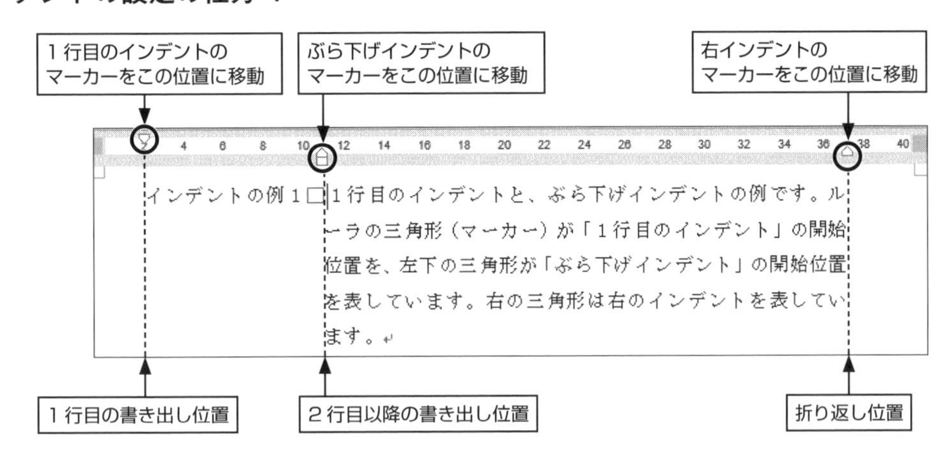

インデントの設定の仕方 2

日本語の文章では，段落の 1 行目だけ 1 文字下げるインデントが設定されます．1 行目のインデントを正確に 1 文字分下げるには，次のように操作します．

1. インデントの設定をしないで文字を入力します．（2 文字でもかまいません）
2. 行頭をクリックして，全角の文字が書ける状態でスペースキーを押します．
3. 全角のスペースが入力される代わりに，1 行目のインデントが 1 文字分下がります．

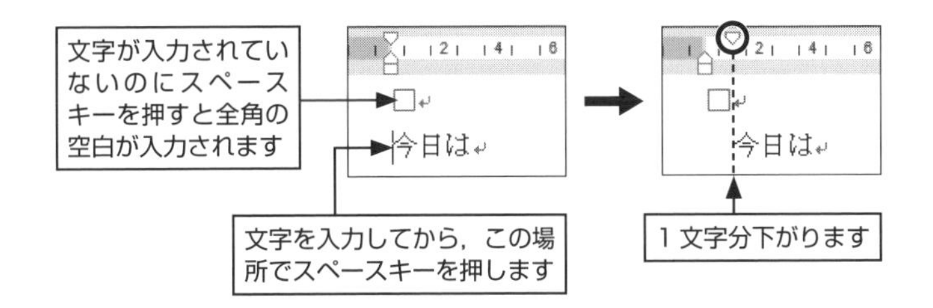

3.9.2　文字列の配置の変更

1. 文字列の配置を設定したい段落をクリックします．
2. ［ホーム］リボンの段落グループから配置の方法を選択します．

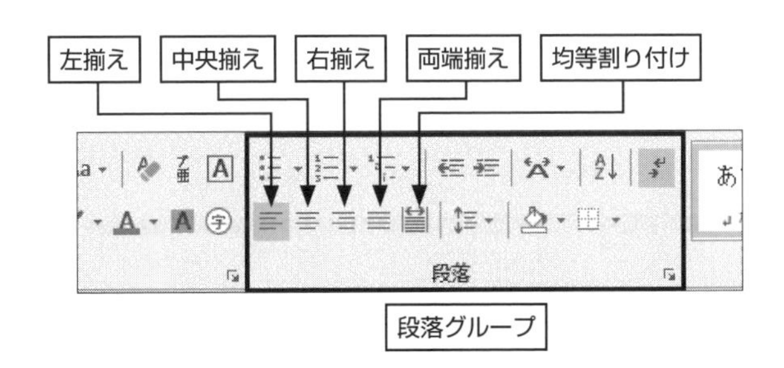

▼ 文字列揃えの例

記号	読み方
右揃え	新製品発表会のご案内
中央揃え	新製品発表会のご案内
均等割り付け	新　製　品　発　表　会　の　ご　案　内
左揃え	左揃えと両端揃えの違いを比較する文章です．Microsoft Office 2019 のように半角英数字を使うと違いがわかります．文字間隔と右側の文字の位置に注目してください．左揃えでは文字間隔が一定で左に詰まります．
両端揃え	左揃えと両端揃えの違いを比較する文章です．Microsoft Office 2019 のように半角英数字を使うと違いがわかります．文字間隔と右側の文字の位置に注目してください．両端揃えでは右端を合わせるように文字間隔が調整されています．

3.9.3　箇条書きの入力

1. 箇条書きにしたい段落をクリックしておきます．［ホーム］リボンの［箇条書き］ボタンの▼ボタンをクリックして行頭文字を選択します．

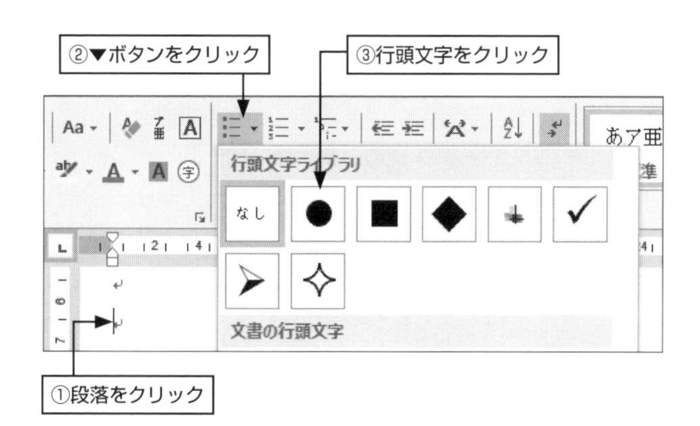

2. 文字を入力して，［Enter］キーを押します．新しくできた段落は同じ書式設定になるので，自動的に行頭文字が表示されます（右図）．

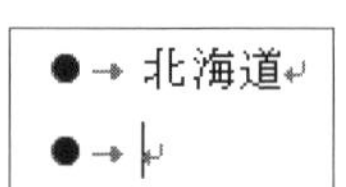

3. 2 の要領でどんどん書きすすめます．
4. 箇条書きを終了したい場合は，何も入力しないで［Enter］キーを押します（下図）．

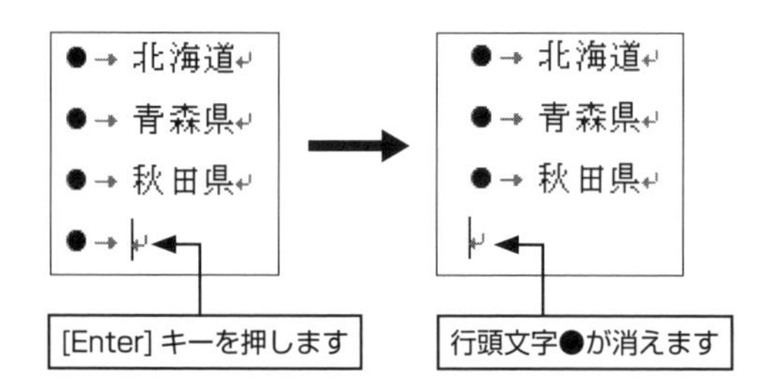

※ 箇条書きを解除したい場合は，箇条書きボタン をクリックします

※ 文字を入力した後から箇条書きボタン をクリックすることで，複数の段落を箇条書きにすることもできます．

3.9.4　段落番号の入力

段落の先頭に順番を表す数字やアルファベット・カタカナなどをいれることができる機能です．新しい番号を定義することもできます．

1. 段落番号を設定したい段落を選択しておきます．
2. ［ホーム］リボンの段落グループから［段落番号］コマンド の▼ボタンをクリックします．
3. 表示された番号ライブラリから段落番号の種類を選択します．

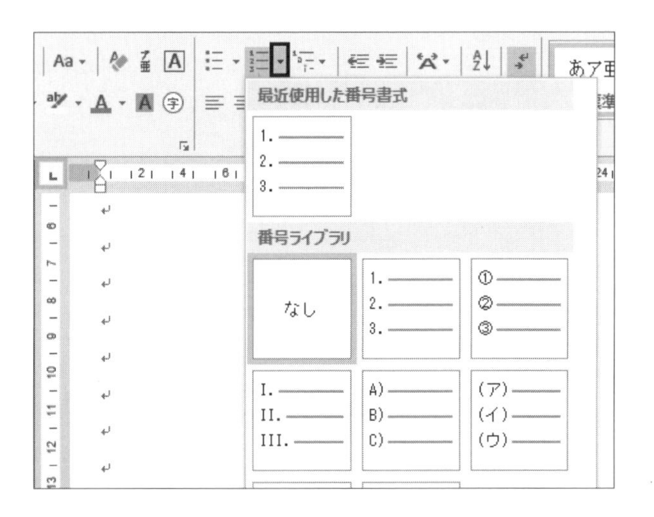

4. 文章中に段落番号が挿入されますので，文字を入力して［Enter］キーを押します．
5. 新しくできた段落にも段落番号が自動的に挿入されますので，4の要領でどんどん入力を続けます．
6. 段落番号を終了したいときは，前節の箇条書きと同様に，何も文字を入力しないで［Enter］キーを押します．

段落番号の変更

「段落番号を1以外の値から始めたい」「段落番号を1から始めたいのに他の数値になってしまった」というような場合，段落番号を開始する数値を変更できれば問題解決です．

段落番号の変更は，以下のような操作でおこないます．

1. 段落番号を変えたい段落の上で**右クリック**してショートカットメニューを呼び出します．
2. ショートカットメニューから［番号の設定］を選択し，開始番号を変更します．段落番号を 1 から始めたい場合は，［1 から再開］を選択すると簡単です．

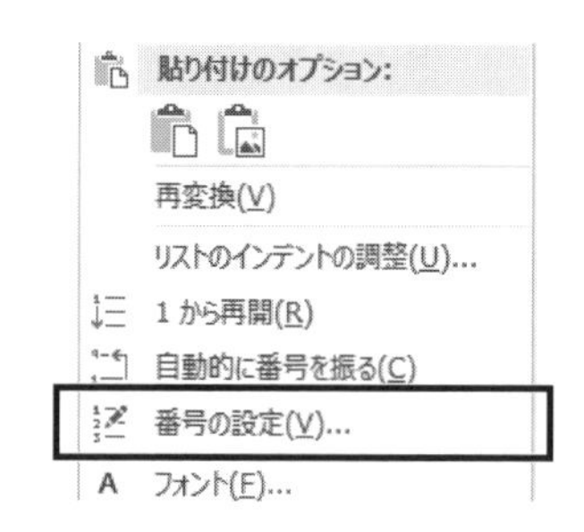

3.10　タブ

タブとは，文字の配置を揃える機能です．1 行に複数のタブを設定することもできます．箇条書きや行番号機能を使用すると自動的に使われています．

1. 文字の配置を揃えたい場所に［TAB］キーを押してタブを挿入します．

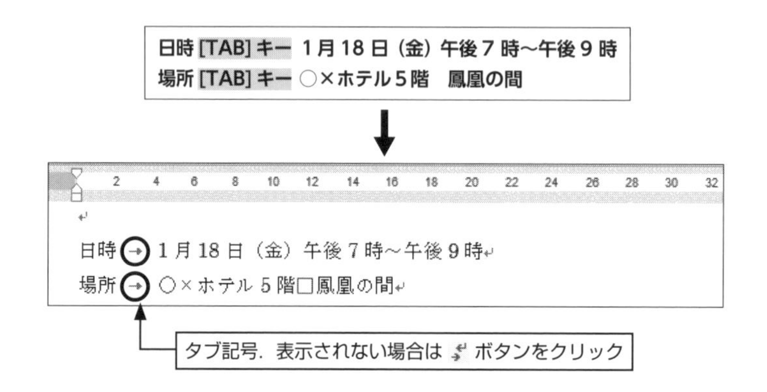

2. タブ記号の後ろの文字の配置を揃える場合は，揃えたい段落をすべて範囲指定して，ルーラー上の揃えたい場所をクリックします．クリックする場所はルーラーの下端付近になります．

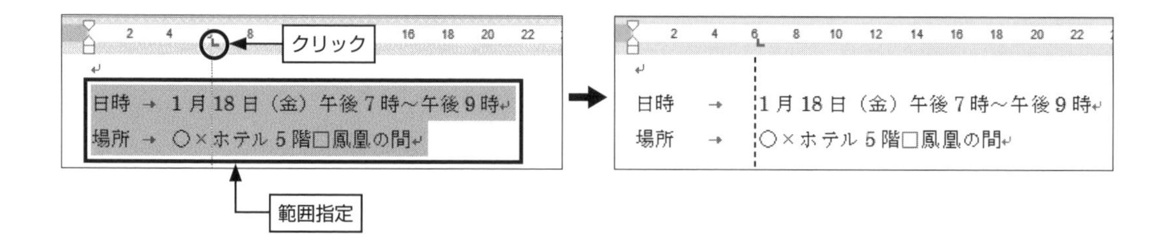

ぶら下げインデントの位置を 0 字から移動していると，**1 つ目のタブ位置**はぶら下げインデントの位置になってしまいますので注意が必要です．

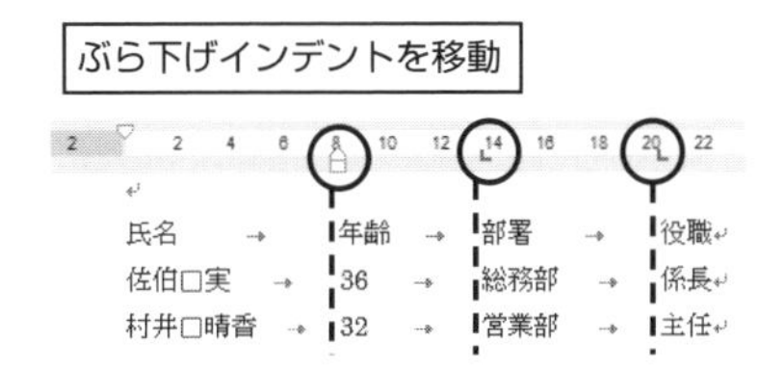

タブ記号の移動と削除

ルーラーに入ったタブ記号（ L）は，ルーラー上でドラッグすれば任意の位置に移動できます．またルーラーの外にドラッグすれば削除することもできます．

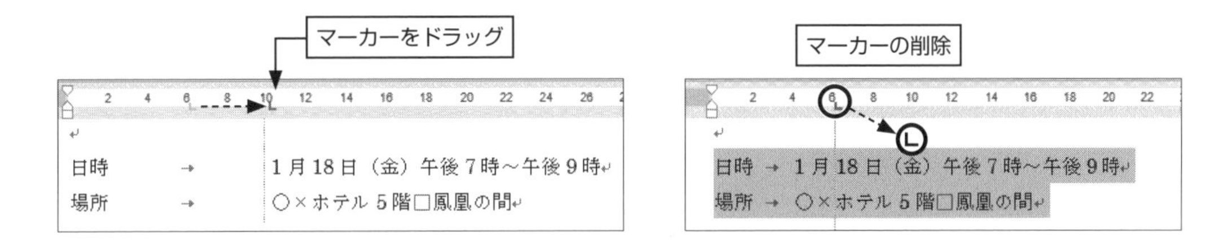

タブ記号の種類

ルーラーの左端にあるボタンをクリックすると，下表のように挿入できるタブの種類を変更することができます．

左揃えタブ	中央揃えタブ	右揃えタブ
小数点揃えタブ	縦棒タブ	

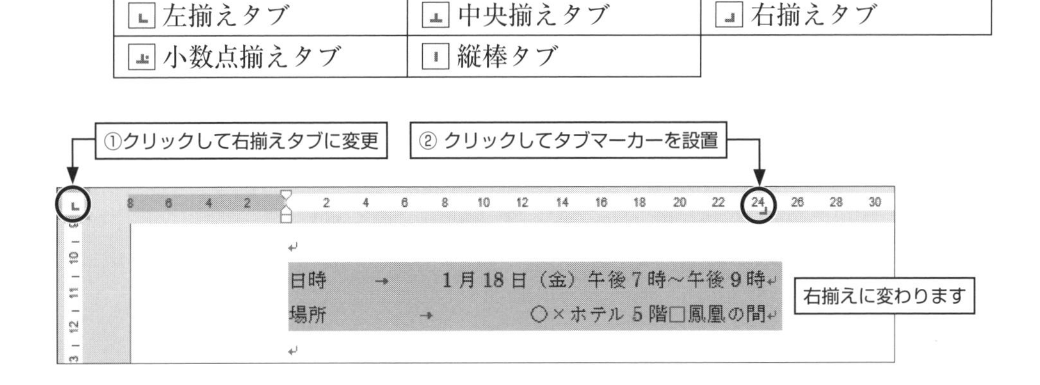

3.11　ヘッダーとフッター

ヘッダーは印刷用紙の上余白，フッターは下余白に常に印刷される領域や情報のことで，代表的なものにページ番号があります．Wordでは，奇数ページや偶数ページ専用のヘッダー・フッターを指定することもできます．

ページ番号の挿入

1. 上（下）余白をダブルクリックします.
2. ［デザイン］リボンのヘッダーとフッター・グループの［ページ番号］コマンドから，ページ番号の挿入位置，番号のデザインを選択します.

任意文字の入力の仕方

1. 上（下）余白をダブルクリックします.
2. ヘッダー（フッター）にカーソルが現れますので，自由に文字を入力することができます.［Enter］キーで段落を変えることもできます.

ヘッダー・フッターの編集の終了

ヘッダー・フッターの編集が終了したら，［デザイン］リボンの右端にある［ヘッダーとフッターを閉じる］ボタンで編集を終了しましょう.

3.12　表の操作

3.12.1　表の作成

表を作成する方法は何通りか用意されていますが，1つだけ紹介します.

表を作りたい段落の右インデントの設定が挿入される表内のすべてのセルに反映されてしまいます. 右インデントの設定を変えていた場合は，［ホーム］リボンの［すべての書式をクリア］コマンド で挿入前の段落または作成後の表の書式をクリアしましょう.

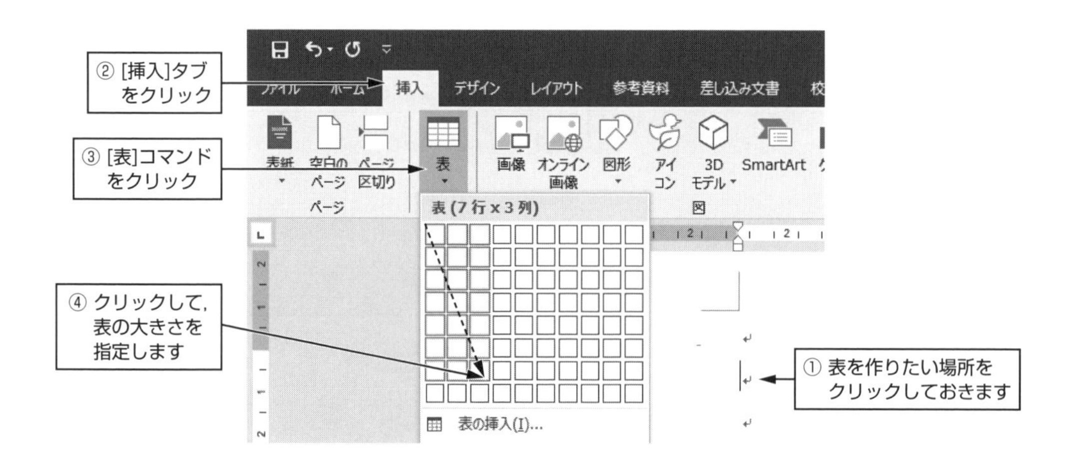

3.12.2 セルの入力

入力したいセルをクリックして文章や数値を入力します．箇条書き機能や中央揃えなどWordの本文で使った機能も設定可能です．また，セルには数値や文章を入力するだけでなく絵・写真を挿入することもできます．

セルの幅に入りきらない文章もそのまま入力してください．自動的にセルの高さが調整されます．

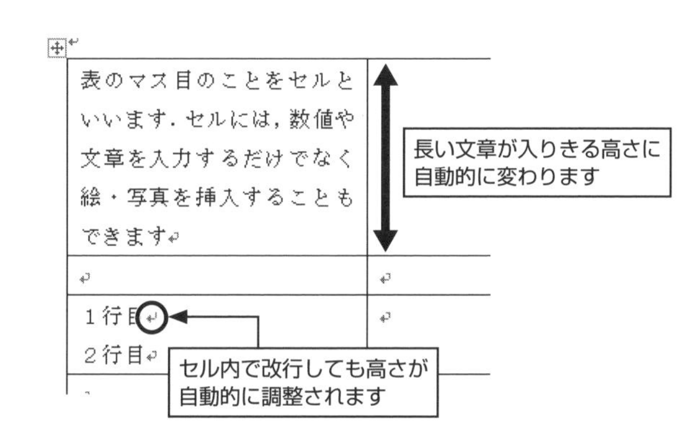

3.12.3 セルの結合

複数のセルを結合して1つの大きなセルにすることができます．セルを結合するには，結合したいセルを選択しておいて，［セルの結合］コマンドを使用します．

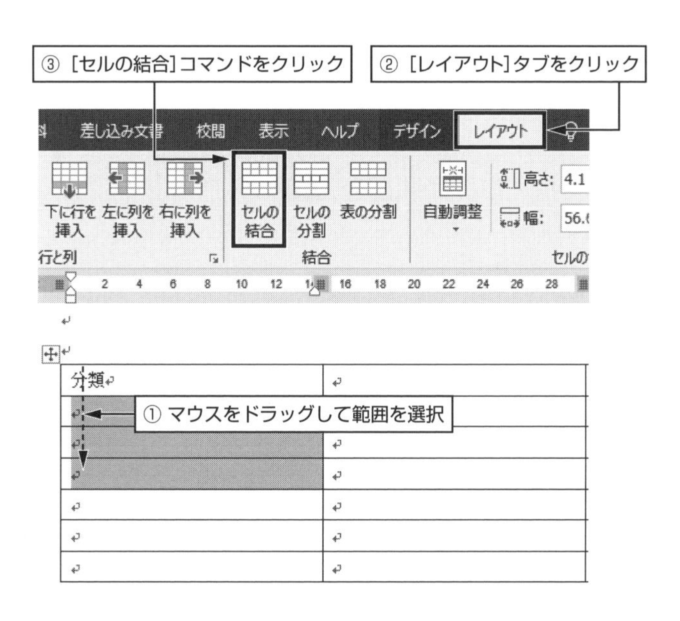

3.12.4　セル幅の変更

表の縦線の上にマウスポインタを移動するとマウスポインタがに変わります．この状態でマウスをドラッグすることで縦線を移動することができます．表の両端の線を移動すれば，表自体の大きさが変更されます．

表の横線も同様の操作で移動することができますが，文字を入力することで自動的にセルの高さが調整されますので，この操作を行うことはめったにありません．

縦線をドラッグします

分類	メニュー	金額
麺類	チャンポン	700
	ミニチャンポン	580
	皿うどん	780
サイド	餃子	300
	水餃子	390
	唐揚げ	300

3.12.5　行の高さ・列の幅を揃える

行の高さ・列の幅を同じ長さに整える非常に便利な機能があります．

セルを範囲指定しておいて，［レイアウト］リボンの 高さを揃える・ 幅を揃える コマンドを使用すると，自動的に列幅・行の高さを揃えることができます．

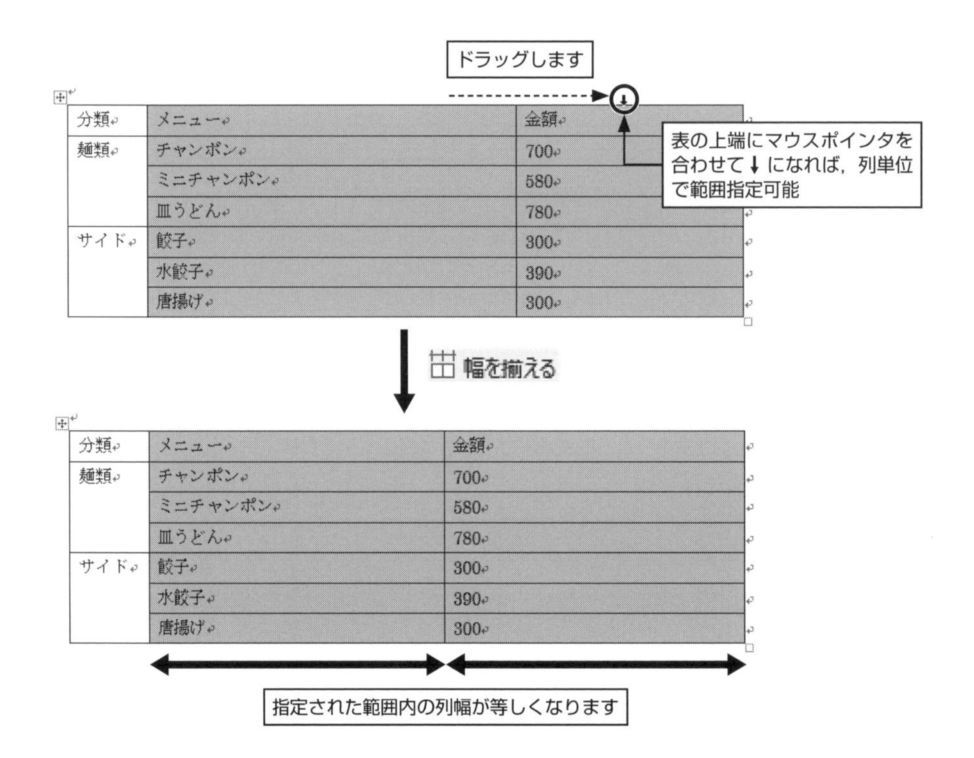

分類	メニュー	金額
麺類	チャンポン	700
	ミニチャンポン	580
	皿うどん	780
サイド	餃子	300
	水餃子	390
	唐揚げ	300

分類	メニュー	金額
麺類	チャンポン	700
	ミニチャンポン	580
	皿うどん	780
サイド	餃子	300
	水餃子	390
	唐揚げ	300

3.12.6 セルの文字列位置の配置

［レイアウト］リボンにある配置コマンドで，中央揃えや，右揃えに変更できます．

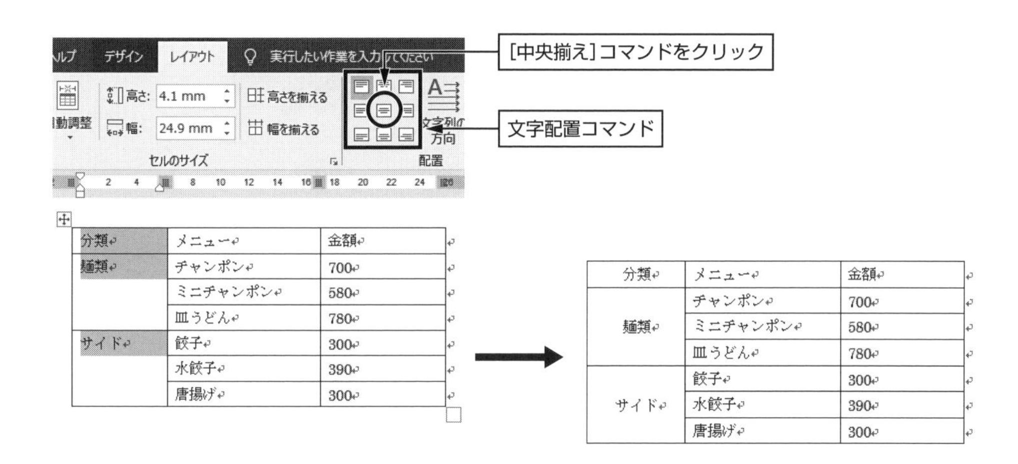

3.12.7 セルの文字を縦書きに変更

［レイアウト］リボンの［文字列の方向］コマンドで，セルの中の文字の縦書き・横書きを変更できます．

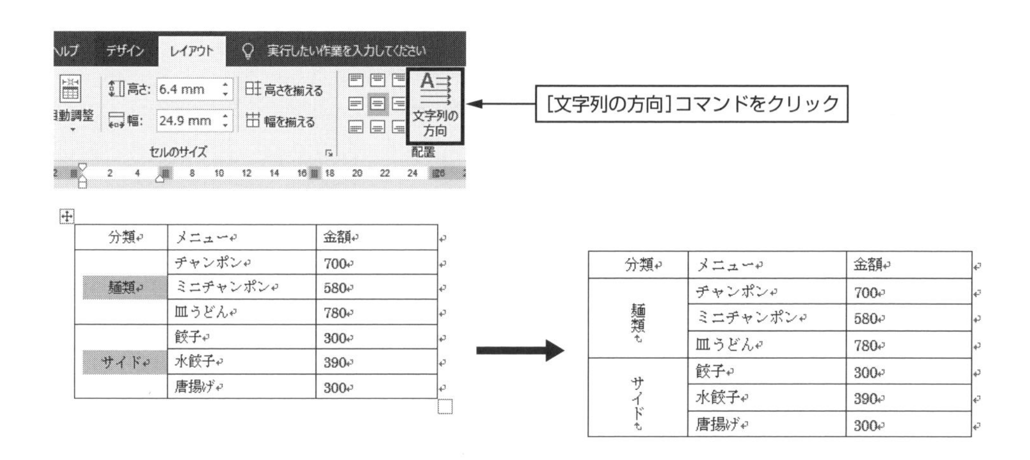

3.12.8　セルの塗りつぶし

［デザイン］リボンの［塗りつぶし］コマンドを使うことで，セルに色をつけることができます．

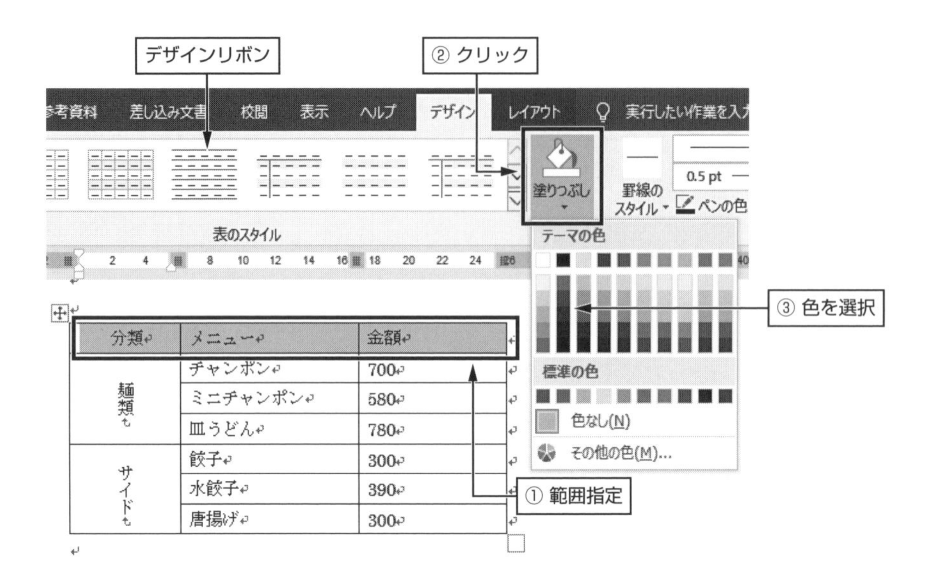

3.12.9　罫線の変更

表を挿入した後に罫線の種類を変更する操作を2通り紹介します．ここでは詳しく説明しませんが，［デザイン］リボンのダイアログ起動ツールボタンから呼び出したダイアログボックスを使って罫線を変更する方法もあります．

罫線コマンドを使った罫線の変更

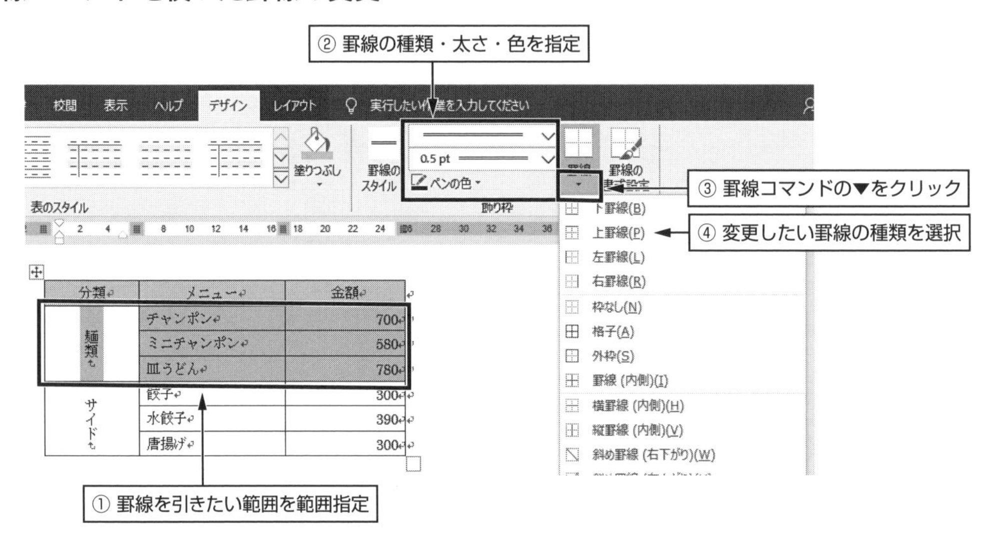

- この操作で，罫線の色を「罫線なし」にすると，罫線があっても印刷されません．
- ［レイアウト］リボンにある罫線を引くコマンド を利用しても罫線を変更できます．線を引き終えたら，［罫線を引く］コマンドをクリックして解除します．

罫線の書式設定コマンドを使った罫線の変更

1. ［デザイン］リボンを使って罫線の種類・太さ・色を指定します（前図参照）．
2. ［デザイン］リボンの ［罫線の書式設定］コマンドをクリックします．マウスポインタが と変わります．
3. 変更したい罫線の上をなぞるようにドラッグすることで罫線が変更できます．
4. 変更操作がすべて終わったら，［罫線の書式設定］コマンドをクリックして解除するのを忘れないようにしましょう．

3.12.10　罫線の削除

［レイアウト］リボンの［罫線の削除］コマンドをクリックしてから罫線上をドラッグすることで，罫線を削除することができます．罫線を削除し終わったら，再び［罫線の削除］コマンドをクリックして解除します．

3.12.11　表・列・行の削除

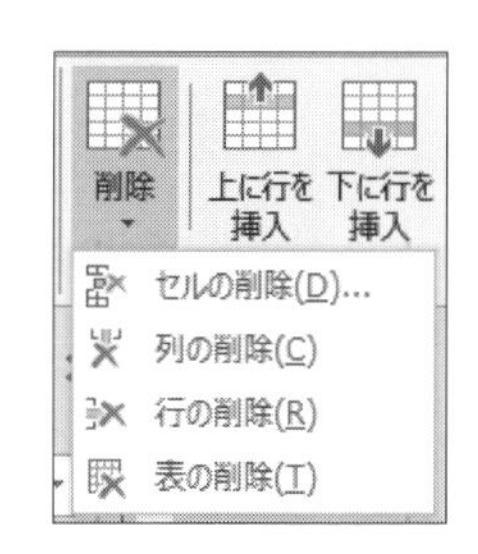

表全体を削除する場合は，表の中をクリックしておき，［レイアウト］リボンから［削除］−［表の削除］と選択します．

行・列・セルを削除する場合は，あらかじめ削除したい場所を範囲指定しておいてから，［レイアウト］リボンの［削除］コマンド（右図）から該当の項目を選択します．

3.12.12　表のプロパティ

表の様々な設定を行うことができます．よく使う設定に，文字列の折り返しの有無，表を中央揃えにするなどがあります．

3.13　オンライン画像の挿入

この機能は，インターネットを通じて様々な画像を見つけて直接挿入できます．インターネットに接続されていないと利用することはできません．

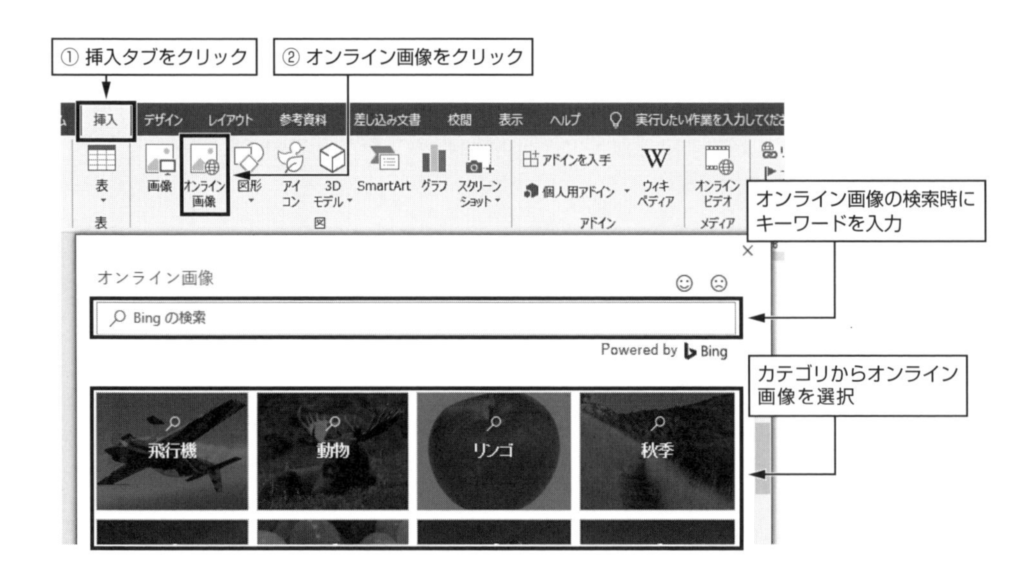

3.14　自分で用意した写真・絵の挿入

USB メモリやハードディスクに入っている画像ファイルを文章中に挿入できます．挿入後の操作については，後述の「3.15　図形描画」を参照してください．

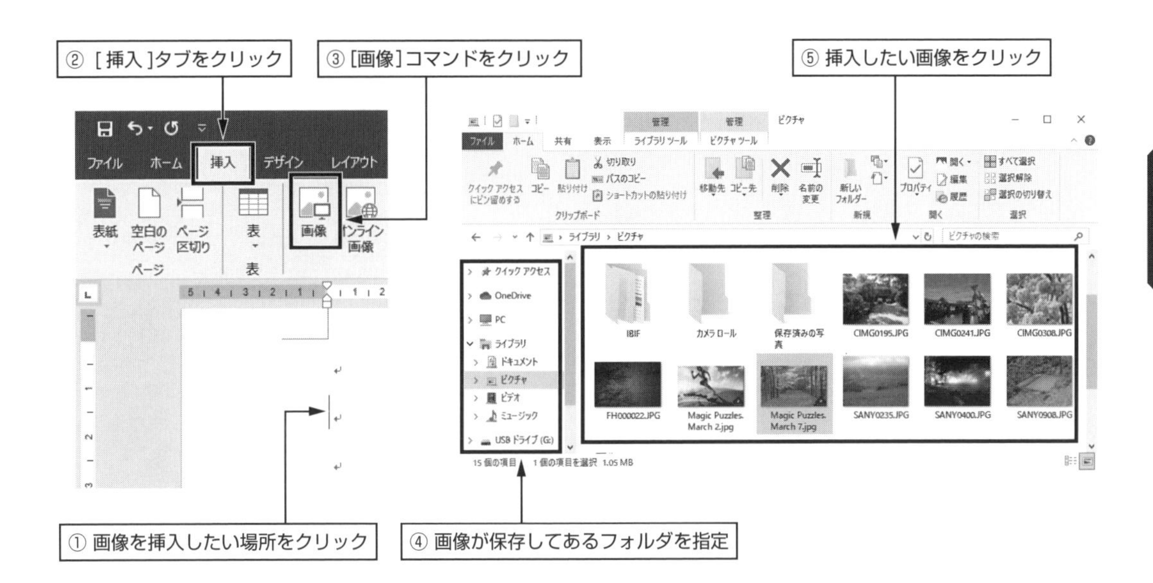

3.15　図形描画

四角形や矢印などの図形を使って自分で作図する機能です．

3.15.1　図形の挿入

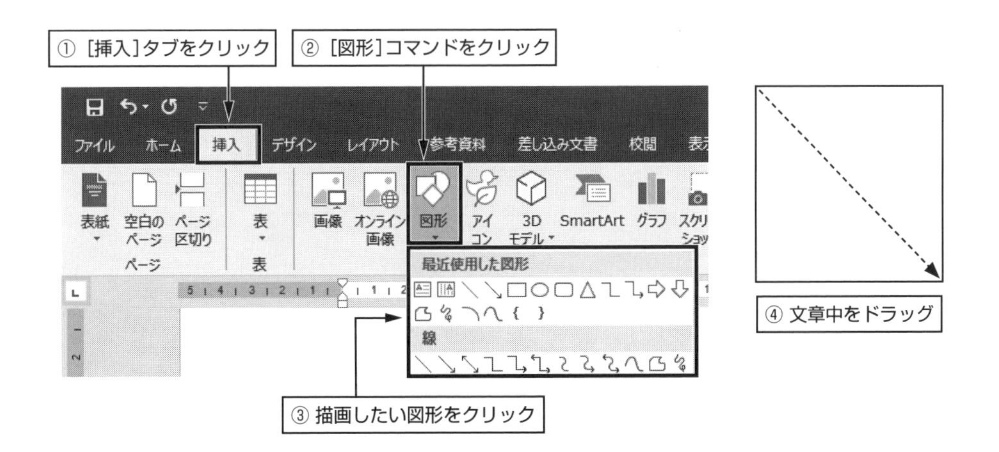

※四角形や円をドラッグして描画するときに，［Shift］キーを押したままドラッグすると正方形や真丸を描画することができます．

3.15.2　描画キャンバス

複数の図形や絵を組み合わせて使いたい場合，描画キャンバスを使うと複数の図形や絵を1つの図形のように移動することができるので非常に便利です．ただし図形や写真などを挿入するときに必ず使わなければいけないわけではありません．描画キャンパスのかわりにグループ化機能を使って複数の図形を1つの図形として扱うこともできます．

描画キャンバスの挿入

1. 描画キャンバスを作成したい場所をクリックしておきます．
2. ［挿入］リボンの［図形］コマンドをクリックし（前図を参照），一番下にある［新しい描画キャンバス］を選択します．

描画キャンバスへの図形・写真の追加

描画キャンバスを選択状態（枠線が見えている状態）にしておいてから，描画キャンバスの枠線の中に図形の描画，画像の挿入を行います．

描画キャンバスの移動・サイズの変更

描画キャンバスの枠線上にある丸 をドラッグすることで，描画キャンバスの大きさを自由に変更することができます．

描画キャンバスを移動したい場合は，描画キャンバスの枠線をドラッグします（後述の文字列の折り返しに注意）．

その他の描画キャンバスの操作

描画キャンバスは他の図形と同じオブジェクトとして扱われますので，ほとんどの操作は図形と同じ要領で行えます．塗りつぶしたり色を付けたりできますし，他の図形と同じように文字列の折り返しを設定すれば文章が描画キャンバスを避ける方法を指定することもできます．削除の方法なども図形と全く同じ操作です．

3.15.3 図形の選択

図形を 1 つだけ選択

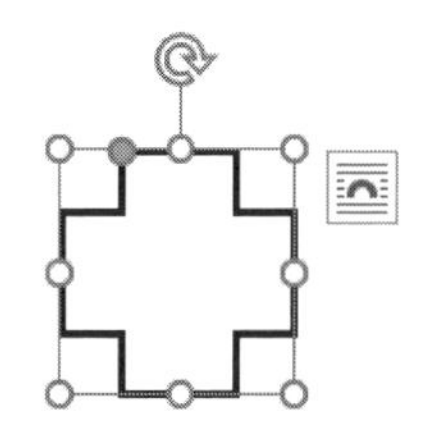

図形を選択するときは，図形をクリックします．選択された図形は，右図のように四隅にハンドル（⚲）が付いた状態になります．

複数の図形の選択

- 1 つ目の図形はクリック，2 つ目以降の図形は［Shift］キーを押しながらクリックして選択します．
- 描画キャンバス内の図形は，ドラッグすることで複数の図形を一度に選択することができます．
- ［書式］リボンの［オブジェクトの選択と表示］コマンドで表示される窓を使って，［Ctrl］キーを押しながら図形の名前を選択することにより，複数の図形を一度に選択することができます．

複数選択した図形は，［グループ化］コマンドを使ってグループ化することもできます．

3.15.4 図形の移動と大きさの変更

図形を移動するには図形をドラッグします．ほとんどの図形は図形上のどこをドラッグしても移動できますが，テキストボックスなどの文字を入力することができる図形は，枠線をドラッグすることでしか移動できません．

図形の大きさを変更したい場合は，図形を選択して，四隅・四辺にあるハンドル（⚲）をドラッグします．このとき，［Shift］キーを押したままドラッグすると，図形の縦横の比率を変えずに大きさを変更することができます．

図形を移動するときに，目的の位置に思うように移動できないことがあります．そのときは，［Alt］キーを押しながらドラッグして移動させてみましょう．［Alt］キーを押しておくことにより目に見えないグリッド上を移動するのを一時的に無効にできます．

3.15.5 図形の変形

図形によっては，選択したときに黄色いハンドルが付いているものがあります．このハンドルをドラッグすると，図形を変形させることができます．

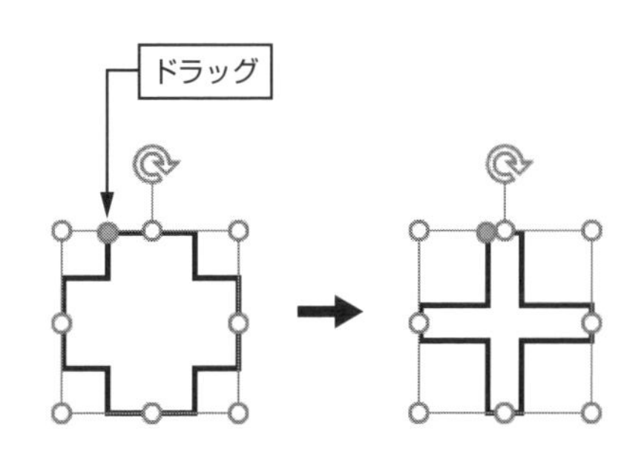

3.15.6　図形の削除

図形を選択して［Delete］キーを押します．

3.15.7　図形の回転

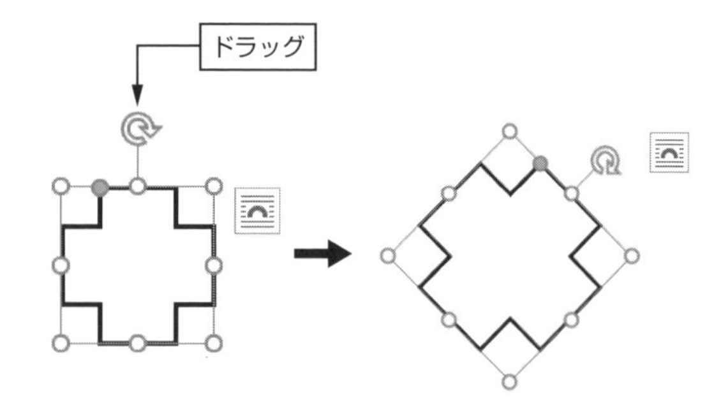

図形についている緑色の丸いハンドルをドラッグすると，図形を任意の角度に回転させることができます．

［書式］リボンの［回転］コマンド 回転 を使用すれば，90 度回転や左右・上下反転を行うこともできます．

3.15.8　図形の枠線・塗りつぶしの変更

線種や塗りつぶし色を変更するには，［書式］リボンの図形のスタイルグループを利用します（次図）．図形の上で**右クリック**して［図形の書式設定］を利用して変更することもできます．

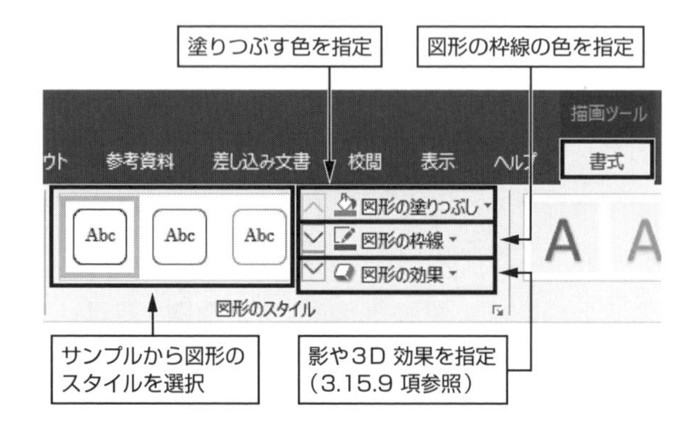

図形の塗りつぶし

［図形の塗りつぶし］コマンドは，図形を単色で塗りつぶす以外に様々な塗りつぶし効果を設定できます．

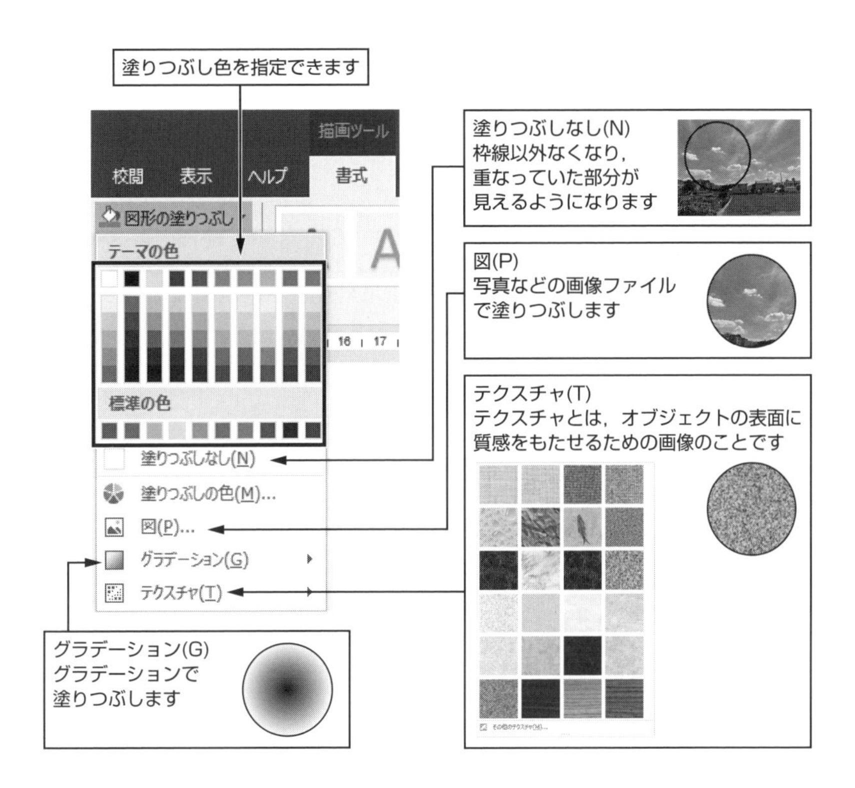

3.15.9 図形に様々な効果を追加

図形が選択されているときに表示される［書式］リボンの［図形の効果］コマンドを利用することで，図形に影をつけたり，面取りしたりすることができます．

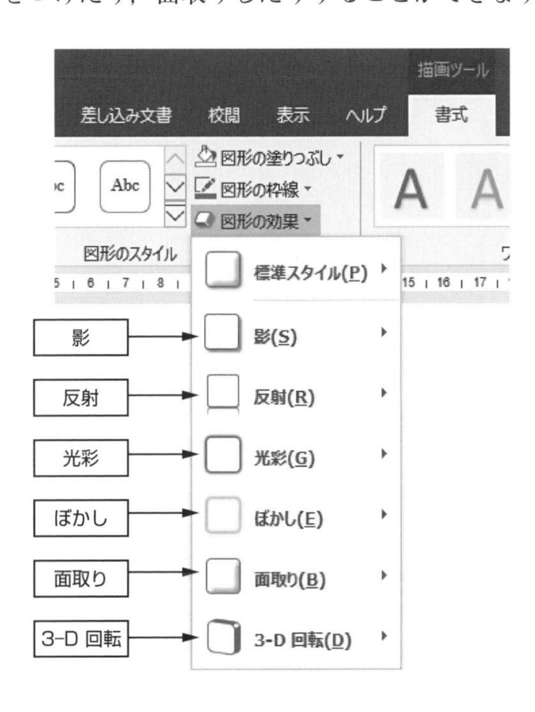

3.15.10　図形に文字を入力

テキストボックス

はじめから文字が入力できる図形として，テキストボックスと吹き出しが用意されています．

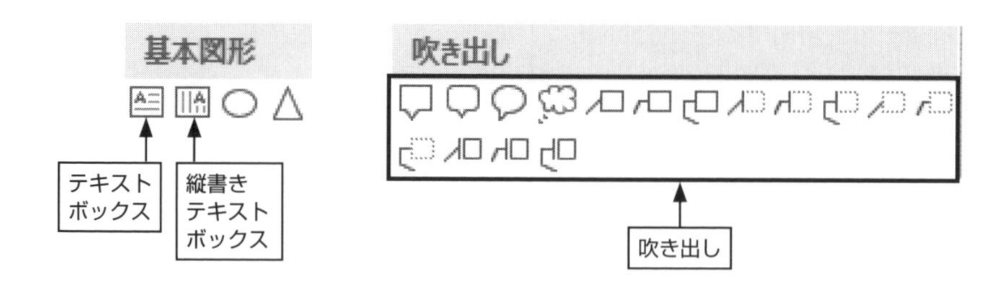

テキストボックス以外の図形に文字を入力

「テキストボックス」や「吹き出し」のように初めから文字を入力できる図形もあります。それ以外の図形の場合は，図形の上で**右クリック**をして［テキストの編集］を選択すれば，どのようなオートシェイプ図形（［挿入］リボンの［図形］コマンドから挿入できる図形）にも文字を入力することができるようになります．

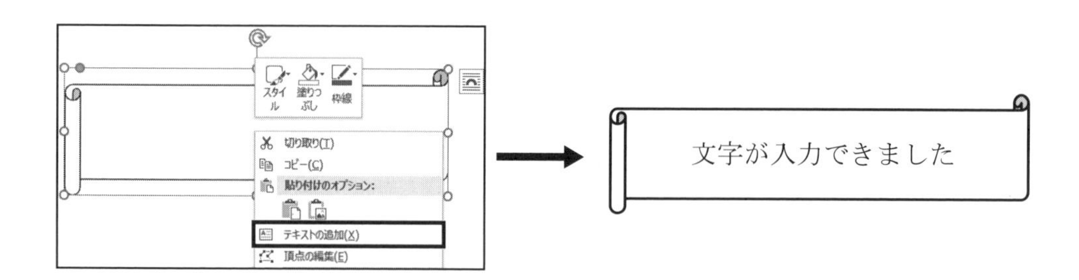

図形内の文字が表示されない

図形の中に文字を書いたのに文字が表示されないことがあります．［書式］リボンの［文字の塗りつぶし］コマンドの設定が「自動(A)」になっているはずなので，テーマの色から黒（任意の色）を指定してください．

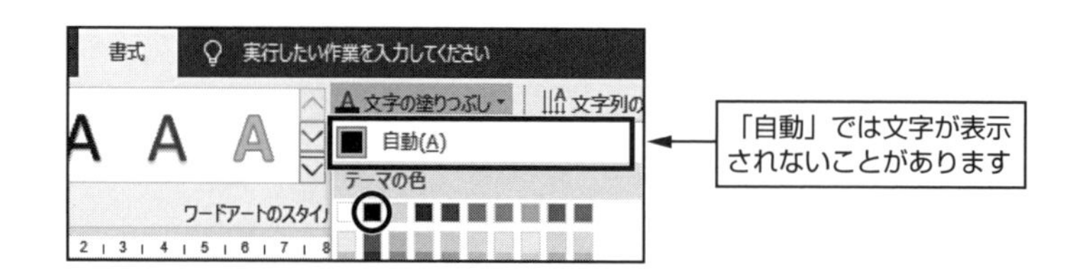

3.15.11 文字列の折り返し

図形や写真を挿入したとき，［書式］リボンの［文字列の折り返し］コマンドを使えば，文章がどのように図形を避けるかを設定できます．

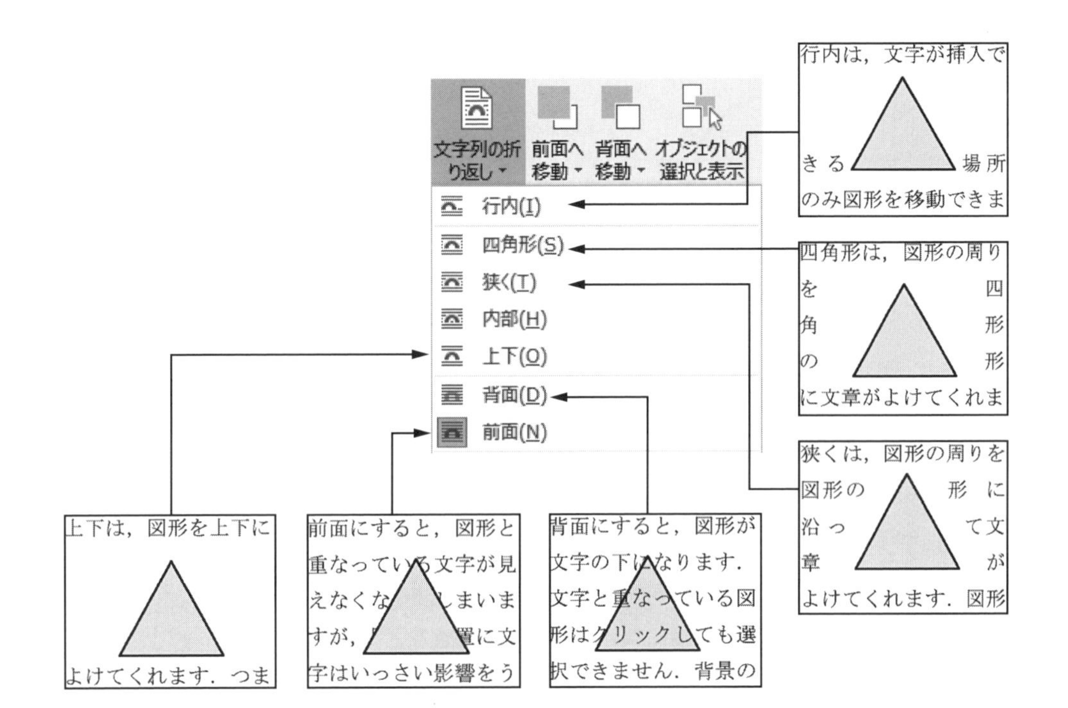

図・写真を背面に配置した場合，文字と重なっている部分をドラッグしても図を移動することはできません．このような場合，［ホーム］リボンの［選択］コマンドから［オブジェクトの選択］（右図）を使うと図を選択したり移動したりできます．

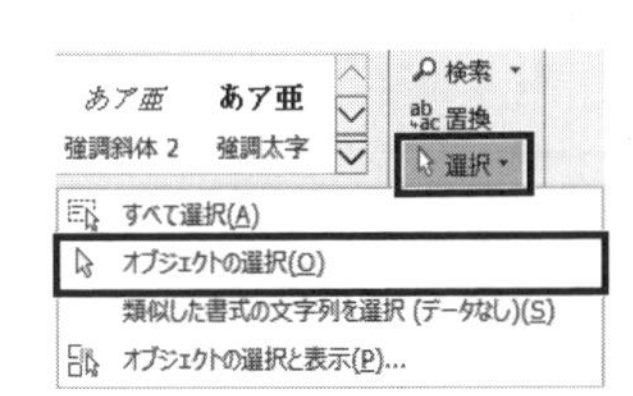

図形の重なり

Word の文章中に挿入された図形や写真などはすべて**オブジェクト**と呼ばれます．オブジェクトは作成や挿入された順番にどんどん上に重ねられていきます．図形の重なり順を変更するには，［書式］リボンの［前面へ移動］［背面へ移動］コマンドを使用するか，図形の上で**右クリック**をして［最前面へ移動］［最背面へ移動］コマンドを利用します．

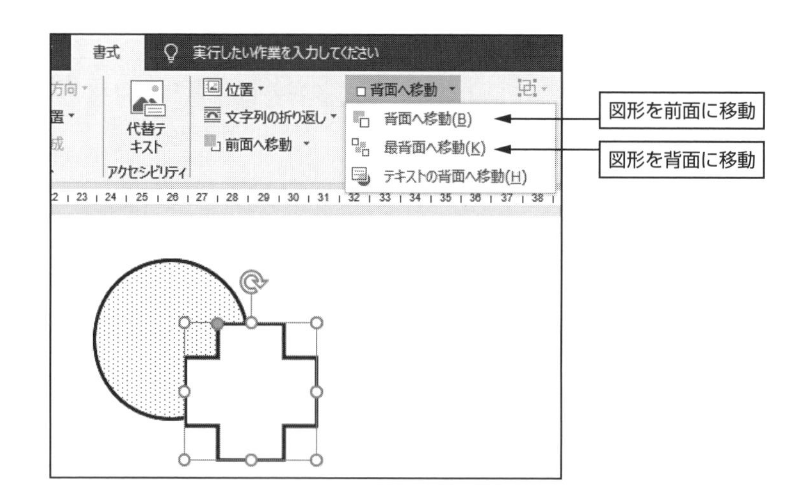

3.15.12　図形のコピー

1. コピー元の図形を選択します．（描画キャンバス内で作図中であれば，ドラッグして全図形を選択できます）
2. ［Ctrl］キーを押しながらコピーしたい図形をドラッグします．
   ※このとき［Shift］キーも同時に押しておくと，上下または左右方向にのみコピーができるので，真横にコピーをしたいときなどに有効です．

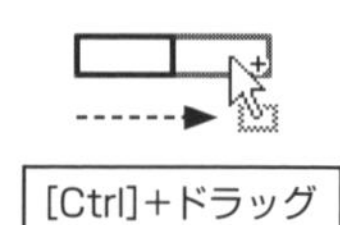

3. コピーした四角を，［書式］リボンの［図形の塗りつぶし］ 図形の塗りつぶし コマンドで黒く塗りつぶします．
4. 白の四角をクリックして選択，黒の四角は［Shift］＋クリックで 2 つの四角を選択します．

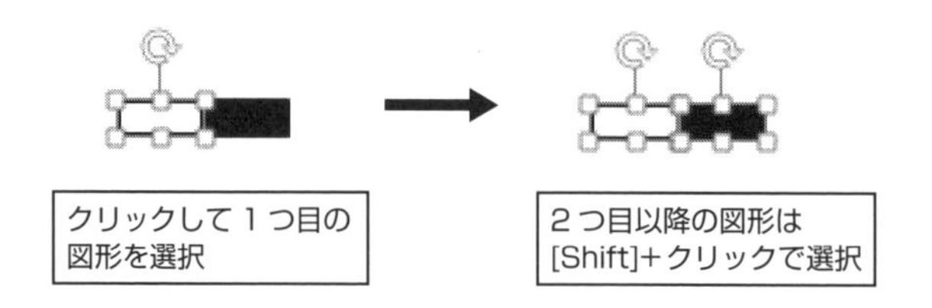

5. 必要なだけ，［Ctrl］＋ドラッグでコピーします．

3.15.13 図形のグループ化

複数の図形を1つの図形として扱えるようにする機能です．前節で作成した線路をグループ化していないものとグループ化したものの両方で回転させると違いがよくわかります（下図）．

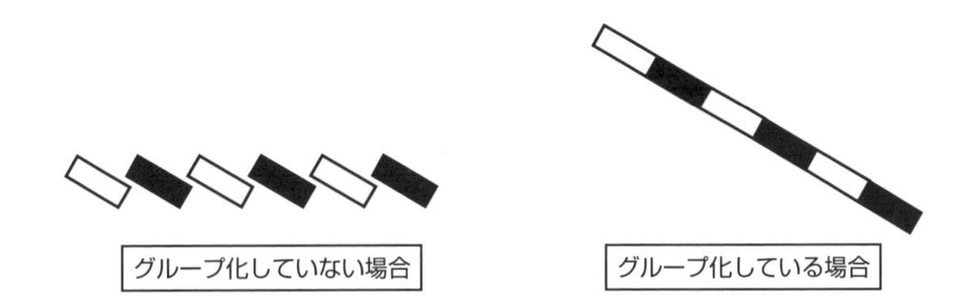

前節で作成した線路を例に，グループ化の手順を紹介します．

1. グループ化したい図形を選択します．

2. ［書式］リボンの［グループ化］から［グループ化］グループ化 を選択します．下図のように，1つの図形として扱われるようになります．

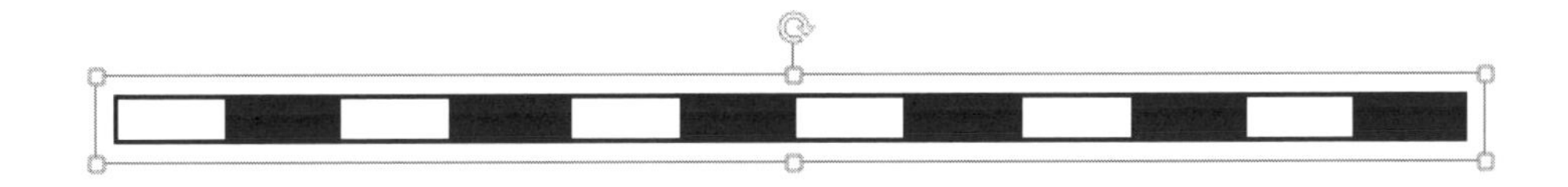

3.16　ワードアート

飾り文字を図形として作図する機能です.

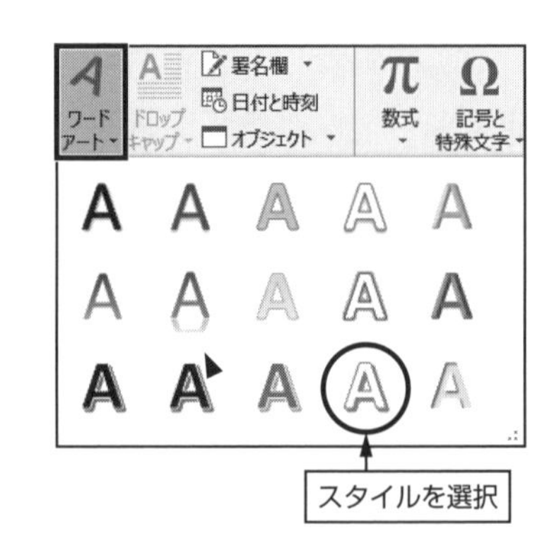

1. ［挿入］リボンから［ワードアート］コマンドを選択します.
2. スタイルを選択します（右図).
3. 文章中に, 文字を入力する欄が現れる（下図）ので, 文字を入力します. 文字の大きさ・フォントなどは［ホーム］リボンを使って変更できます.

4. 下図のように装飾された文字が挿入されます.

ワードアートの例

ワードアートは図形ですので, 移動・回転などの操作は「3.15　図形描画」を参照してください.

ワードアートの文字の変更

ワードアートをクリックすると, カーソルが現れるので, Word の文章と同じ要領で文字を変更できます.

文字の大きさやフォントは, Word の本文同様に［ホーム］リボンから変更してください.

ワードアートの設定の変更

挿入されたワードアートを選択すると, リボンに［書式］タブが表示されます. ［書式］リボンのコマンドを使用すると, 自分の好きなようにワードアートを作成することができます(次図).

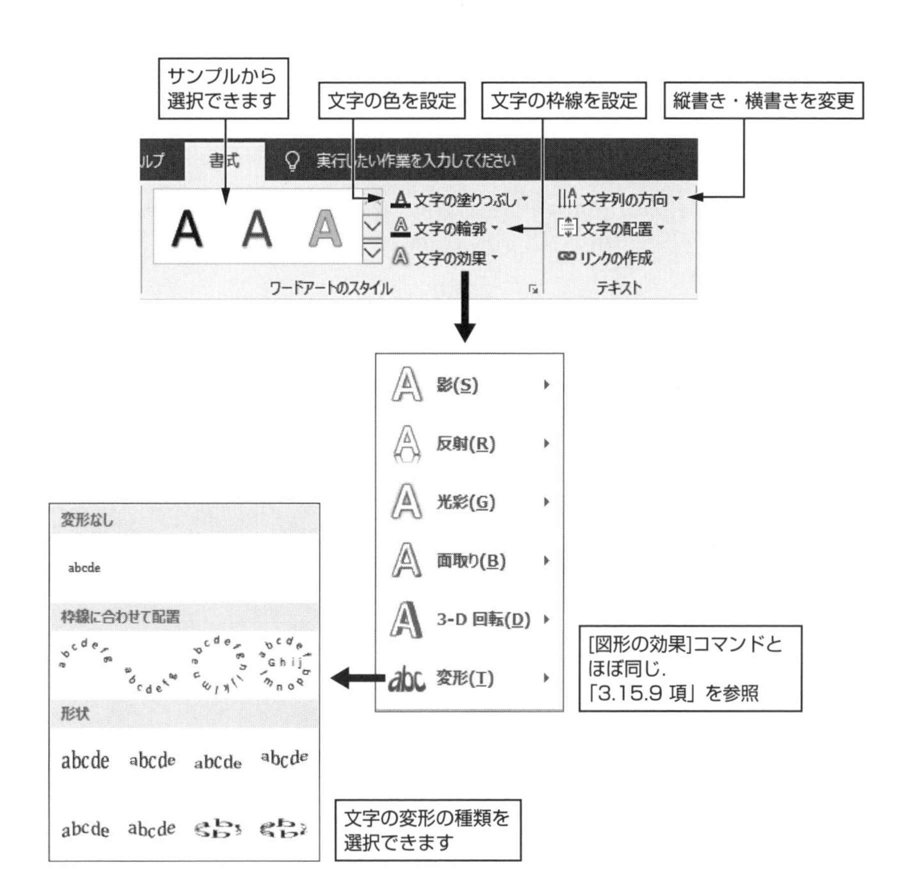
サンプルから
選択できます
文字の色を設定
文字の枠線を設定
縦書き・横書きを変更
書式
実行したい作業を入力してください
文字の塗りつぶし
文字の輪郭
文字の効果
ワードアートのスタイル
文字列の方向
文字の配置
リンクの作成
テキスト
影(S)
反射(R)
光彩(G)
面取り(B)
3-D 回転(D)
変形(T)
[図形の効果]コマンドと
ほぼ同じ.
「3.15.9 項」を参照
変形なし
abcde
枠線に合わせて配置
形状
文字の変形の種類を
選択できます

情報文化スキル

▲ 使用例

第4章　Excelによるデータ処理

Excelは表計算ソフトと呼ばれるソフトウェアの1つです．表の作成が本来の機能ですが，それ以外にグラフ作成，データベース管理，統計処理なども行うことができます．

4.1　画面の説明

Excelでよく使う機能について説明します．基本操作はWordやPowerPointと共通です．

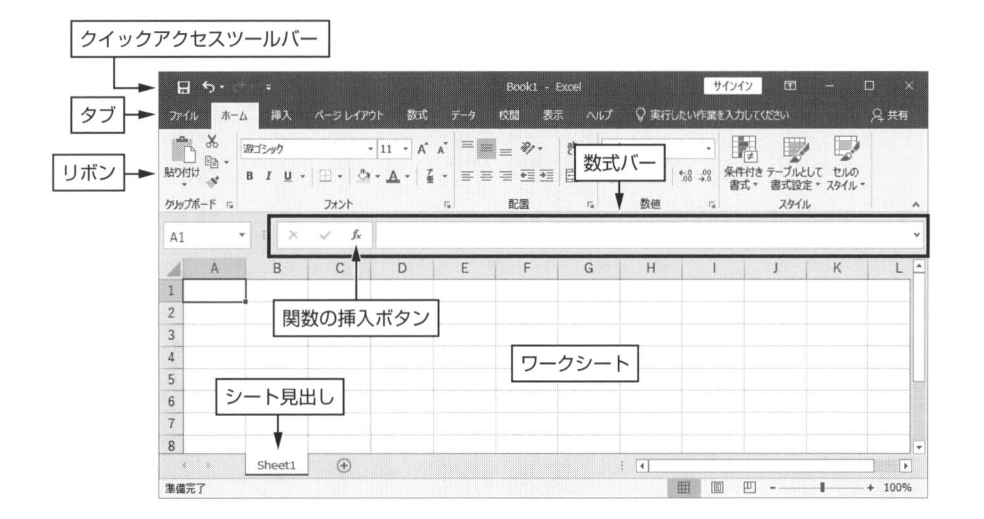

- **クイックアクセスツールバー**
  使用頻度の高い機能が並んでいます．自分に必要な機能を追加することもできます．
- **リボン**
  各種機能のボタンが並んでいます．機能はグループ化されていて，グループの切り替えはリボンの上の「タブ」をクリックします．
- **数式バー**
  セルに入力されているデータが表示されます．データを編集することもできます．
- **関数の挿入ボタン** fx
  関数一覧から選択して，関数を使った式を入力することができます．

- **ワークシート**

Excelではワークシートと呼ばれるシート上にデータを入力して表やグラフを作成します．Excelでは1つのファイルのことをブックといい，1つのブックで複数のワークシートを取り扱うことができます．ワークシートを増やすには「シート見出し」の右にある⊕ボタンをクリックします．

- **セル**

ワークシートはマス目に区切られていて，マス目のことをセルといいます．セルには行番号（1,2,3,…）と列番号（A,B,C,…）がふられていて，セルの位置はA1のようなセル座標で表現します．

4.2　範囲指定

Excelでは操作対象を指定するために頻繁に範囲指定を行います．そこでいろいろな範囲指定の方法をまとめて説明します．

4.2.1　1つのセルを選択

マウスでセルをクリックします．またはキーボードの［矢印］キーを使ってセルを指定します．

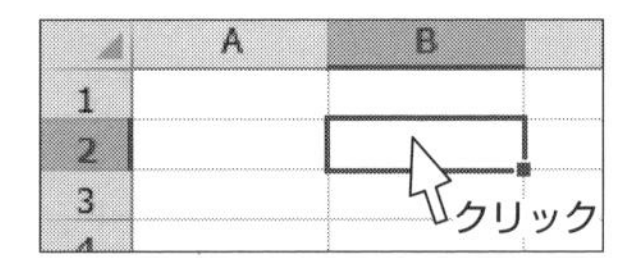

4.2.2　複数のセルの選択

いくつかの方法があります．広範囲を選択するときは②③の方法が便利です．

① マウスでドラッグして範囲指定します．

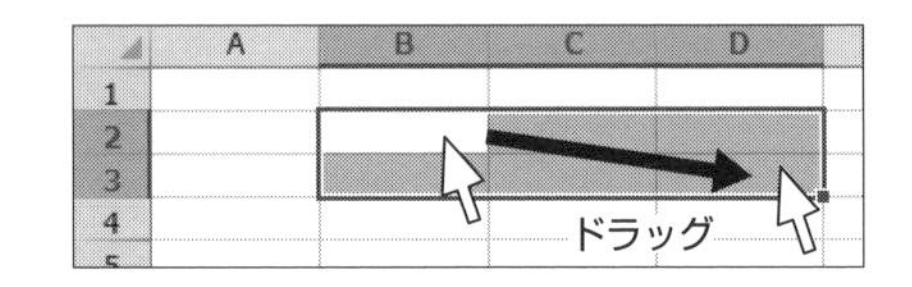

② 範囲の左上のセルをクリックしてから，次に右下のセルを［Shift］キーを押しながらクリックします．

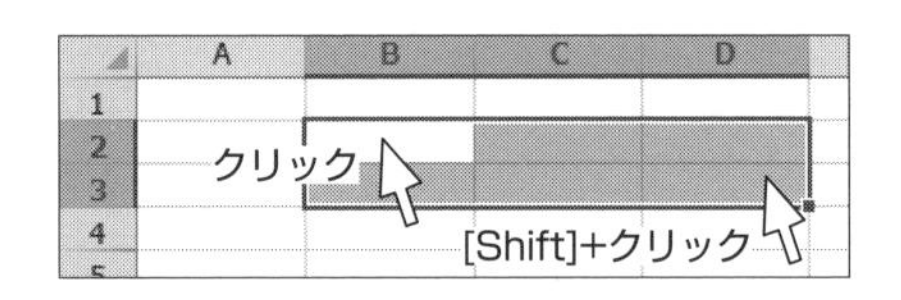

③ キーボードを使って範囲指定するには，［Shift］キーを押しながら［矢印］キーを押します．表のデータが連続している場合は，［Ctrl］+［Shift］

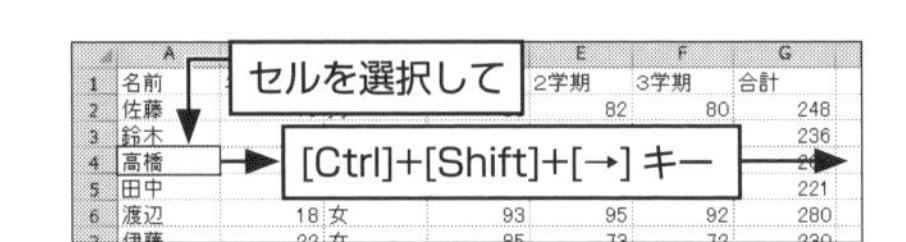

＋[矢印] キーを押すことにより表の末尾まで範囲指定することができます．この機能は大きな表全体を範囲指定するときに便利です．

4.2.3 複数の範囲を選択

1つ目の範囲を指定します．次に別の領域を［Ctrl］キーを押しながらマウスでドラッグすることにより，複数の離れた領域をまとめて範囲指定することができます．

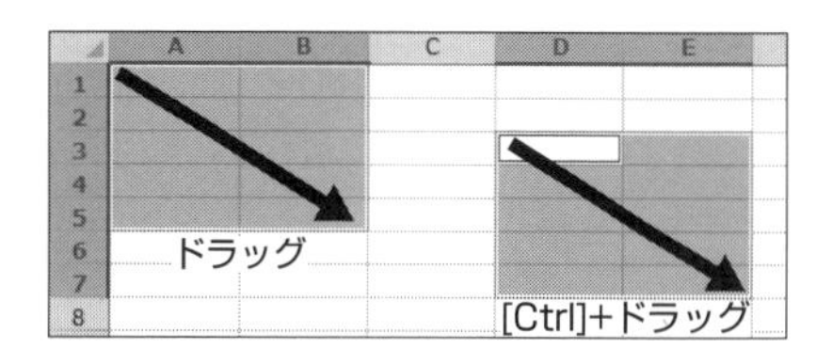

4.2.4 行・列の選択

行番号（または列番号）をクリックします．

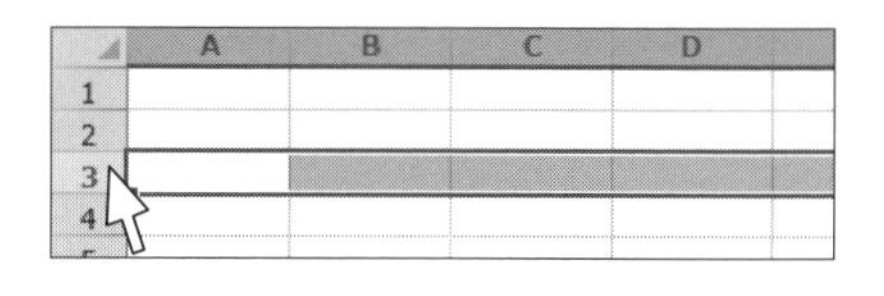

4.3 移動と複写

4.3.1 クリップボードを介した移動と複写

他のアプリケーションと同様に，クリップボードを介して移動したり複写することができます．手順は以下の通りです．

1. 移動元（複写元）を範囲指定して，［切り取り］または［コピー］を選択します．
2. 移動先（複写先）を指定して，［貼り付け］を選択します．
3. 必要に応じて［貼り付けのオプション］で詳細を設定します．

以下に複写の例を示します．

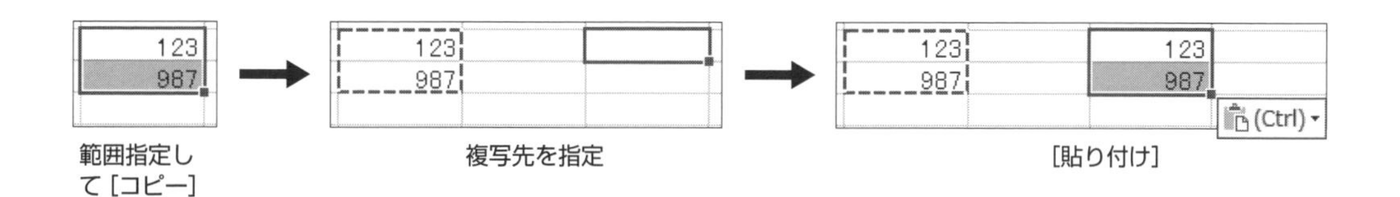

さらに，右下に表示される (Ctrl) ［貼り付けのオプション］をクリックすると，貼り付けたデータの書式を選択することができます．

複写の場合は，複写元より広い範囲を複写先として指定することもできます．ただし複写先の範囲は，複写元の行数・列数の整数倍の行数・列数である必要があります．

例えば，右のような 2 行 1 列の範囲を複写するときは，複写先の行数は 2 行の整数倍，列数は 1 列の整数倍である必要があります．

4.3.2　ドラッグによる移動と複写

選択範囲の外枠の太線にマウスポインタを合わせると，マウスポインタの形状が ✥ になります．この状態でドラッグすると選択範囲を移動させることができます．

また，右ボタンを使ってドラッグすると次のようにメニューが表示されて，コピーなどの操作を選択することができます．

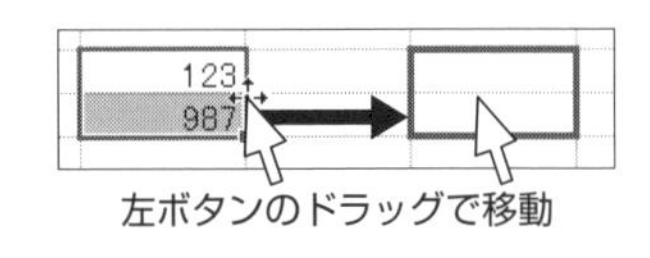

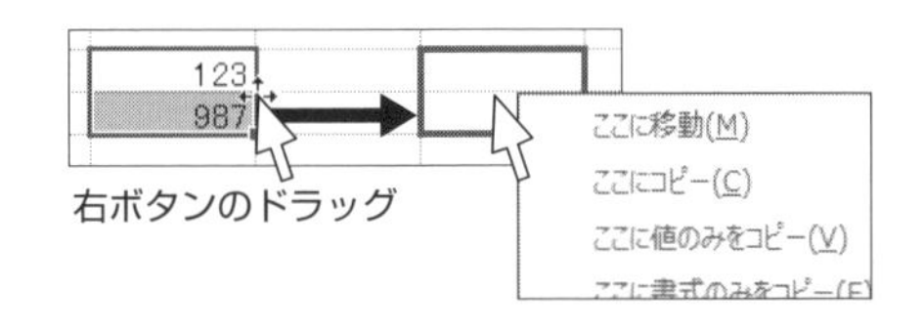

4.3.3　フィルハンドルを利用した複写

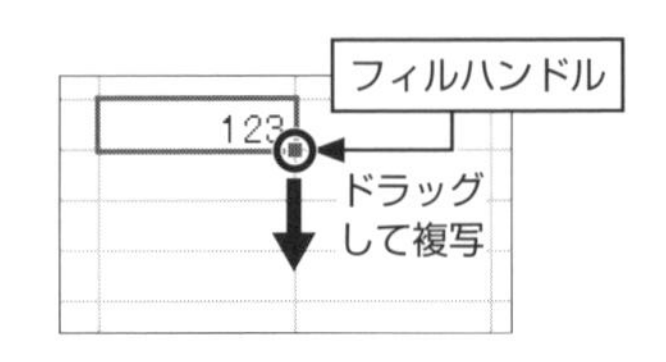

右下にあるフィルハンドルをドラッグすると，上下左右の 1 方向に複写することができます．

またフィルハンドルをダブルクリックすると，左右のいずれかの隣接したセルにデータが入力されているところまで下方向に複写することができます．

4.3.4　オートフィル

フィルハンドルを利用して次のようなこともできます．

連続データの作成

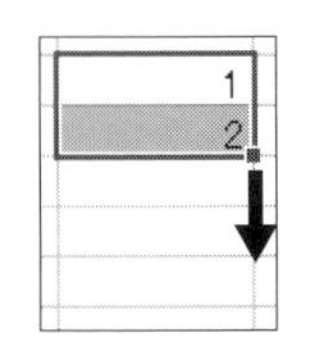

隣接したセルに「1」「2」と入力してフィルハンドルをドラッグします．

またはドラッグ後に表示される［オートフィルオプション］や，リボンにある［フィル］ボタンで設定することもできます．

数字の含まれた文字列

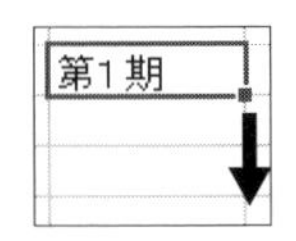

「第 1 期」「1 学期」「その 1」など，文字列に数字が含まれているとき，その連番を作ることができます．

順番のある文字列

同様の手順で「日月火…」「子丑寅…」など，連続性のある文字列を作ることができます．

4.4 データの入力と編集

次の表を作ることを例にデータの入力と編集について説明します．

▼ デジタル家電売上表

	上半期	下半期	合計	割合
液晶テレビ	37800	38200		
BD レコーダー	27500	28300		
デジタルカメラ	33500	32400		
合計				

4.4.1 データの入力

文字列の入力

文字を入力したいセルを選択して，文字列を入力します．

［Enter］キーを押すと文字列が入力されます．入力された文字列はセルに左寄せで表示されます．

セル幅より長い文字列を入力した場合，右隣のセルが空のときは，はみ出して表示されます．右隣のセルにデータが入力されているときは，セル幅を超えた部分は隠れて見えません．

数値の入力

数値を入力したいセルを選択して，数値を入力します．

［Enter］キーを押すと数値が入力されます．入力された数値はセルに右寄せで表示されます．

	A	B	C	D
1	デジタル家電売上表			
2				
3		上半期	下半期	合計
4	液晶テレビ	37800	38200	
5	BDレコー	27500	28300	
6	デジタルカ	33500	32400	
7	合計			

▲ データ入力が終わったところ

効率よくデータ入力するには

データを入力して［Enter］キーを押すと，カーソルは下のセルに移動します．データ入力後に［Enter］キーのかわりに［Tab］キーを押すと，カーソルは右のセルに移動します．横方向に続くデータを入力するときに便利です．

4.4.2 データの編集

データの削除

削除したいセルを選択して［Delete］キーを押します．

データの修正

セルに入力されているデータを修正するには，いくつかの方法があります．

1. 修正したいセルを選択して再度データを入力すると，そのデータに上書きされます．
2. 修正したいセルをダブルクリックするとカーソルが表示されます．または［F2］キーを押すことによってもカーソルが表示されますので，データ修正が可能です．
3. 修正したいセルを選択すると，その内容が数式バーに表示されます．この数式バーを編集することによってもデータを修正できます．

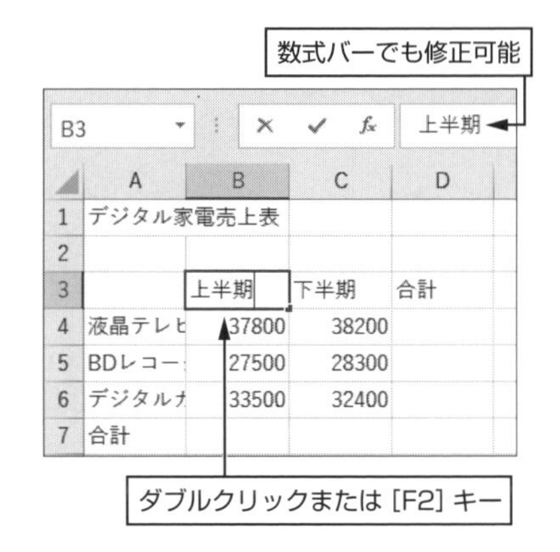

行・列の挿入・削除

表の途中に，行や列を追加したり，削除することができます．

例えば行を挿入するには，挿入する位置のセルを選択してから，リボンの［ホーム］タブの［挿入］ボタンの▼をクリックして［シートの行を挿入(R)］を選択します．

4.4.3 式の入力

Excelではセルに「式」を入力することができます．

式は半角文字で記述します．式を入力するときは＝で始め，右の演算子を用いて記述します．優先順位を変える括弧も利用できます．

意味	演算子	式の例
足し算	+	=A1+B2
引き算	−	=A1−B2
掛け算	*	=A1*B2
割り算	／	=A1/B2
べき乗	^	=A1^B2
優先順位の変更	（ ）	=(A1+B2)/2

セル D4 に上半期と下半期の合計を求める方法を説明します．

1. セル D4 を選択します．
2. キーボードから＝を入力します．
3. セル B4 をマウスでクリックするか，またはキーボードから B4 と入力します．
4. キーボードから＋を入力します．

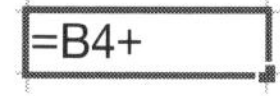

5. 同様の手順で＝B4+C4 と記述します．
6. ［Enter］キーを押すと，セルには計算結果が表示されます．

上の説明ではセル座標の記述は大文字ですが，「=b4+c4」のように小文字で入力してもかまいません．

なお，式は，「=37800+38200」のように記述しても計算することができますが，「=B4+C4」のようにセル座標を用いて記述しましょう．それにより，対象セルの値が変更されても自動的に再計算が行われ，常に正しい計算結果が表示されます．

4.4.4　式の複写

セル D5，D6 にも同様に合計を求める必要があります．このとき同じような式を何度も入力しなくても，セル D4 に入力した式をセル D5，D6 に複写することにより表を完成させることができます．「4.3　移動と複写」で説明したように，Excel での複写の方法はいろいろありますが，ここではフィルハンドルをドラッグして複写する例を示します．

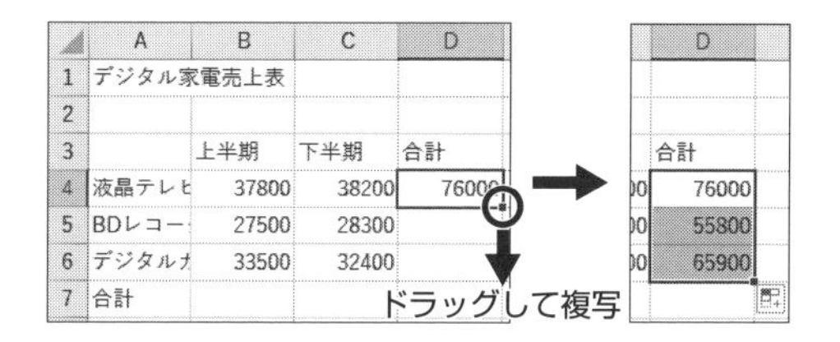

7 行目の合計の欄も同様の手順で式を複写することができます．最初にセル B7 に上半期の合計を求める式「=B4+B5+B6」を入力してから，その式を横方向に複写することにより表が完成します．

4.4.5　相対参照と絶対参照

式ではセル座標を用いて記述しますが，そのセル座標の表し方には相対参照と絶対参照があります．

相対参照

相対参照が通常のセル参照の方法です．

「4.4.4　式の複写」で説明したように，セル D4 に記述した式をセル D5，D6 に複写することにより表を完成させることができましたが，複写元 D4 の式が複写先 D5，D6 でどのようになっているのか見てみましょう．

	A	B	C	D
1	デジタル家電売上表			
2				
3		上半期	下半期	合計
4	液晶テレビ	37800	38200	=B4+C4
5	BDレコー	27500	28300	=B5+C5
6	デジタルカ	33500	32400	=B6+C6

このように相対参照を用いて記述した式を複写すると，式の記述そのものが複写されるのではなく，相対位置関係の情報が複写されます．この例のセル D4 に記述した「=B4+C4」という式を複写した場合は，［2 つ左］+［1 つ左］という情報がセル D5，D6 に複写されて，セル D5，D6 で新たに式が生成されます．

Excel では相対参照を用いて式を記述すれば，同じような式を何回も入力することなく，式を複写することによって表を完成させることができます．

絶対参照

E 列にそれぞれの製品の売上割合を求めることを例に，絶対参照について説明します．

最初に，セル E4 に総売上に対する液晶テレビの売上割合を求めます．求める式は，

「液晶テレビの売上割合」＝「液晶テレビの売上額」÷「総売上額」

です．そこでセル E4 に「=D4/D7」という式を入力して複写すると表は次のようになります．

	A	B	C	D	E
1	デジタル家電売上表				
2					
3		上半期	下半期	合計	割合
4	液晶テレビ	37800	38200	76000	0.384421
5	BDレコー	27500	28300	55800	#DIV/0!
6	デジタルカ	33500	32400	65900	#DIV/0!
7	合計	98800	98900	197700	

「#DIV/0!」という表示は「0 で割り算をした」というエラーメッセージです．このようになった原因は，セル E4 に記述した式でセル座標を相対参照で記述したことにより，上に示したようにセル E5，E6 の式が不適切になったからです．式「=D4/D7」を複写したときに，割られる数の D4 が D5，D6 と変わることは望ましいのですが，割る数の D7 は常に D7 のままで変わってほしくありません．このように複写しても常に特定のセル位置を指し示したいときは，絶対参照を使います．

絶対参照は，列番号（A,B,C,…）と行番号（1,2,3,…）の前に $ 記号をつけて書き表します．D7 を絶対参照で書き表すと $D$7 となります．

セル E4 の式を「=D4/$D$7」と修正してその式を複写すると，次のように問題なく表が完成します．

	A	B	C	D	E
1	デジタル家電売上表				
2					
3		上半期	下半期	合計	割合
4	液晶テレビ	37800	38200	76000	0.384421
5	BDレコー:	27500	28300	55800	0.282246
6	デジタルナ	33500	32400	65900	0.333333
7	合計	98800	98900	197700	

複写元の式　=D4/$D$7
複写して生成した式　=D5/$D$7　=D6/$D$7

なお，相対参照でも絶対参照でも，言い換えると $ 記号を付けても付けなくても，セル位置を表していることには変わりなく，単に複写したときにどうなるかの違いだけです．ですから式を複写しないのならば，絶対参照を使う理由はありません．

複合参照

行番号または列番号のいずれか片方だけを絶対参照にすることを複合参照といいます．記述方法は，行番号または列番号のいずれか固定したい方に $ 記号を付けます．例を以下に示します．

	例	複写したときのセル位置の変化
相対参照	A1	複写するとセル位置が変わります．
絶対参照	$A$1	複写してもセル位置は変わりません．
複合参照	A$1	縦方向に複写しても変わりません．横方向に複写すると変わります．
	$A1	縦方向に複写すると変わります．横方向に複写しても変わりません．

絶対参照や複合参照でセル座標を記述するときは，$ 記号を含めてキーボードから入力してもいいですが，相対参照で入力した直後に［F4］キーを押すことにより絶対参照や複合参

照に変えることもできます．このとき［F4］キーを押すごとに次のように変化します．

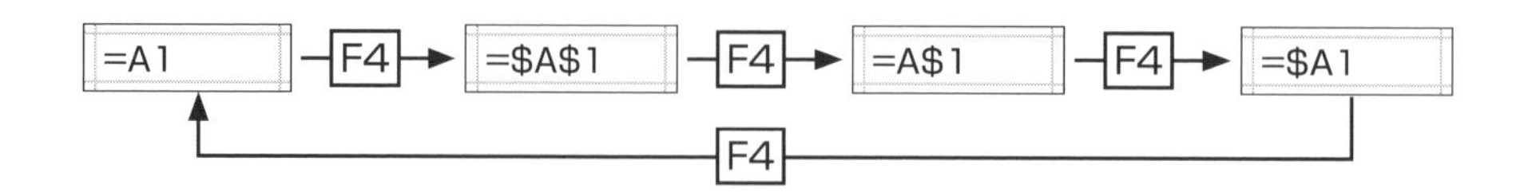

4.5　書式設定

表の装飾について説明します．リボンの［ホーム］タブを選択すると，Wordと同様の機能や，Excel独自の機能が用意されています．

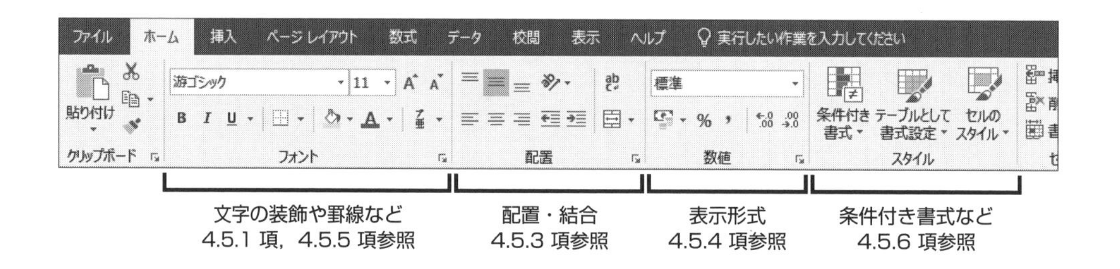

4.5.1　文字の装飾

［フォント］グループで文字の装飾を行うことができます．例えば， 游ゴシック 11 でフォントやサイズの変更を， B I U で太字・斜体・下線の設定をすることができます．

右の例はセルA1のフォントサイズを18ポイントにしたところです．フォントサイズを変更すると行の高さは自動的に調整されます．

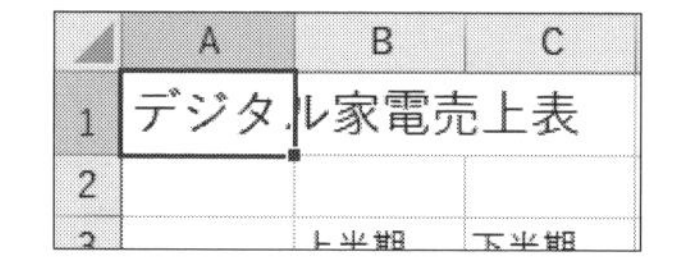

4.5.2　セル幅の変更

セル幅より長い文字列を入力した場合，右隣のセルが空のときは，はみ出して表示されますが，右隣のセルにデータが入力されているときは，セル幅を超えた部分は隠れて見えません．そのようなときはセル幅を変更することができます．

セル幅を変更するには，列ラベルの境界にマウスポインタを合わせると形状が✚になるので（右図参照），この状態でドラッグします．

なお，同様の手順でセルの高さを変更することもできます．

4.5.3 配置

配置

文字列を入力すると左揃えで，数値を入力すると右揃えで表示されますが，それを変更することができます．

［配置］グループの ボタンで左揃え・中央揃え・右揃えに設定することができます．右の例は中央揃えに設定したところです．

3		上半期	下半期	合計
4	液晶テレビ	37,800	38,200	76,000
5	BDレコーダー	27,500	28,300	55,800

また， ボタンで垂直方向の配置位置を設定することもできます．

セルの結合

［配置］グループの ボタンで，セルを結合して中央揃えにすることができます．表題を中央に表示させるときに便利です．

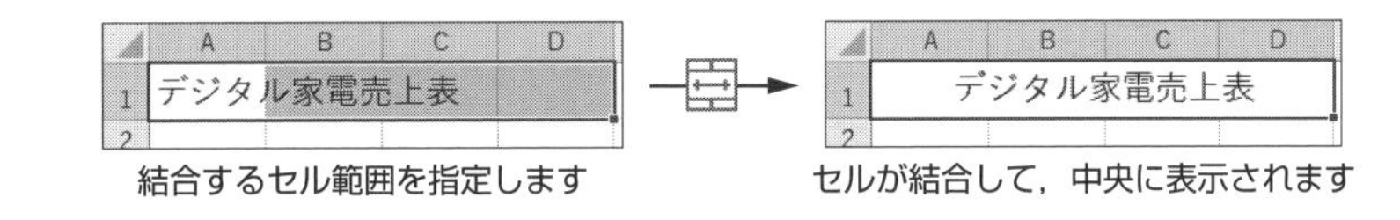

4.5.4 表示形式

数値データを表示するときに，値をそのまま表示するのではなく，見た目を整えて表示する機能が表示形式です．例えば，3 桁ごとにカンマで区切って表示する，小数点以下の表示桁数を設定するといったことができます．

表示形式の設定は，［ホーム］タブの［数値］グループ（右図）で行います．

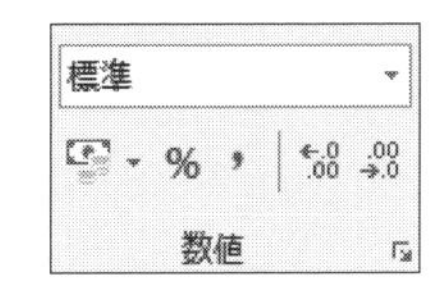

桁区切りスタイル

, ボタンで，値を 3 桁ごとにカンマで区切った表示にすることができます．

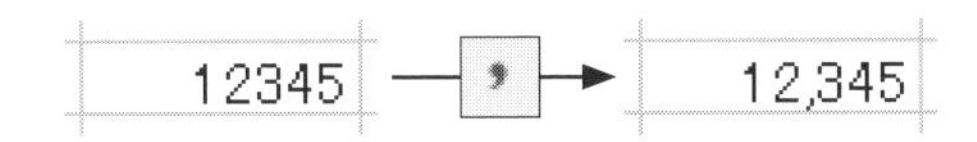

通貨表示形式

ボタンで，値を 3 桁ごとにカンマで区切り，先頭に通貨記号を付けた表示にします．通貨記号は「¥」以外に，「$」や「€」なども選択することができます．

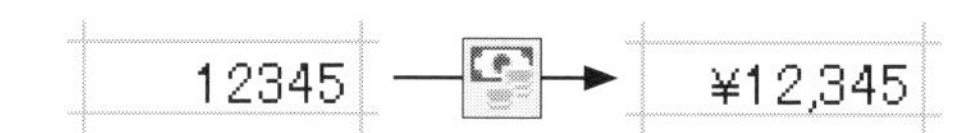

%スタイル

%ボタンで，値を百分率で表示します．%ボタンで設定すると小数点以下の数値が表示されなくなります．小数点以下を表示するには←.0/.00ボタンで設定します（次項参照）．

小数点以下の表示桁数

小数点以下の表示桁数を設定することができます．リボンの←.0/.00ボタンで小数点以下の表示桁数を増やします．.00/→.0ボタンで小数点以下の表示桁数を減らします．なお，小数点以下の表示桁数を減らしても，セルに入力されている値は変わりません．この機能は，見た目をどうするかを設定しているだけです．

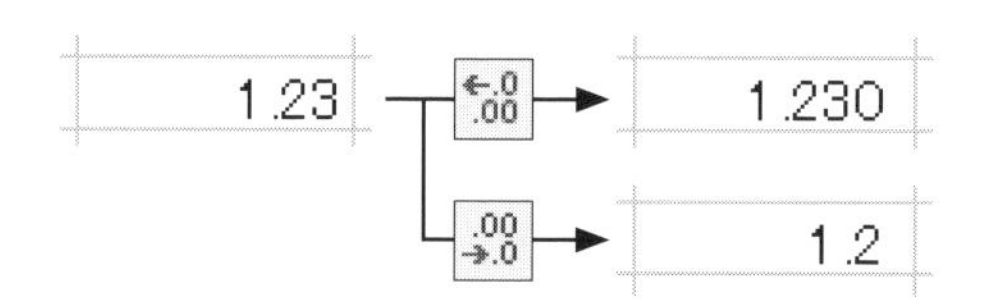

標準

設定した表示形式を元に戻す（正確には特定の形式を設定しない状態にする）には，表示形式を「標準」に設定します．

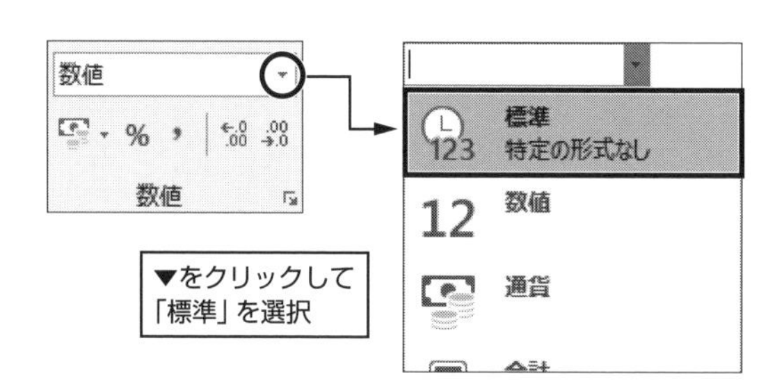

表示形式の設定例

次の例は，金額を桁区切りスタイル（3桁ごとにカンマで区切る）に，割合を%スタイルで，かつ小数点以下第1位までの表示にしたところです．

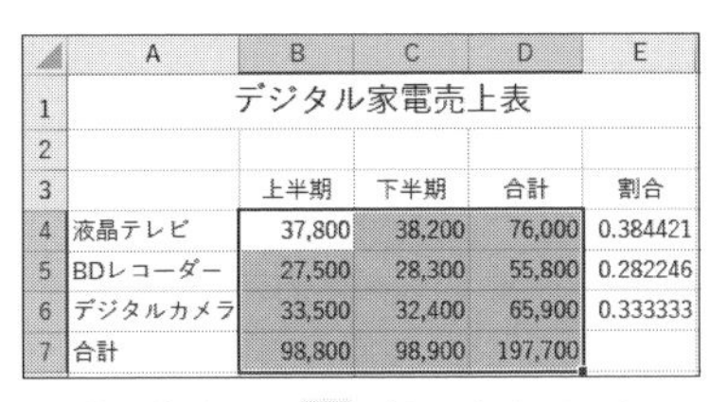

	A	B	C	D	E
1	デジタル家電売上表				
2					
3		上半期	下半期	合計	割合
4	液晶テレビ	37,800	38,200	76,000	0.384421
5	BDレコーダー	27,500	28,300	55,800	0.282246
6	デジタルカメラ	33,500	32,400	65,900	0.333333
7	合計	98,800	98,900	197,700	

範囲指定して , ボタンをクリック

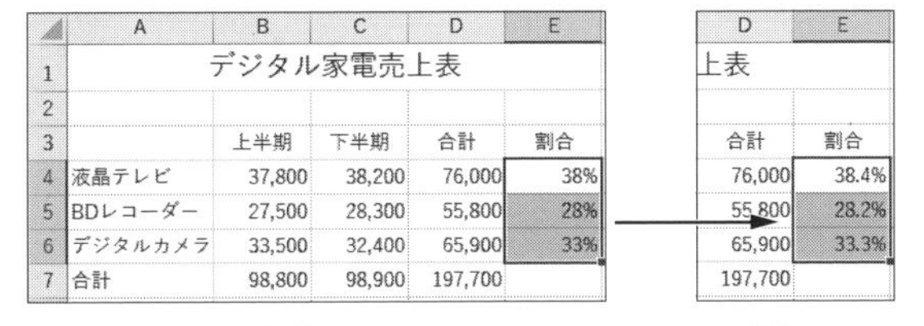

	A	B	C	D	E
1	デジタル家電売上表				
2					
3		上半期	下半期	合計	割合
4	液晶テレビ	37,800	38,200	76,000	38%
5	BDレコーダー	27,500	28,300	55,800	28%
6	デジタルカメラ	33,500	32,400	65,900	33%
7	合計	98,800	98,900	197,700	

D	E
上表	
合計	割合
76,000	38.4%
55,800	28.2%
65,900	33.3%
197,700	

範囲指定して % ボタンをクリック　　さらに .00 をクリック

4.5.5 罫線

表に罫線を引くには次の 3 つの方法があります．

- ボタンの利用
- ［セルの書式設定］の罫線機能の利用
- マウスで罫線を引く

ボタンの利用

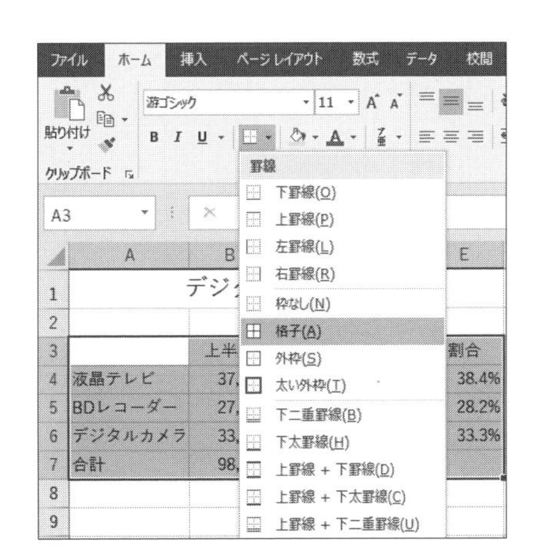

罫線を引きたい範囲を指定してから， ボタンの▼をクリックするとメニューが表示されます（右図）．このときの選択肢の意味をいくつか説明します．

- 下罫線　選択範囲の下端に引く
- 上罫線　選択範囲の上端に引く
- 左罫線　選択範囲の左端に引く
- 右罫線　選択範囲の右端に引く
- 枠なし　選択範囲の罫線を消す
- 格子　選択範囲に格子状に引く
- 外枠　選択範囲の外側に引く

　：　　（以下説明省略）

右は［下罫線］を選択した場合の例です.

下罫線は選択範囲のすべてのセルの下に罫線が引かれるのではなく，選択範囲の下にだけ罫線が引かれます.

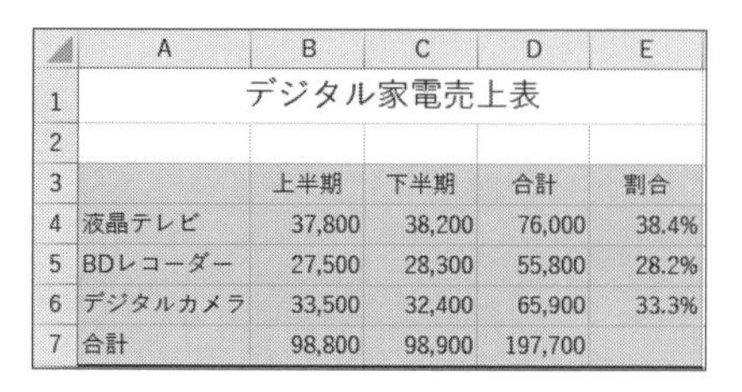

	A	B	C	D	E
1	デジタル家電売上表				
2					
3		上半期	下半期	合計	割合
4	液晶テレビ	37,800	38,200	76,000	38.4%
5	BDレコーダー	27,500	28,300	55,800	28.2%
6	デジタルカメラ	33,500	32,400	65,900	33.3%
7	合計	98,800	98,900	197,700	

▲ 下罫線の設定例

右は［格子］を選択した場合の例です.

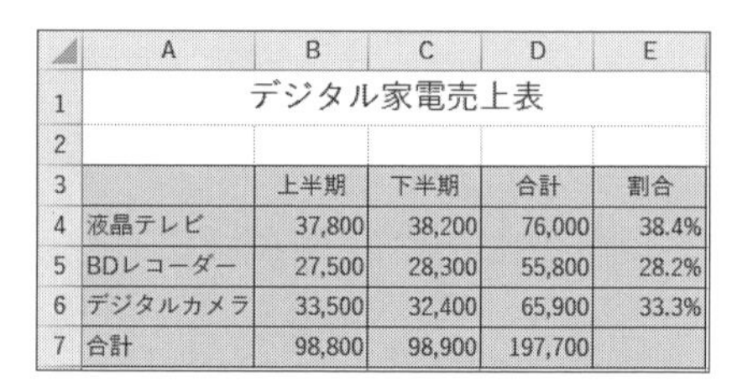

	A	B	C	D	E
1	デジタル家電売上表				
2					
3		上半期	下半期	合計	割合
4	液晶テレビ	37,800	38,200	76,000	38.4%
5	BDレコーダー	27,500	28,300	55,800	28.2%
6	デジタルカメラ	33,500	32,400	65,900	33.3%
7	合計	98,800	98,900	197,700	

▲ 格子の設定例

［セルの書式設定］の罫線機能

罫線を引きたい範囲を指定してから，⊞▾ボタンの▼をクリックして，一番下にある［田その他の罫線(M)…］を選択します.

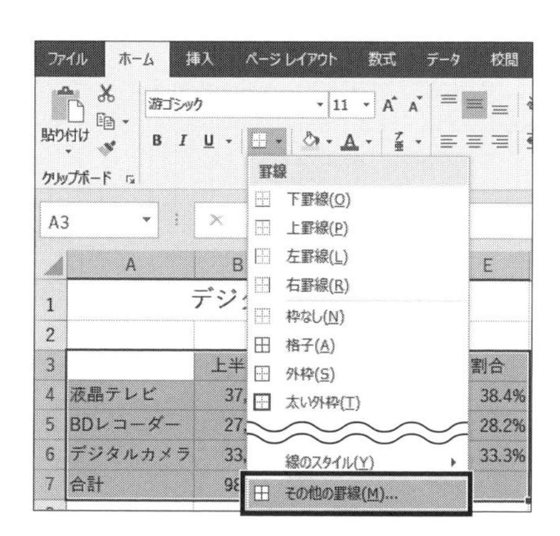

右の画面が表示されます.

［スタイル(S)］①と［色(C)］②で線種を指定します.

［罫線］③のところでどの部分に罫線を引くのかを指定します.

ここでは,

・選択範囲の外枠（上下左右）

・選択範囲の内部の横線・縦線

をそれぞれ独立して指定することができます.

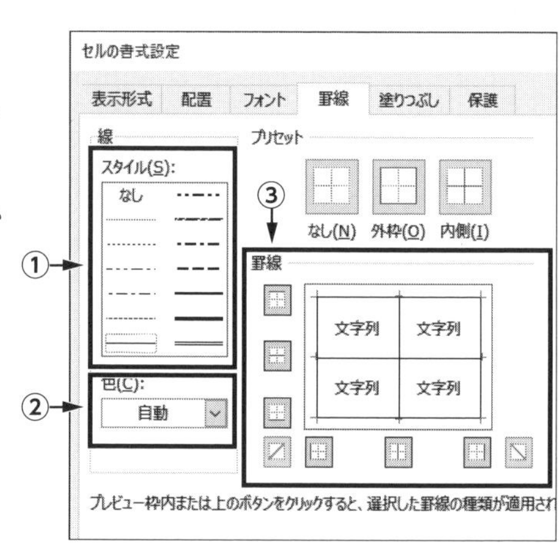

以下は，外枠を二重線，横線を実線，縦線を点線に設定したときの例です．

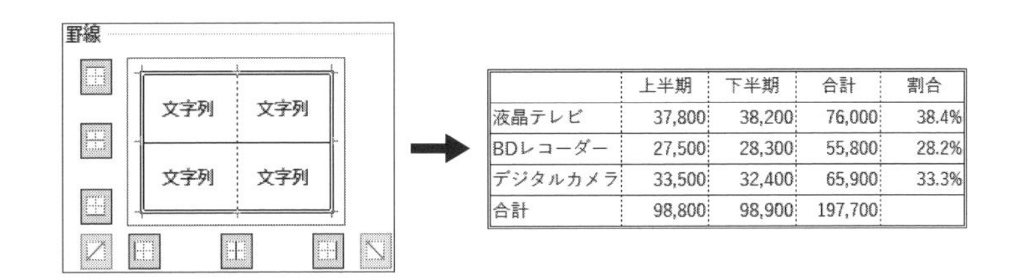

	上半期	下半期	合計	割合
液晶テレビ	37,800	38,200	76,000	38.4%
BDレコーダー	27,500	28,300	55,800	28.2%
デジタルカメラ	33,500	32,400	65,900	33.3%
合計	98,800	98,900	197,700	

マウスの利用

ボタンの▼をクリックして［罫線の作成(W)］または［罫線グリッドの作成(G)］を選択します．

［罫線の作成(W)］を選択すると，セルの各辺に1本ずつ罫線を引くことができます．

［罫線グリッドの作成(G)］を選択すると，セル単位に格子状に罫線を引くことができます．

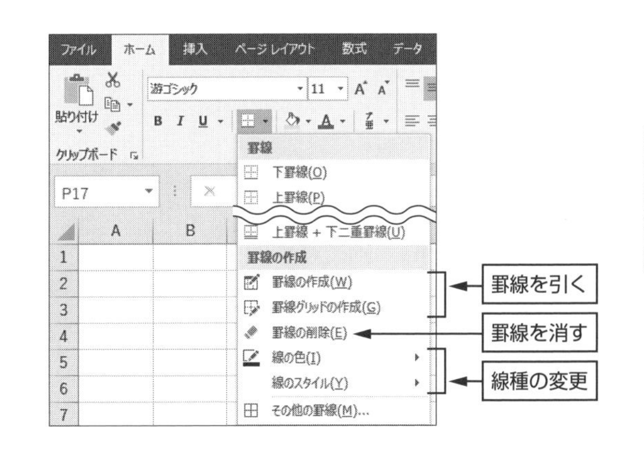

線種を指定するには［線の色(I)］［線のスタイル(Y)］を選択して設定します．

［罫線の作成(W)］を選択するとマウスポインタの形状がになるので，ドラッグして罫線を引きます．

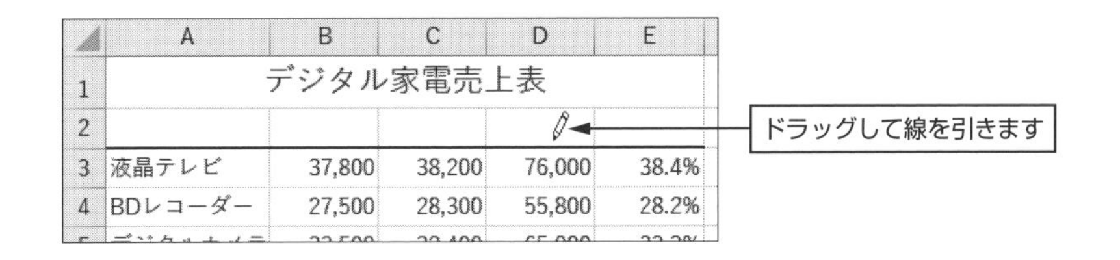

	A	B	C	D	E
1	デジタル家電売上表				
2					
3	液晶テレビ	37,800	38,200	76,000	38.4%
4	BDレコーダー	27,500	28,300	55,800	28.2%

罫線を引き終わってもマウスポインタは［ペン］のままです．マウスポインタを通常の状態に戻すには，もう一度［罫線の作成(W)］を選択します．

罫線を消すには［罫線の削除(E)］を選択します．マウスポインタの形状がになるので，ドラッグして罫線を消します．

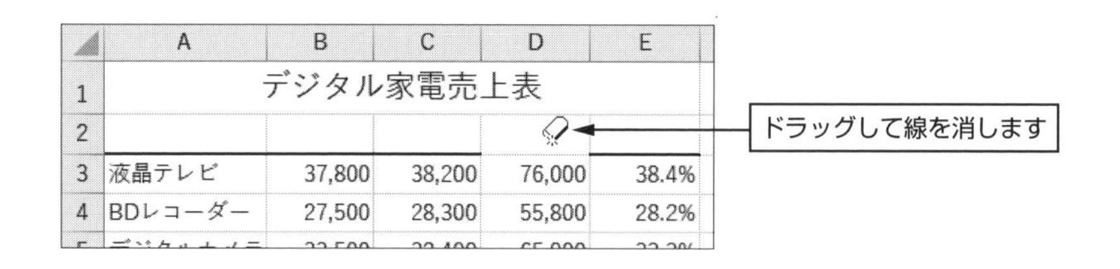

マウスポインタを通常の状態に戻すには，もう一度「罫線の削除(E)」を選択します．

4.5.6　条件付き書式

セルに入力されているデータに従い，セルに異なる書式を施す機能が条件付き書式です．例えば，上位3位までのセルに色をつける，セルの大きさを示すデータバーを表示するといったことができます．

セルの強調表示

指定した値より大きい（小さい）セルや，指定範囲内のセルを装飾することができます．以下に，売り上げが30,000未満のセルを装飾する操作例を示します．

1. 設定したい範囲を指定して［条件付き書式］をクリックします．
2. メニューが表示されるので［セルの強調表示ルール(H)］を選択し，次に［指定の値より小さい(L)…］を選択します．

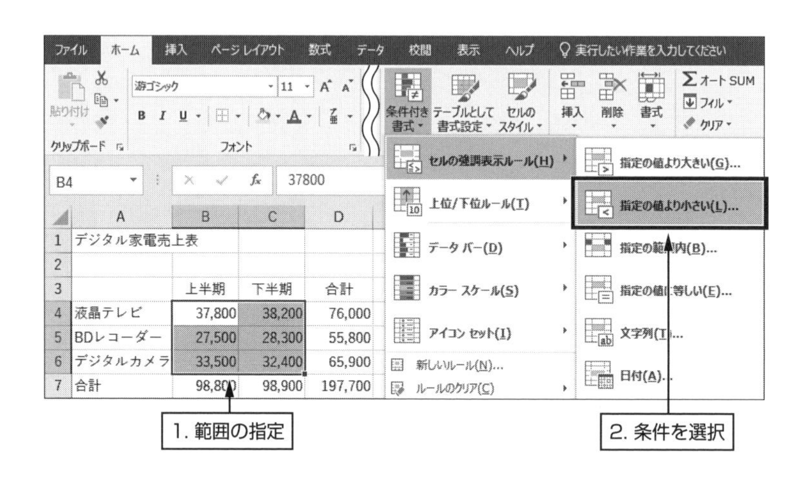

3. 次の画面が表示されます．今回の場合は入力欄に30,000と入力します．書式は任意のものを選択してください．

4. 以上の操作で，値が 30,000 未満のセルに書式が設定されます．

	A	B	C	D	E
1	デジタル家電売上表				
2					
3		上半期	下半期	合計	割合
4	液晶テレビ	37,800	38,200	76,000	38.4%
5	BDレコーダー	27,500	28,300	55,800	28.2%
6	デジタルカメラ	33,500	32,400	65,900	33.3%
7	合計	98,800	98,900	197,700	

上位・下位の表示

例えば「上から 3 番まで」といったように，上位や下位 n 項目のセルを装飾する機能です．また，項目数だけでなく「上位 20 %」というように割合で指定することもできます．操作手順は前項の「セルの強調表示」と同じですので，説明は省略します．

データバー／カラースケール／アイコンセット

いずれもセルの値の大きさを表す機能で，データバーはバーの長さで，カラースケールは色の濃淡で，アイコンセットは値の大きさを示すアイコンで表現します．

右はデータバーの例です．操作手順は前項と同様です．

期	合計	割合
,200	76,000	38.4%
,300	55,800	28.2%
,400	65,900	33.3%
,900	197,700	

▲ データバーの例

条件付き書式の解除

条件付き書式を解除するには，［条件付き書式］をクリックして［ルールのクリア (C)］を選択し，［選択したセルからルールをクリア (S)］または［シート全体からルールをクリア (E)］のいずれかを選択します．

4.6 グラフ

グラフを作るときは自分が何を表現したいのかをよく考えてください．それに従い，表にあるデータのうちどのデータを使うのか，そしてどのような種類のグラフを作るのかをよく検討してください．

4.6.1　グラフの作成

1. グラフにしたいデータ範囲を指定します．このときグラフ化する数値だけでなく，その数値を説明している見出し項目も含めて範囲指定します．
右の例では，グラフにすべき数値はセル B4:C6 ですが，範囲指定はセル A3:C6 とします．

	A	B	C	D	E
1	デジタル家電売上表				
2					
3		上半期	下半期	合計	割合
4	液晶テレビ	37,800	38,200	76,000	38.4%
5	BDレコーダー	27,500	28,300	55,800	28.2%
6	デジタルカメラ	33,500	32,400	65,900	33.3%
7	合計	98,800	98,900	197,700	

範囲指定は，すべてのデータを選択すればいいというわけではありません．自分が表現したい内容に従い，どのデータが必要で，どのデータは不要なのかをよく考えてください．

2. リボンの［挿入］タブを選択します．
3. ［おすすめグラフ］を選択すると，選択したデータに基づいた適切なグラフの候補が一覧表示されるので，目的のグラフを選択します．
あるいは任意のグラフを指定することもできます．

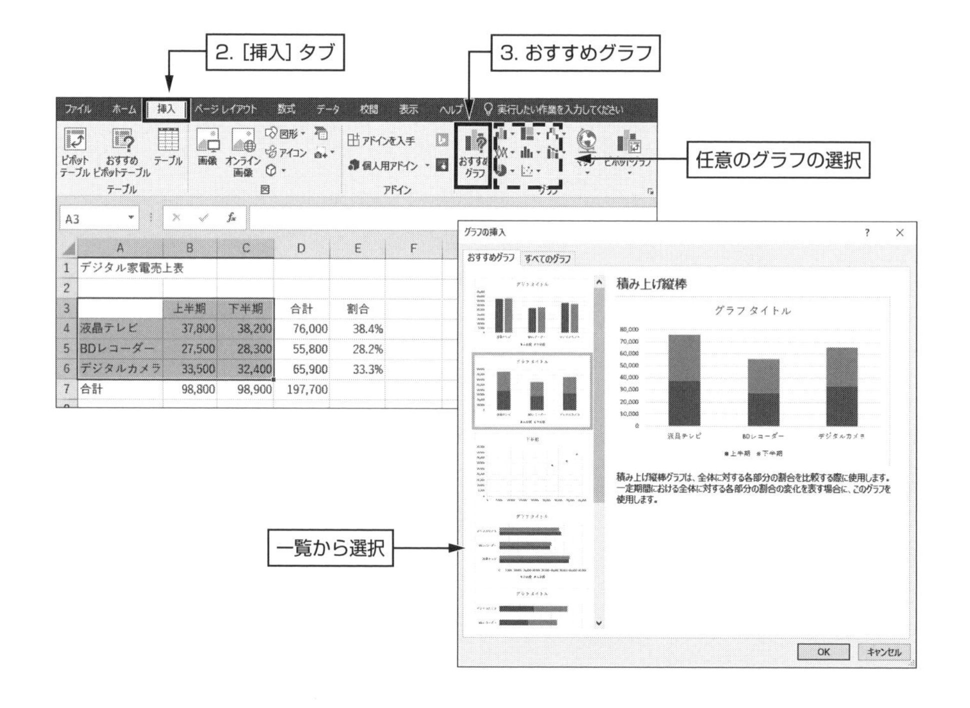

グラフによって表現できる内容が異なります．例えば，棒グラフは大きさの比較，折れ線グラフは値の変化，円グラフは割合を表します．自分が表現したい内容に従い，適切なグラフを選択するようにしましょう．

4. 以上の操作でグラフが作成されます.

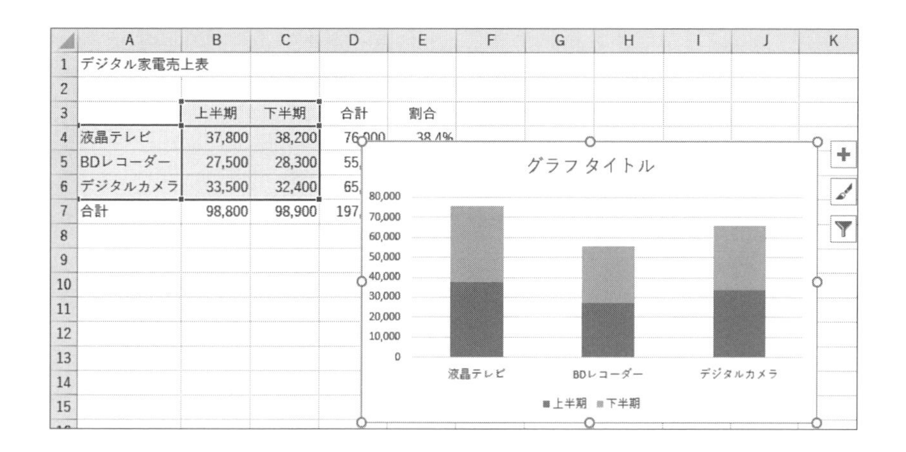

4.6.2 グラフツール

作成したグラフを選択すると,すなわちグラフをクリックすると,リボンに［グラフツール］が表示されます.グラフツールには［デザイン］［書式］の2つのタブがあります.グラフの書式を変更するには,これらの機能を利用します.

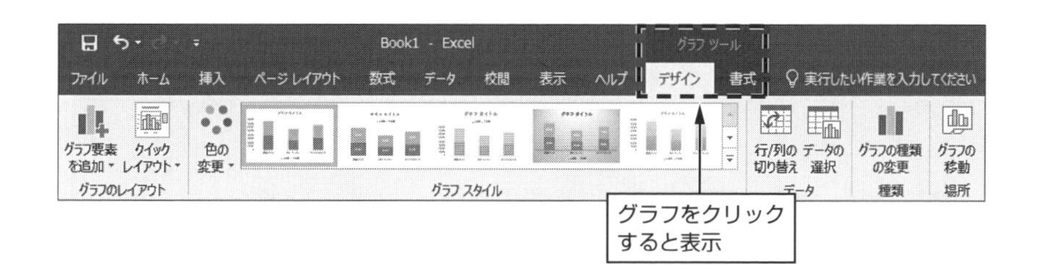

4.6.3 グラフの編集

グラフ作成後に,グラフの種類を変えたり,タイトルを付けるなど,各種設定をするには,リボンの［グラフツール］を使います.

グラフの種類の変更

1. グラフを選択します（グラフをクリックします）.
2. リボンの［デザイン］タブを選択します.
3. ［ グラフの種類の変更］ボタンをクリックします.

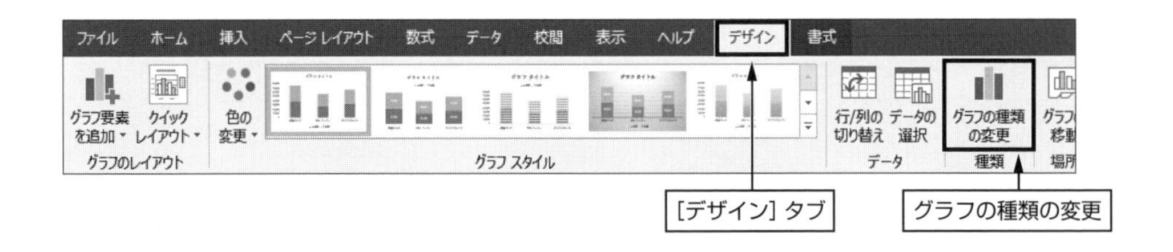

4. 次の画面が表示されるので，一覧の中から目的のグラフを選択します．

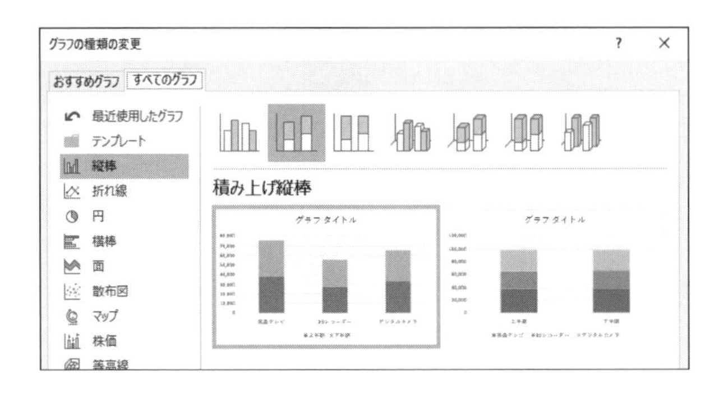

行・列の切り替え

グラフを選択して，リボンの［デザイン］タブの［行/列の切り替え］ボタンをクリックするごとに，グラフの行列が入れ替わります．

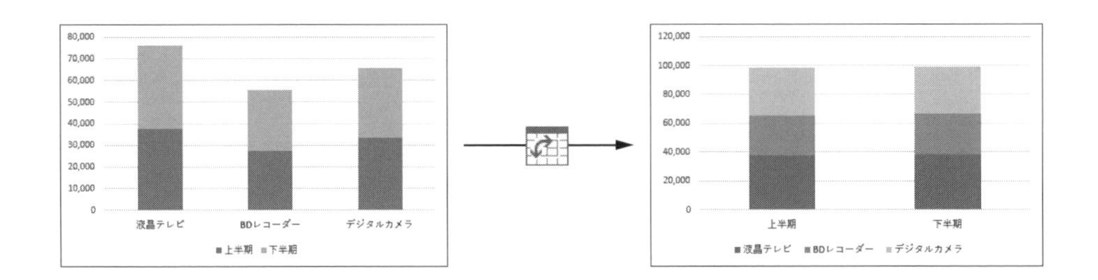

レイアウトの一括設定

グラフのレイアウトをまとめて変更するには，［クイックレイアウト］を利用します．

1. グラフを選択して，［デザイン］タブの［クイックレイアウト］をクリックすると，用意されているレイアウトの一覧が表示されます．

2. 目的のレイアウトを選択すると，グラフのレイアウトが変更されます．

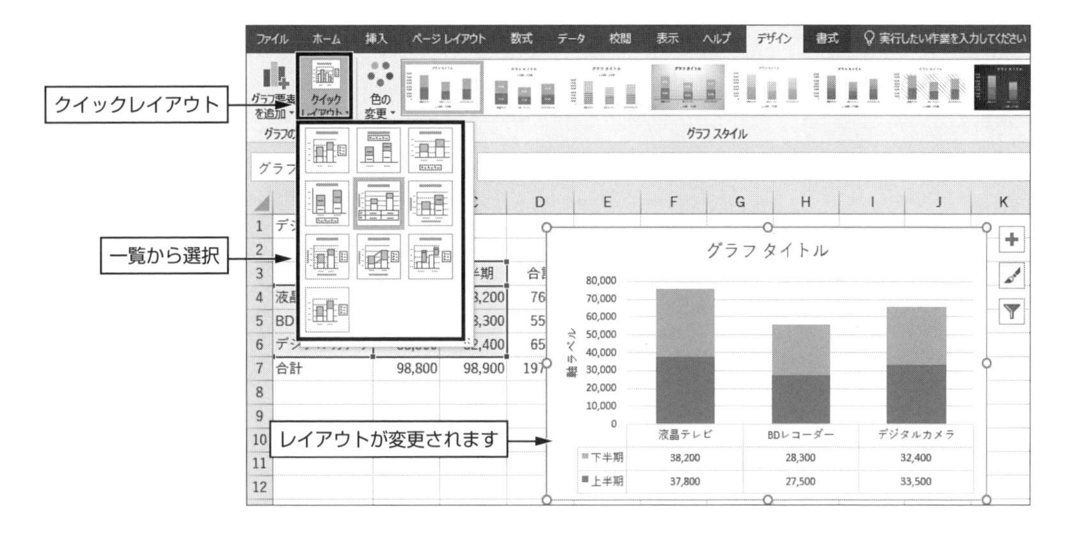

3. タイトルの文字を変更するには，［グラフタイトル］の部分をクリックするとカーソルが表示されるので，文字入力します.

   同様に［軸ラベル］も編集できます。

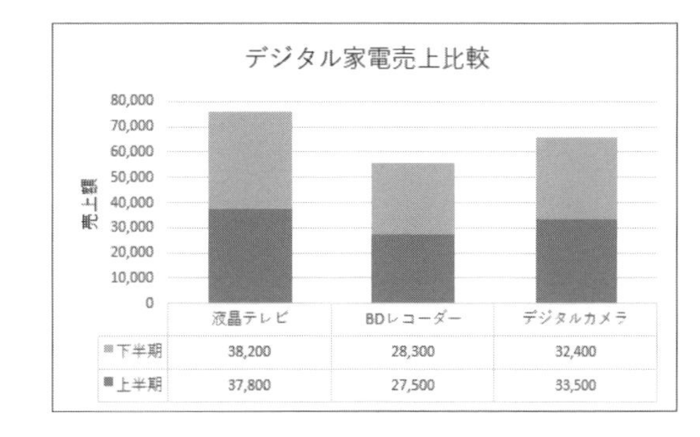

レイアウトの詳細設定

グラフタイトルや凡例などの有無や位置を個別に設定するには,［グラフ要素を追加］を利用します.

以下にグラフタイトルを設定する例を示します.

1. グラフを選択してから［デザイン］タブの［グラフ要素を追加］をクリックして,［グラフタイトル (C)］をポイントすると，タイトル形式の一覧が表示されるので，希望する形式を選択します.

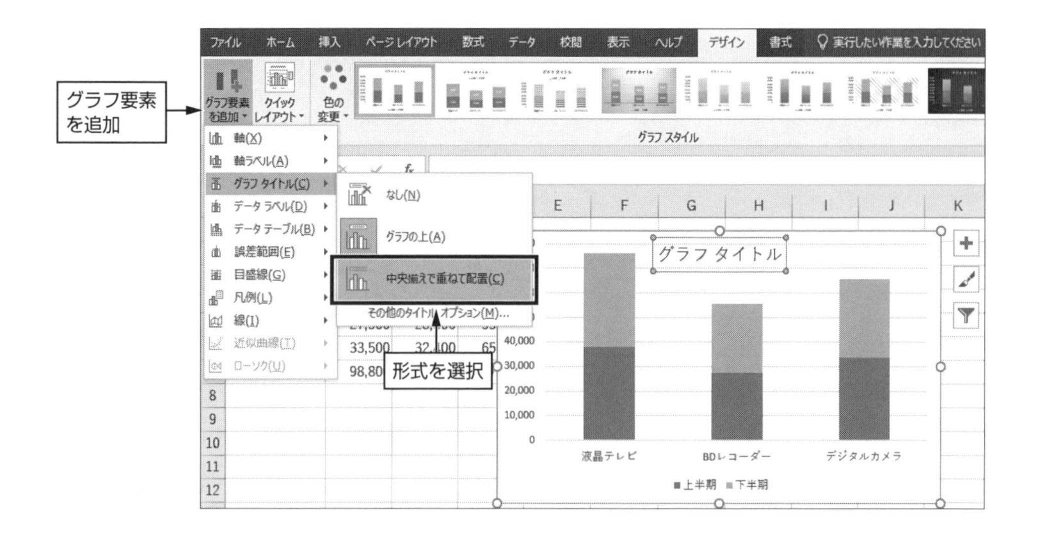

あるいは，グラフの右にある［ + グラフ要素］を利用することもできます．

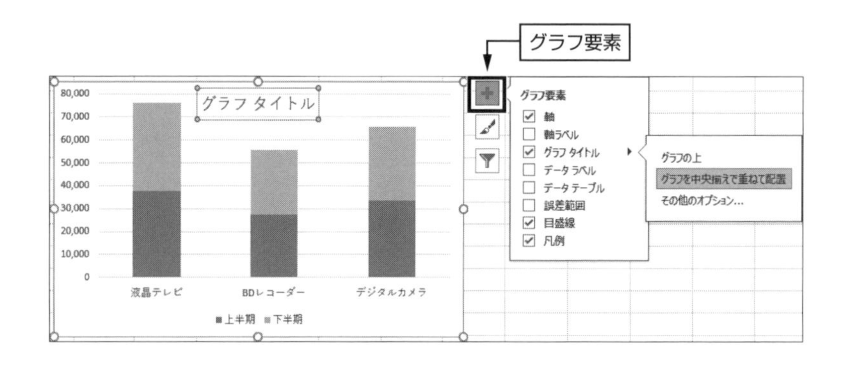

2. タイトルの文字を変更するには，［グラフタイトル］の部分をクリックするとカーソルが表示されて編集可能になります．

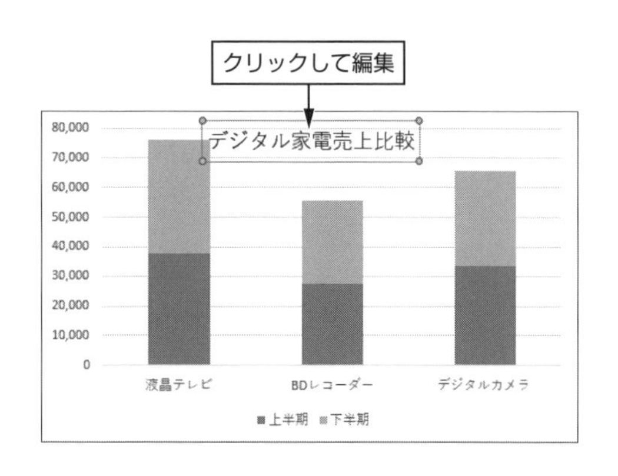

グラフタイトル以外も同様の手順で設定できます．グラフ要素の名称を示しますので参考にしてください．

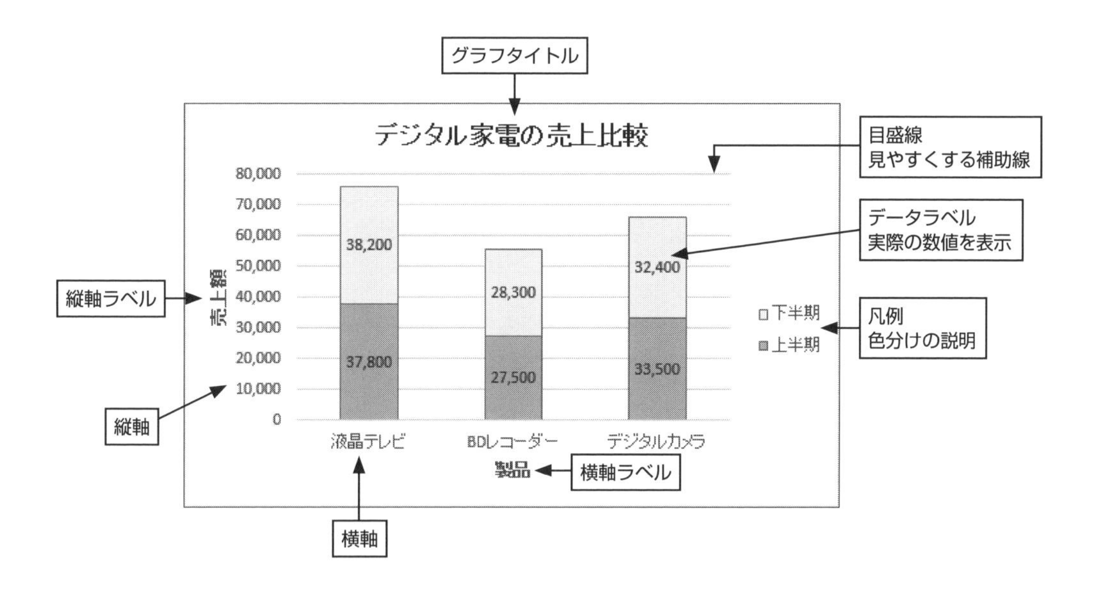

4.6.4 グラフフィルター

グラフフィルターを利用すると，指定したデータのみのグラフにすることができます．

1. グラフの右にある［グラフフィルター］をクリックします．
2. グラフとして表示しない項目のチェックを外して，［適用］をクリックします．

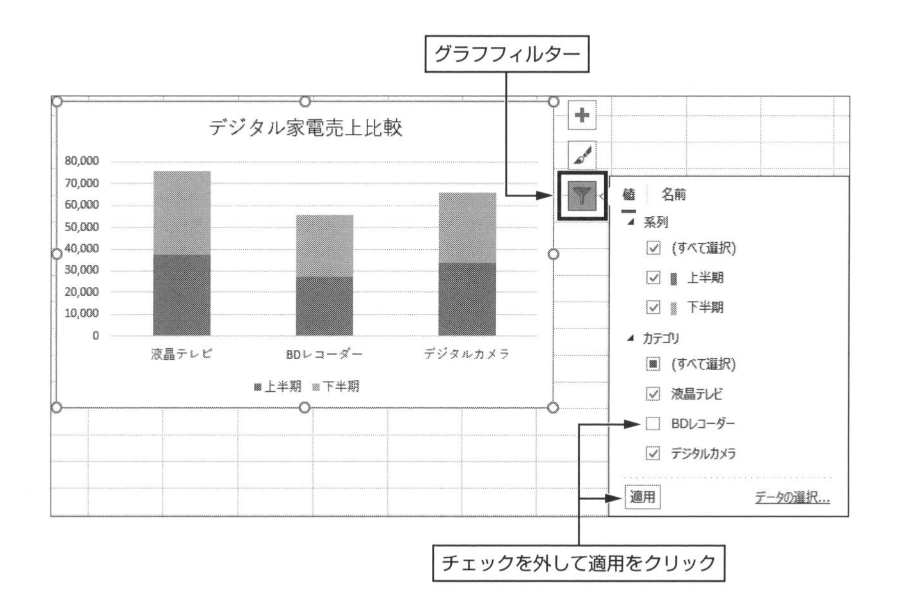

4.6.5　複合グラフ

複数のグラフを一緒に表示するグラフを複合グラフといいます．ここでは，月ごとの降水量と平均気温のデータを用いて複合グラフを作成する方法を説明します．

1. データ範囲を指定して［挿入］タブの［グラフ］グループの ダイアログ起動ボタンをクリックします．

	A	B	C
1	月	降水量	平均気温
2	1月	48.6	5.8
3	2月	60.2	6.1
4	3月	114.5	8.9
5	4月	130.3	14.4
6	5月	128.0	18.7
7	6月	164.9	21.8
8	7月	161.5	25.4
9	8月	155.1	27.1
10	9月	208.5	23.5
11	1 0月	163.1	18.2
12	1 1月	92.5	13.0
13	1 2月	39.6	8.4

2. ［すべてのグラフ］タブの［組み合わせ］を選択します．
3. 右下で組み合わせるグラフの種類を選択します．ここでは降水量を［集合縦棒］，平均気温を［折れ線］にしています．
4. 必要に応じて第 2 軸にしたい系列名にチェックをつけます．ここでは平均気温を第 2 軸にしています．

4.7 関数

Excelにはいろいろな関数が用意されています．関数を利用して式を記述することにより四則演算以外の多種多様な処理を行うことができます．

関数を利用するには，次の3つの方法があります．

- **[関数の挿入] ボタンの利用**
  関数一覧から目的の関数を選んで入力することができます．
- **[オートSUM] ボタンの利用**
  合計や平均などの代表的な関数は［オートSUM］ボタンでも入力することができます．
- **関数の書式に従いキーボードから入力する**
  関数を使うにしても式であることには変わりありませんので，書式に従いキーボードから入力することもできます．

この節では，次の表を例に関数について説明します．

名前	年齢	性別	1学期	2学期	3学期	合計
佐藤	19	男	86	82	80	
鈴木	20	女	77	81	78	
高橋	18	男	63	75	68	
田中	21	男	77	70	74	
渡辺	18	女	93	95	92	
伊藤	22	女	85	73	72	

4.7.1 関数の書式

関数は次の書式で表します．

関数の書式： 関数名（*引数*，*引数*，……）

関数の記述は，関数名で始まり，括弧の中に引数を記述します．複数の引数がある場合はカンマで区切って記述します．引数とは，関数に渡す値のことで，関数はこの与えられた引数を用いて結果を求めます．

4.7.2 合計（SUM関数）

例えば「=A1+A2+A3」のように足し算の式を記述すれば合計を求めることができますが，

足す数がたくさんあると式の記述が大変です．そのようなときは合計を求める関数を使うと簡単です．合計を求める関数では，足す数をセル範囲で指定することができます．

合計を求める関数の書式は以下の通りです．

【書式】SUM(*範囲*)

範囲　合計を求めたいセル範囲を指定します．範囲は「開始セル：終了セル」の形式で表します．

【例】=SUM(A1:A3)

A1からA3までの3つのセルの合計を求めます．

合計を求める関数を例に，関数の記述方法を説明します．

［関数の挿入］ボタンの利用

1. 合計を求めるセルを選択します．今回の場合はセルG2を選択します．
2. 数式バーの［関数の挿入］*fx* ボタンをクリックします．

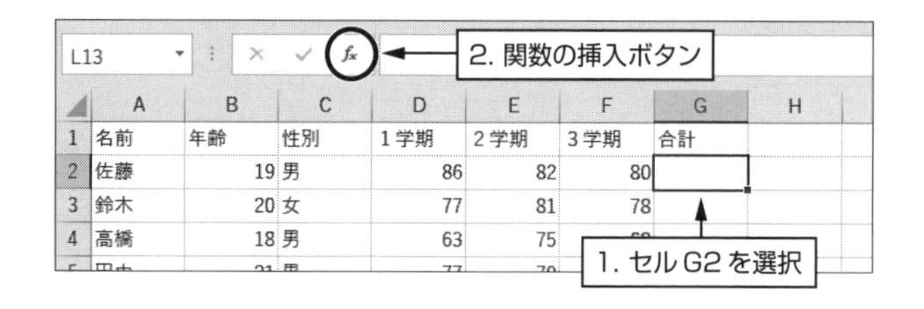

3. ［関数の挿入］ダイアログボックスが表示されます．関数名の一覧の中からSUMを選択して，［OK］ボタンをクリックします．

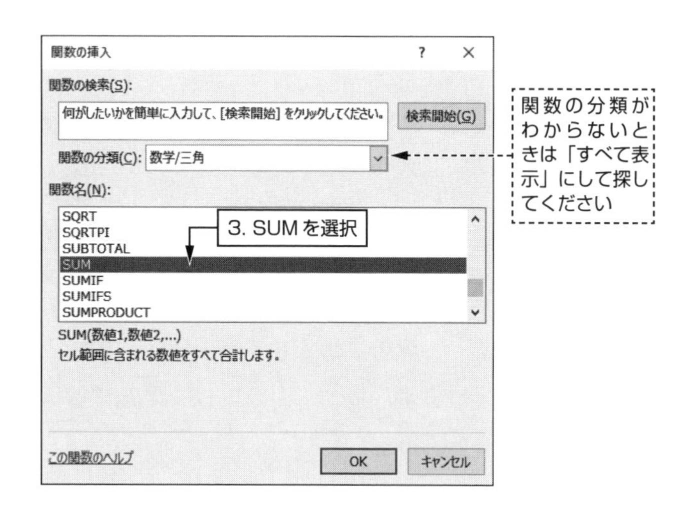

4. ［関数の引数］ダイアログボックスが表示されます．合計を求めるセル範囲を指定します．キーボードから D2:F2 と入力するか，ワークシート上でマウスを使って範囲指定するとセル範囲が入力されます．

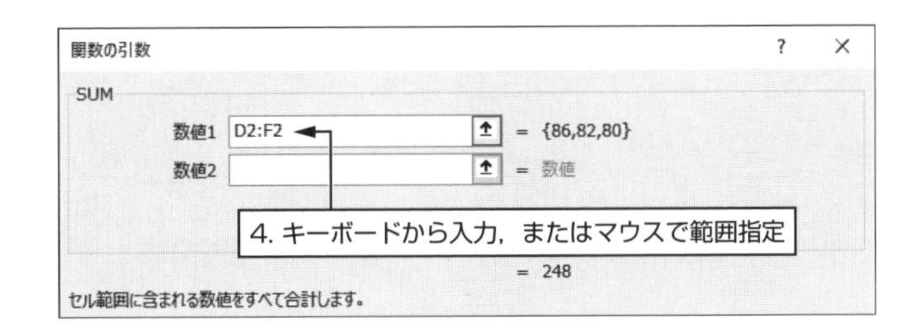

5. ［OK］ボタンをクリックすると，計算結果が表示されます．

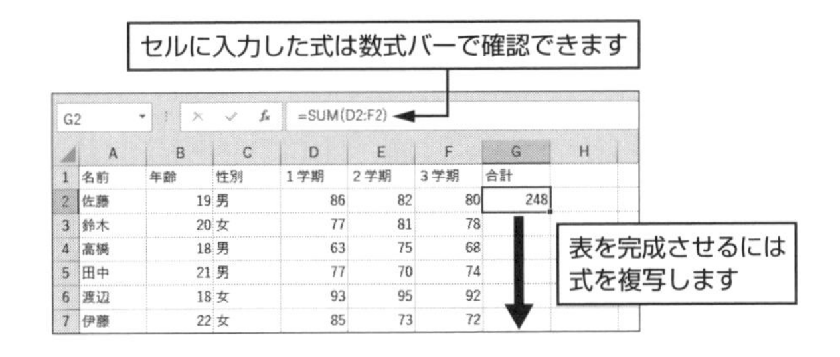

	A	B	C	D	E	F	G	H
1	名前	年齢	性別	1学期	2学期	3学期	合計	
2	佐藤	19	男	86	82	80	248	
3	鈴木	20	女	77	81	78		
4	高橋	18	男	63	75	68		
5	田中	21	男	77	70	74		
6	渡辺	18	女	93	95	92		
7	伊藤	22	女	85	73	72		

［オート SUM］ボタンの利用

合計や平均などの関数は［Σ オート SUM］ボタンでも入力することができます．

1. 合計を求めるセルを選択します．今回の場合はセル G2 を選択します．
2. Σ オート SUM ▾ ボタンの▼をクリックします．
3. 一覧の中から［合計 (S)］を選択します．

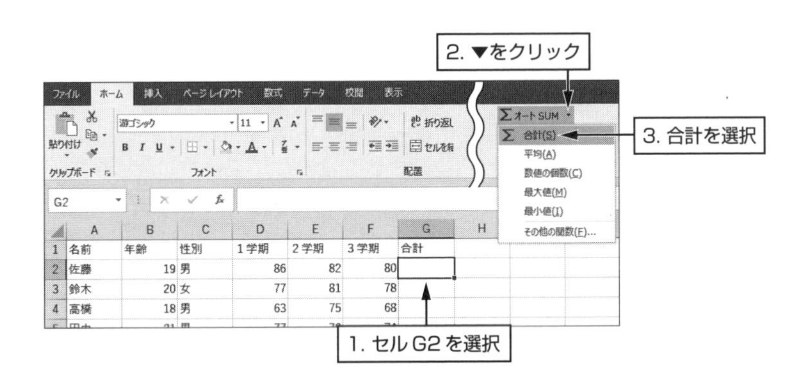

4. 関数を用いた式が自動的に入力されます．セル範囲が異なる場合は修正します．今回の場合はセル範囲を修正する必要がないので，そのまま［Enter］キーを押します．

SUM　=SUM(D2:F2)

	A	B	C	D	E	F	G	H
1	名前	年齢	性別	1学期	2学期	3学期	合計	
2	佐藤	19	男	86	82	80	=SUM(D2:F2)	
3	鈴木	20	女	77	81	78	SUM(数値1, [数値2], ...)	
4	高橋	18	男	63	75	68		

5. ［Enter］キーを押すと計算結果が表示されます．あとは式を複写すれば表が完成します．

G2　=SUM(D2:F2)

	A	B	C	D	E	F	G	H
1	名前	年齢	性別	1学期	2学期	3学期	合計	
2	佐藤	19	男	86	82	80	248	
3	鈴木	20	女	77	81	78		
4	高橋	18	男	63	75	68		

関数の書式に従いキーボードから入力する

関数を使うにしても式であることには変わりありませんので，書式に従いキーボードから入力することもできます．複数の関数を組み合わせた式を記述するときは，キーボードから入力したほうがわかりやすいでしょう．

1. 合計を求めるセルを選択します．今回の場合はセル G2 を選択します．
2. 式の入力なので，キーボードから半角で「=」を入力します．
3. 続いて，関数の書式に従い，「SUM(D2:F2)」と入力します．

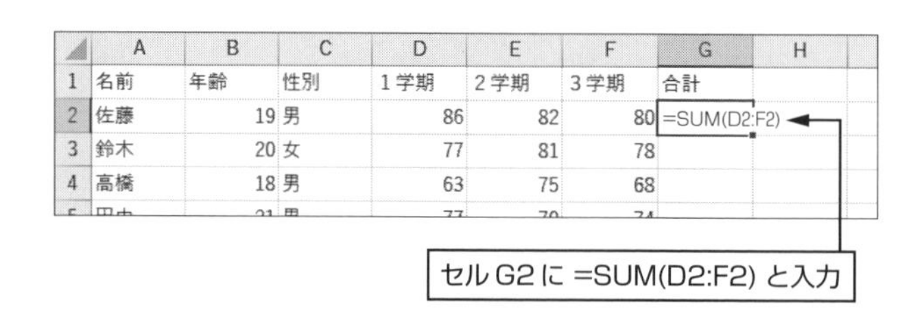

	A	B	C	D	E	F	G	H
1	名前	年齢	性別	1学期	2学期	3学期	合計	
2	佐藤	19	男	86	82	80	=SUM(D2:F2)	
3	鈴木	20	女	77	81	78		
4	高橋	18	男	63	75	68		

4. ［Enter］キーを押すと，セルには計算結果が表示されます．

	A	B	C	D	E	F	G	H
1	名前	年齢	性別	1学期	2学期	3学期	合計	
2	佐藤	19	男	86	82	80	248	
3	鈴木	20	女	77	81	78		
4	高橋	18	男	63	75	68		

※上の説明では大文字で記述していますが，「=sum(d2:f2)」と小文字で入力してもかまいません．

ここまでの説明では，SUM 関数の引数には「範囲」を 1 つ指定してきましたが，複数の引数をカンマで区切って指定することもできます．以下にその例を示します．

例 1： SUM(A1 , A2 , A3)　　A1 と A2 と A3 の 3 つのセルの合計

例 2： SUM(B1:B3 , D1:D3)　B1 から B3 までと，D1 から D3 までのセルの合計

4.7.3 平均（AVERAGE 関数）

【書式】AVERAGE(*範囲*)

範囲　平均値を求めたいセル範囲を指定します．範囲は「開始セル：終了セル」の形式で表します．

【例】=AVERAGE(A1:A3)

A1 から A3 までの 3 つのセルの平均値を求めます．

8 行目に各学期の平均を求めてみます．基本的な使い方は SUM 関数と同じです．

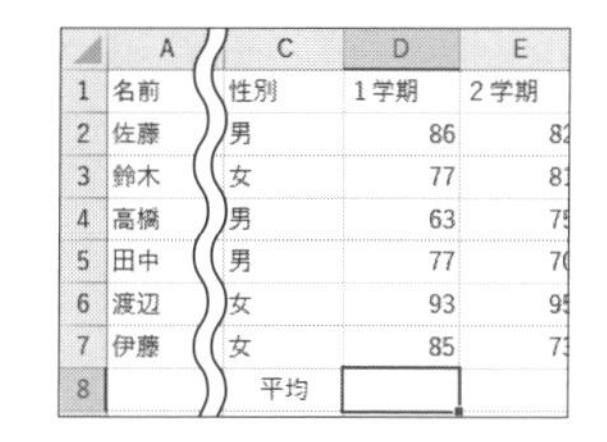

	A	C	D	E
1	名前	性別	1 学期	2 学期
2	佐藤	男	86	82
3	鈴木	女	77	81
4	高橋	男	63	75
5	田中	男	77	70
6	渡辺	女	93	95
7	伊藤	女	85	73
8		平均		

［関数の挿入］ボタンを使う場合

1. セル D8 を選択してから［関数の挿入］ *fx* ボタンをクリックします．
2. ［関数の挿入］ダイアログボックスが表示されるので，分類を［統計］または［すべて表示］にして［AVERAGE］を選択します．範囲指定は D2:D7 を指定します．

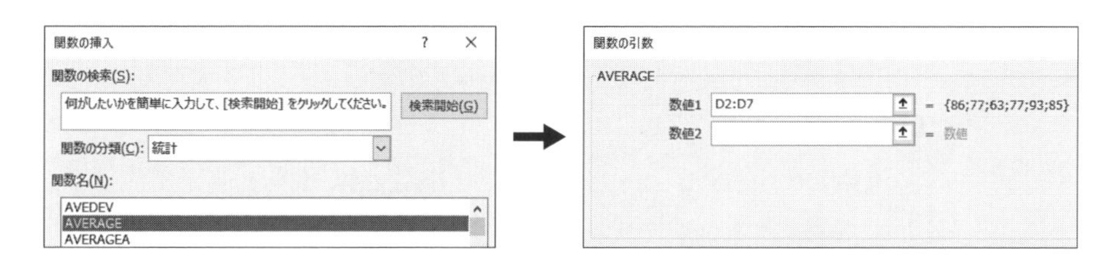

キーボードから入力する場合

1. 関数の書式に従い，セル D8 に「=AVERAGE(D2:D7)」と入力して［Enter］キーを押します．

6	渡辺	18	女	93	95	92		
7	伊藤	22	女	85	73	72		
8			平均	=AVERAGE(D2:D7)				

2. セル D8 に平均を求める式を入力した後，その式を横方向に複写すれば表が完成します．

	A	B	C	D	E	F	G	H
1	名前	年齢	性別	1 学期	2 学期	3 学期	合計	
2	佐藤	19	男	86	82	80	248	
3	鈴木	20	女	77	81	78	236	
4	高橋	18	男	63	75	68	206	
5	田中	21	男	77	70	74	221	
6	渡辺	18	女	93	95	92	280	
7	伊藤	22	女	85	73	72	230	
8			平均	80.16667	79.33333	77.33333		

4.7.4　四捨五入（ROUND 関数）

平均を求めたときなど，今回の例のように小数点以下の端数が表示されることがあります．この端数を処理する方法には，表示形式 ←.0 .00 .00 →.0 の機能を利用する以外に，関数を使って四捨五入することができます．

なお，表示形式 ←.0 .00 .00 →.0 でも，関数による四捨五入でも，小数点以下の端数が表示されないことには変わりありませんが，機能としては根本的に異なります．表示形式は，セルに入力されている値を変えずに見た目だけを制御します．それに対して関数による四捨五入は，セルの値を変更します．ここでは関数の説明のために関数を使って四捨五入しますが，本来はどちらの機能を使って端数処理するのが適切であるかをその都度よく考えてください．

【書式】ROUND(*数値* , *桁数*)

数値　四捨五入の対象となるものを指定します．具体的にはセル座標や式を記述します．

桁数　四捨五入後，小数点以下何桁目まで求めるかを数値で指定します．桁数には正の数だけでなく，負の数を指定することもできます．以下に例を示します．

=ROUND(123.456 , 1)　→ 123.5　小数点以下第 1 位まで求めます
=ROUND(123.456 , 0)　→ 123　四捨五入して整数にします
=ROUND(123.456 , -1)　→ 120　四捨五入して十の位まで求めます

【例】=ROUND(A1 , 2)

セル A1 の値の小数点以下第 3 位を四捨五入して小数点以下第 2 位まで求めます．

8 行目の平均を，関数を使って四捨五入した表示にしてみます．四捨五入の対象となるものは，D2 から D7 までの平均です．これを式で記述すると，「AVERAGE(D2:D7)」となります．この「AVERAGE(D2:D7)」を ROUND 関数の「*数値*」のところに指定します．

以上からセルD8に入力する式は

=ROUND(AVERAGE(D2:D7) , 1)

となります.

※ここでは桁数を1にしましたが，任意の数でかまいません.

	A	C	D	E	F	G
1	名前	性別	1学期	2学期	3学期	合計
2	佐藤	男	86	82	80	
3	鈴木	女	77	81	78	
4	高橋	男	63	75	68	
5	田中	男	77	70	74	
6	渡辺	女	93	95	92	
7	伊藤	女	85	73	72	
8		平均	=ROUND(AVERAGE(D2:D7) , 1)			

ここでは四捨五入について説明しましたが，
類似の関数に，切り上げ（ROUNDUP関数），切り捨て（ROUNDDOWN関数）があります．使い方はROUND関数と同じです.

4.7.5 順位（RANK.EQ関数）

値の大きい順，または小さい順に順位を求めることができます．書式は次の通りです.

【書式】RANK.EQ(*数値* , *範囲* , *順序*)

数値　順位を求めたいセルを指定します.

範囲　順位を求めるための元となる集団を，セル範囲として指定します.
通常は，このセル範囲の中に順位を求めたいセルが含まれているはずです.

順序　降順（大きい順）か，昇順（小さい順）かを指定します．降順のときは省略するか0を指定します．昇順のときは0以外を指定します.

【例1】 =RANK.EQ(A1 , A1:A5)

A1からA5までの5つのセルの中で，A1の値が何位であるかを求めます.「順序」が省略されているので大きい順に順位をつけます.

【例2】 =RANK.EQ(B3 , B1:B5 , 1)

B1からB5までの5つのセルの中で，B3の値が何位であるかを小さい順に求めます.

G列の合計を用いてH列に順位を求めてみます．RANK.EQ関数の引数に何を記述すればいいのかがわからないときは，順位を求めるためにはどのような情報が必要であるかを考えてみてください．順位とは，

特定の「集団」の中で，その集団に含まれる「個」が何位であるか，

ということです．具体的にセルH2に入力する式の場合で考えると，

「セルG2からG7までの6個のセル」の中で「セルG2の値」が何番であるか，

ということになります.

降順に順位をつけるのであれば「*順序*」は省略できるので，以上からセルH2に入力する式は，「=RANK.EQ(G2 , G2:G7)」となりますが，このとき式を複写することを考慮して

ください．式を複写したときに，最初の引数の G2 は変わってほしいですが，次の引数の G2:G7 は変わってしまっては困るので絶対参照で記述する必要があります．このことを考慮した式は，「=RANK.EQ(G2 , $G$2:$G$7)」となります．

	A	F	G	H	I	J
1	名前	3 学期	合計	順位		
2	佐藤	80	248	=RANK.EQ(G2 , $G$2:$G$7)		
3	鈴木	78	236			
4	高橋	68	206			
5	田中	74	221			
6	渡辺	92	280			
7	伊藤	72	230			

4.7.6　条件判断（IF 関数）

条件によってセルに表示する内容を変えることができます．

【書式】IF(*論理式* , *真の場合* , *偽の場合*)

論理式　条件を記述します．条件といっても実際には「満たす」「満たさない」のどちらかに評価できる論理式という式を記述します．論理式は 2 つのもの（具体的には，値，セル座標，式）を比較演算子で比較します．

例えば A1=5 のように記述します．この論理式は「セル A1 と 5 が等しい」という意味であり，セル A1 に入力されている値により論理式を満たす場合と満たさない場合に分かれます．比較演算子には次のものがあります．

演算子	意味	演算子	意味
=	等しい	<	より小さい
<>	等しくない	>=	以上
>	より大きい	<=	以下

真の場合，偽の場合

論理式を満たすときに，あるいは満たさないときに，そのセルに表示させるものを記述します．指定できるものは値，式などですが，「セルに表示させるもの」ですから，セルに入力できるものがすべて指定できると考えてください．なお，式の中で文字列を記述するときは「"」で囲む必要があります．

以下に IF 関数の使用例を示します．

- 例：20 歳以上は「成人」，それ以外は「未成年」と表示する．

  =IF(B2>=20 , "成人" , "未成年")

  B2>=20 が論理式です．真の場合，偽の場合の記述は文字列なので「"」で囲っています．

- 例：男性は合計を評価点とする．女性は合計の 1 割増を評価点とする．
  =IF(C2="男" , G2 , G2＊1.1)
  C2="男" が論理式ですが，式の中で文字列を記述するときは「"」で囲みます．
  真の場合，偽の場合の記述は文字列ではないので「"」はつけません．

- 例：順位が 1 位にのみ「優勝」と表示する．それ以外は何も表示しない．
  =IF(H2=1 , "優勝" , "")
  何も表示しないときは「""」と記述します．この表記の意味は，2 つの「"」の間には何もないので，何もないものを表示する，すなわち何も表示しない，ということになります．

AND 関数，OR 関数

複数の論理式を使った条件を設定するには AND 関数や OR 関数などの論理関数を利用します．

【書式】AND(*論理式* , *論理式* ,……)
【書式】OR(*論理式* , *論理式* ,……)

論理式　A1=0 のような論理式を記述します．*論理式*はカンマで区切って複数記述することができます．

【例 1】AND(A1>=0 , A1<=1)

A1>=0 という論理式と A1<=1 という論理式の両方を満たすとき「真」，それ以外は「偽」となります．Excel では「0 以上 1 以下」のような条件を設定するときは，このように AND 関数を用いて記述します．

【例 2】OR(A1=0 , B1=0 , C1=0)

3 つの論理式 A1=0 , B1=0 , C1=0 のいずれかを満たすとき「真」，それ以外，すなわちすべて満たさないとき「偽」となります．

この AND 関数や OR 関数を IF 関数の論理式として記述することができます．
以下に IF 関数での使用例を示します．

- 例：男性の 20 歳以上に「＊」印を表示する．それ以外は何も表示しない．
  =IF(AND(B2>=20 , C2="男") , "＊" , "")

- 例：20 歳未満か，または女性に「＊」印を表示する．それ以外は何も表示しない．
  =IF(OR(B2<20 , C2="女") , "＊" , "")

IF 関数のネスト（入れ子）

IF 関数は二者択一の関数です．すなわち論理式の真偽に従い，真の場合，偽の場合のいずれかを表示します．図式化すると次のようになります．

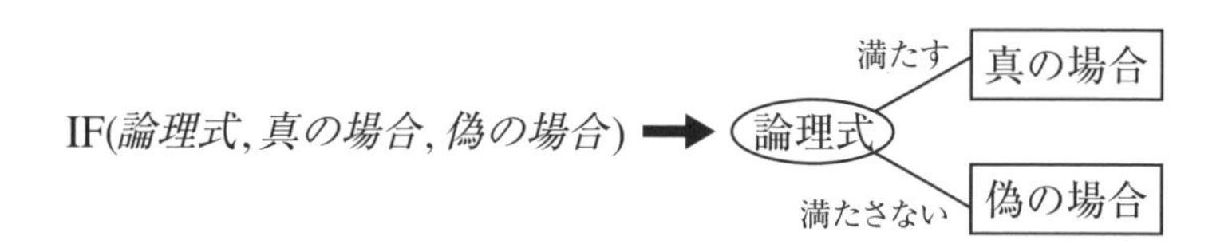

この二者択一の関数を使って 3 段階に分けるには次のように考えます．

1 つ目の論理式で 2 つに分けます．真のときは確定です．偽のときは，2 つ目の論理式でさらに 2 つに分けます．この考え方で 3 つに分けることができます．

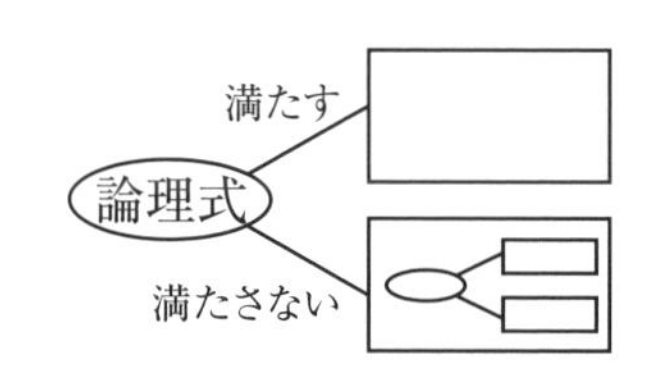

- **例：**合計が 240 以上で「A」，210 以上 240 未満で「B」，210 未満で「C」と表示する．

  =IF(G2>=240 , "A", IF(G2>=210 , "B" , "C"))

  G2>=240 の論理式を満たす場合は A です．
  満たさない場合は B か C になります．(①)
  B であるか C であるかは論理式が C>=210 の IF 関数の式で表すことができます．(②)

  =IF(G2>=240 , "A" , ┆　　　┆) ……①
  IF(G2>=210 , "B" , "C") …②

  すなわち，②の式を，①の式の┆　　　┆のところに記述することになります．このように IF 関数の中にさらに IF 関数を記述することにより 3 段階に分けることができます．

4.7.7　検索（VLOOKUP 関数）

IF 関数をネスト（入れ子）にすることにより，複数の場合分けをすることができますが，場合分けの数が多くなると記述が大変です．そのようなときは VLOOKUP 関数を使うと便利です．

【書式】　VLOOKUP(*検索値* , *範囲* , *列番号* , *検索方法*)

検索値　　範囲の左端の列で検索する値を指定します．

範囲　　検索値に対する「答」を示す対応表を指定します．対応表を作るときは，範囲の左端の列に検索値で検索される値を記述します．

列番号　範囲において検索値に対する「答」が何列目にあるかを指定します.

検索方法　省略するか，TRUE か FALSE を指定します.

TRUE を指定するか省略すると，範囲の左端の列において，検索値と一致するか，検索値未満の最大値を検索します．このとき範囲の左端の列は昇順に並べ替えておく必要があります.

FALSE を指定すると，範囲の左端の列から検索値と完全に一致する値を検索します．見つからないときはエラーになります．FALSE の場合は，範囲の左端の列は並べ替えておく必要はありません.

「検索方法」が TRUE の場合の例（省略する場合の例）

合計	評価
280 以上	A
260 以上 280 未満	B
240 以上 260 未満	C
220 以上 240 未満	D
220 未満	E

右の基準に従い，合計を A～E でランク付けすることを考えます.

VLOOKUP 関数を利用するには対応表が必要です．そこでワークシートの空きスペースに対応表を作ります．対応表の左端の列は昇順である必要があるので，作成する表は次の例のようになります.

次に VLOOKUP 関数の式を記述します．*検索値*はセル G2 です．*範囲*は今作った対応表なので K2:L6 ですが，式を複写することを考えると絶対参照で記述する必要があります．すなわち範囲は $K$2:$L$6 となります．*列番号*は範囲の中で求める答えが何列目にあるかを記述します．今回の場合は 2 となります．*検索方法*は TRUE を指定するか省略します．下の例は省略しています.

	A	G	H	I	J	K	L	M
1	名前	合計	評価					
2	佐藤	248	=VLOOKUP(G2,$K$2:$L$6,2)			0	E	
3	鈴木	236				220	D	
4	高橋	206				240	C	
5	田中	221				260	B	
6	渡辺	280				280	A	
7	伊藤	230						

対応表は左端の列を昇順にする必要があるので，このように作ります

対応表の作り方を理解するために，VLOOKUP 関数が対応表をどのように使うのかを説明します．右の例で説明すると，VLOOKUP 関数は検索値がⒶ以上Ⓑ未満のとき㋐が答えになります．同様にⒷ以上Ⓒ未満のとき㋑が答えになります．この情報を元に対応表をどのように作ればいいか考えてください.

Ⓐ	0	E	㋐
Ⓑ	220	D	㋑
Ⓒ	240	C	㋒
Ⓓ	260	B	㋓
Ⓔ	280	A	㋔

「検索方法」が FALSE の場合の例

セル B1 に国コードを入力すると，セル B2 に国名が表示されるようにします．

	A	B	C	D	E	F	G	H
1	国コード					国コード	国名	
2	国名	=VLOOKUP(B1,F2:G4,2,FALSE)				JP	日本	
3						KR	韓国	
4						CN	中国	

完全一致で検索する場合は，左端の列を並べ替える必要はありません

セル B2 に VLOOKUP 関数の式を記述します．*検索値*はセル B1 です．*範囲*は F2:G4 です．この例では式を複写しないので*範囲*を絶対参照にしなくてもかまいません．*検索方法*は，完全一致で検索するので FALSE を指定します．

右は実行例です．セル B1 に国コードを入力すると，セル B2 に国名が表示されます．また，セル B1 に対応表にない国コードを入力すると，セル B2 はエラー表示になります．

	A	B
1	国コード	JP
2	国名	日本
3		

▲ 完成例

4.7.8　代表的な関数

Excel にはたくさんの関数が用意されています．ここまでに説明した関数も含めて，よく使われる関数を紹介します．詳しい使い方はヘルプなどで調べてください．

合計	SUM(*範囲*)	合計を求めます．4.7.2 項参照．
	SUMIF(*範囲*, *検索条件*, *合計範囲*)	検索条件に一致するセルの合計を求めます．4.11.5 項参照．
平均	AVERAGE(*範囲*)	平均を求めます．4.7.3 項参照．
	AVERAGEIF(*範囲*, *検索条件*, *平均範囲*)	検索条件に一致するセルの平均を求めます．4.11.5 項参照．
最大値	MAX(*範囲*)	最大値を求めます．
最小値	MIN(*範囲*)	最小値を求めます．
個数	COUNT(*範囲*)	数値が入力されているセルの数を求めます．
	COUNTA(*範囲*)	データが入力されているセルの数を求めます．
	COUNTIF(*範囲*, *検索条件*)	検索条件に一致するセルの数を求めます．4.11.5 項参照．

整数化	INT(*数値*)	小数点以下を切り捨てて整数にします.
四捨五入	ROUND(*数値*, *桁数*)	任意の桁で四捨五入します. 4.7.4 項参照.
切り上げ	ROUNDUP(*数値*, *桁数*)	任意の桁で切り上げます. 4.7.4 項参照.
切り捨て	ROUNDDOWN(*数値*, *桁数*)	任意の桁で切り捨てます. 4.7.4 項参照.
順位	RANK.EQ(*数値*, *範囲*, *順序*)	順位を求めます. 4.7.5 参照.
条件判断	IF(*論理式*, *真の場合*, *偽の場合*)	条件に従いセルの表示するものを変えます. 4.7.6 項参照.
論理積	AND(*論理式*, *論理式*)	詳細は4.7.6 項参照.
論理和	OR(*論理式*, *論理式*)	詳細は4.7.6 項参照.
検索	VLOOKUP(*検索値*, *範囲*, *列番号*, *検索方法*)	表引きして求めます. 4.7.7項参照.

4.8　文字列データの取り扱い

Excel では数値データだけでなく，文字列データを処理することもできます.

4.8.1　式中での文字列の記述

式の中に文字列データを記述するときは「"」（ダブルクォーテーション）で囲む必要があります.

4.8.2　文字列の結合（&演算子）

文字列と文字列を結合するときは&（アンパサンド）演算子を使います．具体例は後述します.

4.8.3　文字列操作関数（RIGHT 関数，LEFT 関数，MID 関数）

文字列の右から／左から／任意の位置から，指定した文字数の文字列を取り出します.

【書式】RIGHT(*文字列*, *文字数*)

【書式】LEFT(*文字列*, *文字数*)

【書式】MID(*文字列*, *開始位置* , *文字数*)

　　文字列　　元になる文字列を指定します.

　　文字数　　取り出す文字数を指定します.

4

Excel によるデータ処理

開始位置　MID関数において，取り出す先頭文字の位置を数値で指定します．

例1：&演算子

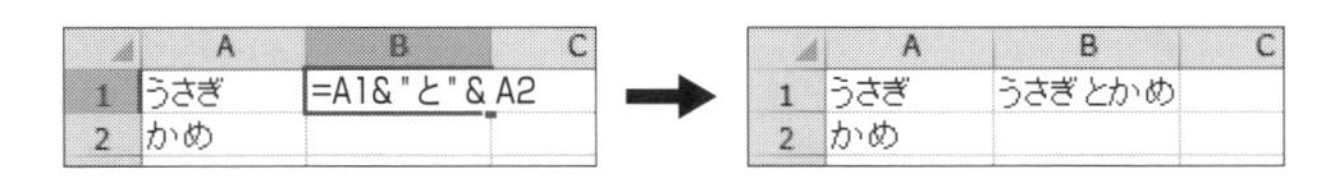

例2：MID関数

この例では，セルA1の文字列の3文字目から2文字を取り出しています．

4.9 日付と時刻

4.9.1 Excelでの取り扱い

Excelでは，日付・時刻は「1900年1月0日0時0分0秒から何日経過しているか」という数値（シリアル値という）で表されます．例えば2015年4月1日は42095という値になります．

数値の単位は「日」ですので，時刻は小数値で表すことになります．例えば2015年4月1日午前6時00分は42095.25という値になります．

セルに表示するときは，数値に表示形式が設定されることにより「yyyy年mm月dd日」のような形で表示されます．

以上のことを確認してみます．

1. 日付と認識できる書き方で年月日を入力します．例えば「2015-4-1」と入力して［Enter］キーを押します．　2015-4-1
2. 入力したものは日付として認識されて2015/4/1と表示されます．　2015/4/1
3. 表示形式を「標準」にします．42095と表示されることから，このセルには実際には数値が入力されていることがわかります．　42095
4. もう一度表示形式を設定します．右例は「長い日付形式」を選択しています．　2015年4月1日

4.9.2 日付・時刻の計算

日付・時刻は数値ですので，加減算することもできます．

日付の計算　例 1

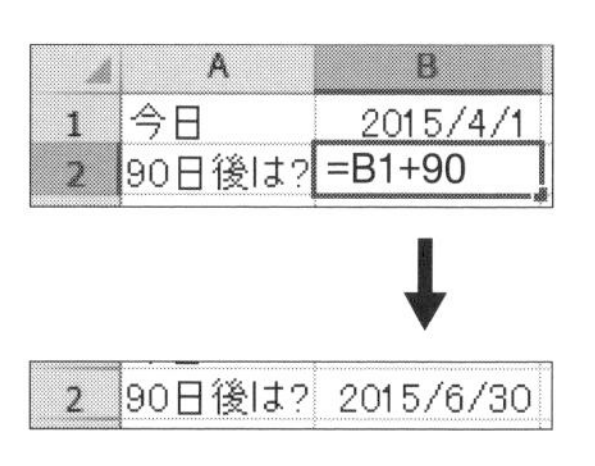

セル B1 に今日の日付が入力されていると仮定します．今日から 90 日後が何月何日であるかは「=B1+90」という式で求めることができます．このときセル B2 には「日付」の表示形式が自動的に設定されて「年/月/日」の形式で表示されます．

日付の計算　例 2

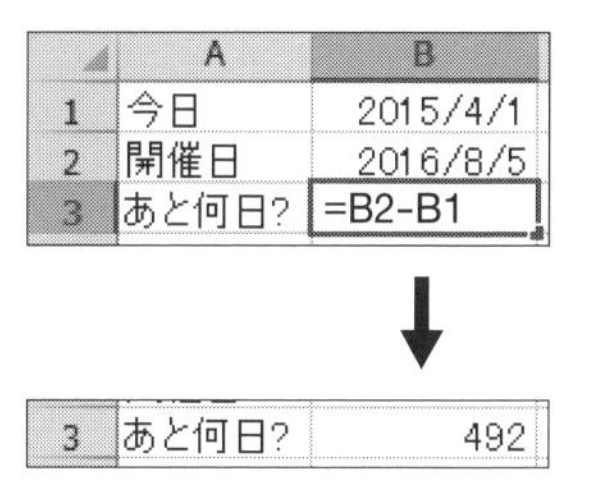

セル B1 に今日の日付が，セル B2 に目標の日付が入力されていると仮定します．目標まであと何日であるかは「=B2-B1」という式で求めることができます．このときのセル B3 の表示形式は「標準」のままです．

時刻の計算

下の例で説明します．式「=B2-B1」を入力すると，セルには「時刻」の表示形式が自動的に設定されます．表示形式を「標準」にすると 0.368056 と表示されます．これは利用時間が「0.368056 日」であることを意味しています．

もし「利用時間が何時間であるか」を求めたいのならば，1 日は 24 時間ですので，式を「=(B2−B1)＊24」とすれば単位を「時間」として求めることができます．以下の例では利用時間が「8.833333 時間」であることを示しています．

4.9.3　日付・時刻の関数

日付・時刻に関係する関数には次のようなものがあります．

TODAY 関数，NOW 関数

TODAY 関数は現在の日付の，NOW 関数は現在の日付時刻のシリアル値を求めます．

【書式】TODAY()
【書式】NOW()
　　TODAY 関数，NOW 関数ともに引数はありません．

YEAR 関数など

日付（シリアル値）から「年」「月」「日」「時」「分」「秒」に対応する数値を求めます．

【書式】YEAR(*シリアル値*)
【書式】MONTH(*シリアル値*)
【書式】DAY(*シリアル値*)
【書式】HOUR(*シリアル値*)
【書式】MINUTE(*シリアル値*)
【書式】SECOND(*シリアル値*)
　　シリアル値　日付を表す数値を指定します．

類似の関数に WEEKDAY 関数があります．WEEKDAY 関数では日付に対応する「曜日」を求めることができます．詳しい使い方はヘルプなどで調べてください．

DATE 関数，TIME 関数

年月日（時分秒）に相当する数値から，日付を表すシリアル値を求めます．

【書式】DATE(*年* , *月* , *日*)
【書式】TIME(*時* , *分* , *秒*)
　　年，月，日，時，分，秒　　年 , 月 , 日 , 時 , 分 , 秒を表す数値を指定します．

例

YEAR 関数と DATE 関数の例を次に示します．

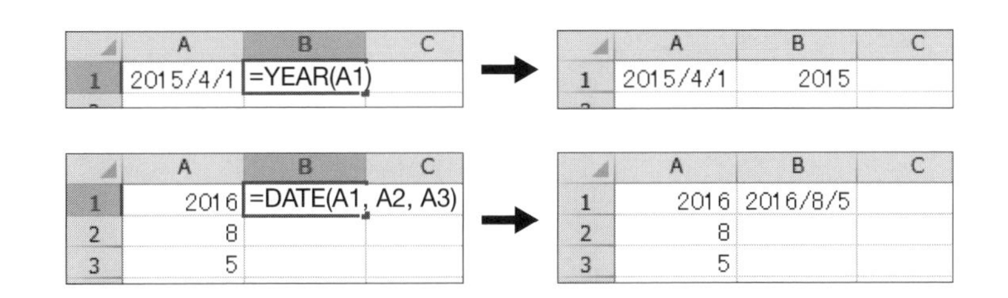

4.10 ページ設定と印刷

4.10.1 ページ設定

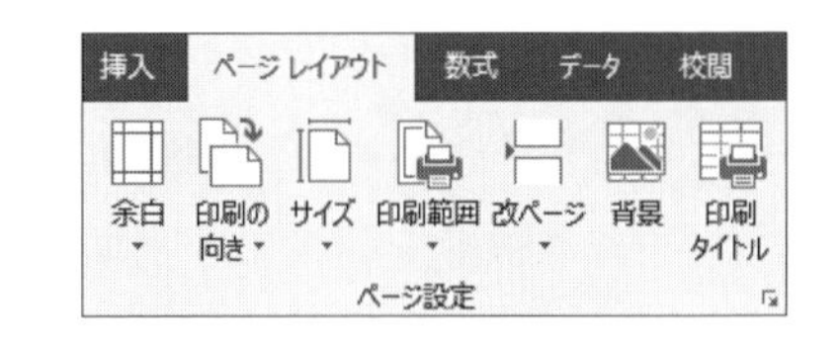

リボンの［ページレイアウト］タブを選択すると，用紙サイズなどを設定することができます．いくつかの機能を以下に説明します．

- **余白**

  印刷のとき，用紙の上下左右の余白の大きさを設定します．

- **印刷の向き**

  用紙を縦向きで印刷するか，横向きで印刷するか設定します．

- **サイズ**

  印刷用紙の大きさを設定します．

- **印刷範囲**

  ワークシート上の特定領域だけを印刷するように設定することができます．

4.10.2 拡大・縮小印刷

［拡大縮小印刷］グループの［横］［縦］のところを［自動］にして［拡大/縮小］のところを変更すると，指定した割合で拡大したり，縮小して印刷することができます．

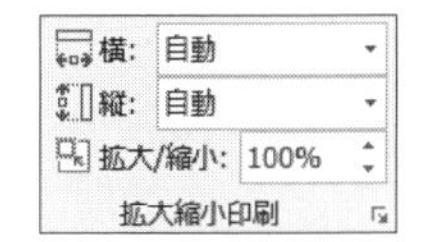

▲ 割合指定

表の大きさにかかわらず特定のページ数で印刷するときは，［横］［縦］のところでページ数を指定します．例えば「横：1 ページ」「縦：1 ページ」にすると，大きな表でも強制的に 1 枚の用紙に縮小して印刷することができます．

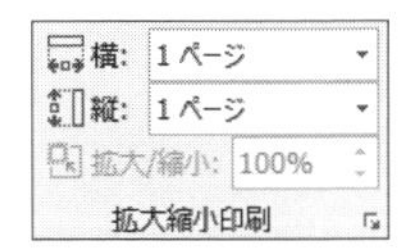

▲ ページ数指定

4.10.3　ビューの切り替え

Excelウインドウの右下にあるボタンで，ワークシートの表示方法（ビューという）を変えることができます．

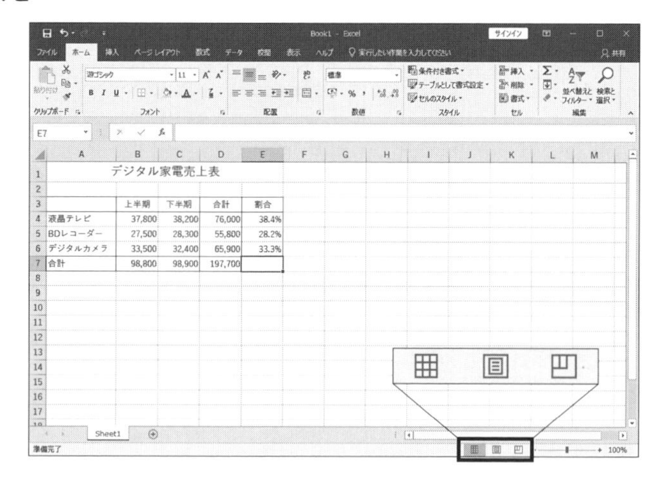

- **標準**
  標準の編集画面です．
- **ページレイアウト**
  印刷ページのレイアウトで表示します．ページの開始位置や終了位置を簡単に確認することができます．ヘッダーやフッターの編集も，このモードで行います．
- **改ページプレビュー**
  印刷したときにどの位置で改ページされるかが表示されます．改ページ位置を調整するときに便利です．

4.10.4　ヘッダーとフッター

Excelウインドウの右下のボタンで，ページレイアウトを選択すると，ヘッダーとフッターが表示されますので，編集することができます．

4.10.5　印刷プレビューと印刷

リボンの［ファイル］タブをクリックして［印刷］を選択すると，印刷の設定とプレビューが表示されます．プレビュー画面を確認しながら，必要な設定を行い，［印刷］ボタンをクリックして印刷します．

操作方法はWordと共通ですので，詳しくは「3.4　印刷」を参照してください．

4.11　データベース機能

Excelではデータベースを管理することもできます．

データベースとは，特定の項目に従って集められた情報のことで，例えば住所録などが該当します．

データベースは，フィールドとレコードから構成されています．フィールドとは項目を意味し，レコードとは1件1件のデータを意味します．住所録を例にとると「氏名」「住所」

「電話番号」といった項目がフィールドで，1 人分のデータがレコードです.

Excel でデータベースを管理するには，フィールドを列ごとに分けて，1 行目にフィールド名を入力して，その下に 1 件のレコードを 1 行とした表の形にする必要があります.

右にデータベースの入力例を示します. この節の説明も右のデータを使います.

	A	B	C	D	E
1	番号	名前	性別	学部	成績
2	1	佐藤	男	経済学部	86
3	2	鈴木	女	文学部	74
4	3	高橋	男	文学部	63
5	4	田中	男	法学部	77
6	5	渡辺	女	法学部	93
7	6	伊藤	女	経済学部	84
8	7	山本	男	文学部	81
9	8	中村	女	経済学部	68
10	9	小林	男	法学部	78
11	10	加藤	女	文学部	95
12	11	斉藤	男	経済学部	83

▲ データベースの例

4.11.1　並べ替え

ひとつの条件での並べ替え

ひとつの条件で並べ替えるときは，［データ］タブの ボタンを使います.

1. データを並べ替えるには，並べ替えのキーとなるフィールド（列）のセルをひとつ選択します. キーとなるフィールド（列）であればどのセルでもかまいません.
2. 昇順に並べ替えるときは ボタンを，降順に並べ替えるときは ボタンをクリックします.

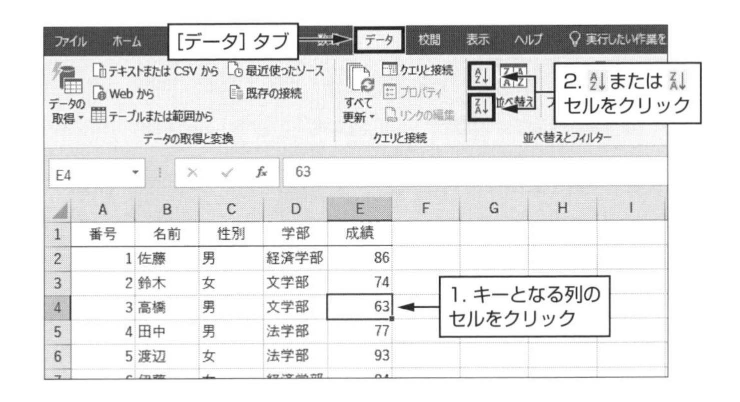

複数の条件での並べ替え

複数の条件で並べ替えるときは，［データ］タブの［ 並べ替え］ボタンを使います.

1. 表の中のセルをひとつ選択します. 表の中であればどのセルでもかまいません.
2. ［ 並べ替え］ボタンをクリックします.

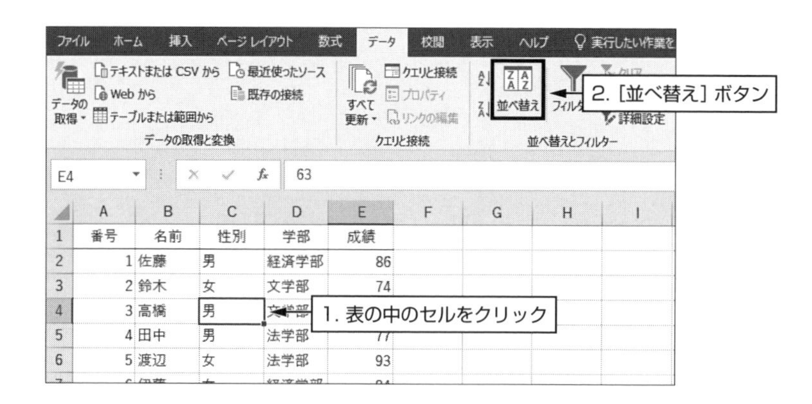

3. 下の画面が表示されるので，キーや順序を設定します．
4. ［レベルの追加 (A)］ボタンをクリックすると，下のように複数のキーを設定することができます．下は，性別順に並べ替えて，性別が同じときは成績順に並べ替える場合の例です．

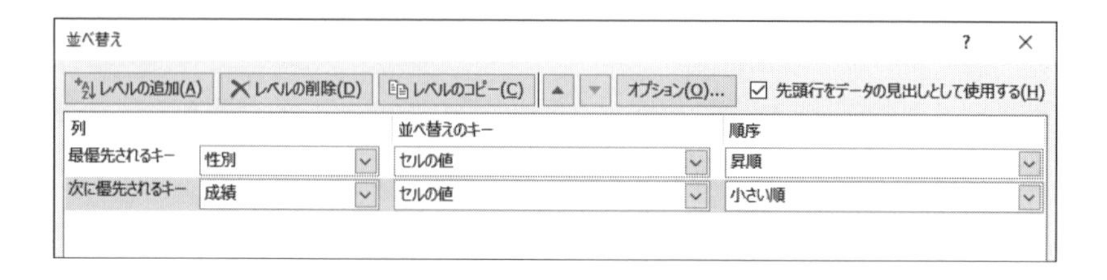

部分的な並べ替え

表全体ではなく，一部分だけを並べ替えるときは，次のように行います．

1. 並べ替えたい部分を範囲指定してから，［並べ替え］ボタンをクリックします．

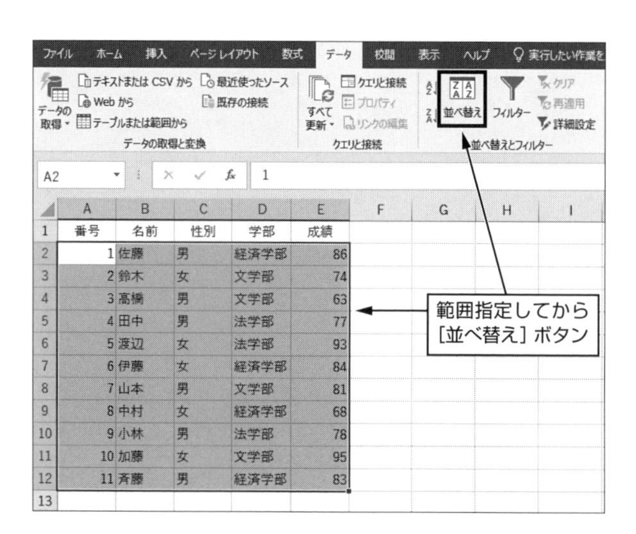

2. 下の設定画面が表示されるので，画面右上の「□先頭行をデータの見出しとして使用する(H)」のチェックの有無に留意して，キーや順序を設定します．

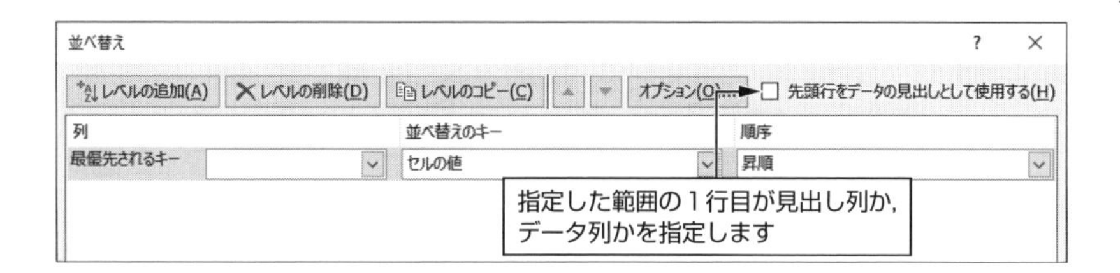

4.11.2　フィルター

フィルターとは，指定した条件を満たすデータだけを抜き出して表示する機能です．

例 1：学部が「経済学部」の人だけ表示する（特定のデータだけ表示する方法）

1. ［データ］タブの［フィルター］ボタンをクリックすると 1 行目に ▾ ボタンが付きます．（もう一度［フィルター］ボタンをクリックすると ▾ ボタンが消えます）

2. 学部の ▾ ボタンをクリックすると，このフィールド（列）にあるデータが一覧表示されますので，表示させたいデータにチェックをつけます．

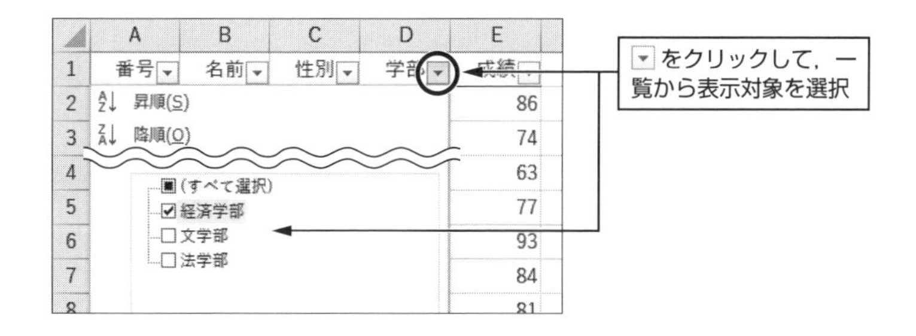

3. 以上の操作で，学部が「経済学部」の人だけの表示になります．このときフィルターが設定されているフィールド（列）は，ボタンの形状が になります．

	A	B	C	D	E
1	番号	名前	性別	学部	成績
2	1	佐藤	男	経済学部	86
7	6	伊藤	女	経済学部	84
9	8	中村	女	経済学部	68
12	11	斉藤	男	経済学部	83
13					

4. 元に戻すには，すなわちすべてのデータを表示するには，［データ］タブの［ クリア］ボタンをクリックします．

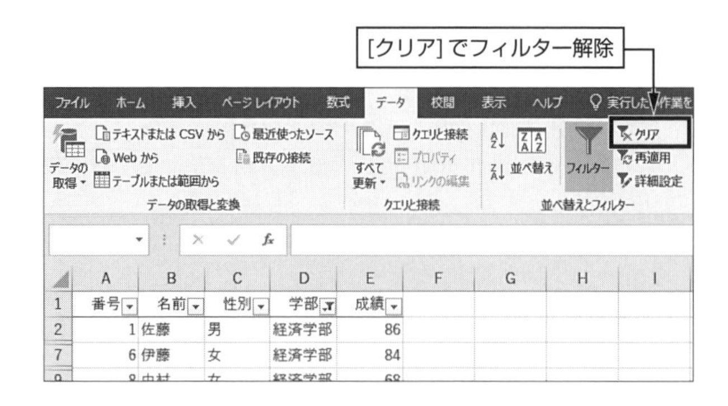

5. 1 行目の ボタンを消すには，リボンの［ フィルター］ボタンをクリックします．

例 2：成績が 80 点以上の人だけを表示する（範囲を指定したデータ抽出の方法）

1. 成績の ボタンをクリックして［数値フィルター(F)］［指定の値以上(O)…］の順に選択します．

2. 次の画面が表示されるので，「80」「以上」となるように設定します．

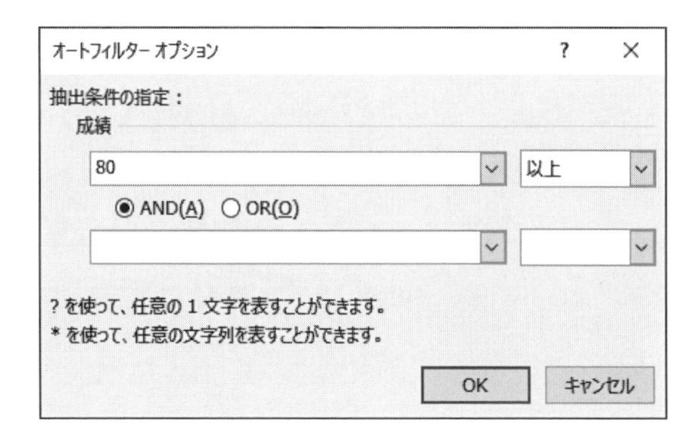

3. 以上の操作で，成績が 80 点以上の人だけが表示されます．
先程と同じようにフィルターを設定するとボタンの形状が になります．すべてのデータを表示するには，リボンの［ クリア］ボタンをクリックします．

4. 1 行目の ボタンを消すには，リボンの［ フィルター］ボタンをクリックします．

同様の手順で次のようなこともできます（説明は省略します）．

- 例：指定の範囲内，例えば 50 以上 80 以下のデータを抽出する．
- 例：上位 n 項目を抽出，例えば上位 3 位までを表示する．

4.11.3　集計

集計とは，データをグループ分けして，グループごとに合計や平均などを求める機能です．以下に学部ごとに成績の平均を求めることを例に，Excel の集計機能を説明します．

例：学部ごとに成績の平均を求める

1. Excel の集計機能を使うときは，最初にグループ分けするフィールド（列）をキーにして並べ替えておく必要があります．今の場合は，学部の列で並べ替えます．このとき昇順か降順かは問いません．

2. ［データ］タブの［ 小計］ボタンをクリックします．

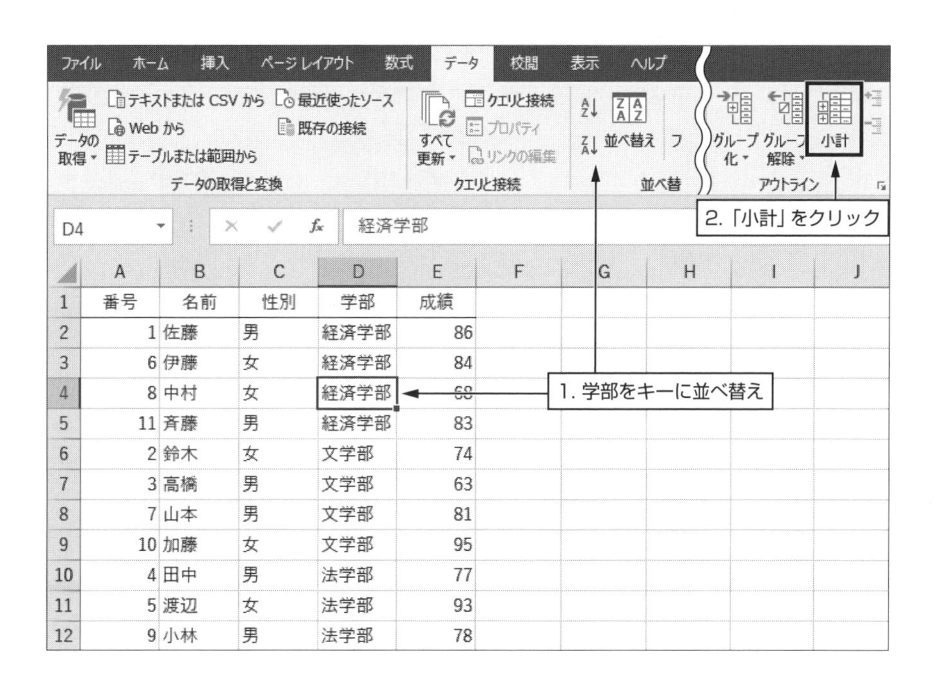

	A	B	C	D	E
1	番号	名前	性別	学部	成績
2	1	佐藤	男	経済学部	86
3	6	伊藤	女	経済学部	84
4	8	中村	女	経済学部	68
5	11	斉藤	男	経済学部	83
6	2	鈴木	女	文学部	74
7	3	高橋	男	文学部	63
8	7	山本	男	文学部	81
9	10	加藤	女	文学部	95
10	4	田中	男	法学部	77
11	5	渡辺	女	法学部	93
12	9	小林	男	法学部	78

3. ［集計の設定］ダイアログボックスが表示されるので，次のように設定します．
［グループの基準］にグループ分けする項目を指定します．今の場合は「学部」です．
［集計の方法］と［集計するフィールド］の 2 か所で，グループ分けした後に求めたい集計内容を指定します．ここでは「成績」の「平均」となるようにします．

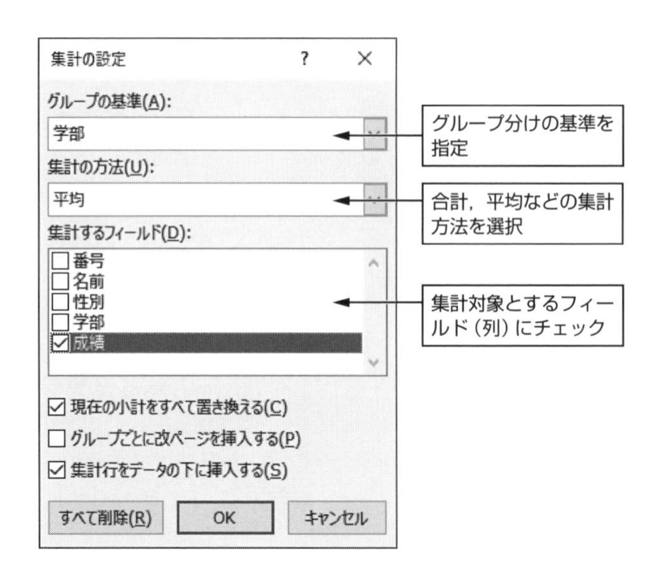

4. 以上の操作で，次のように集計行が挿入されて集計結果が表示されます．

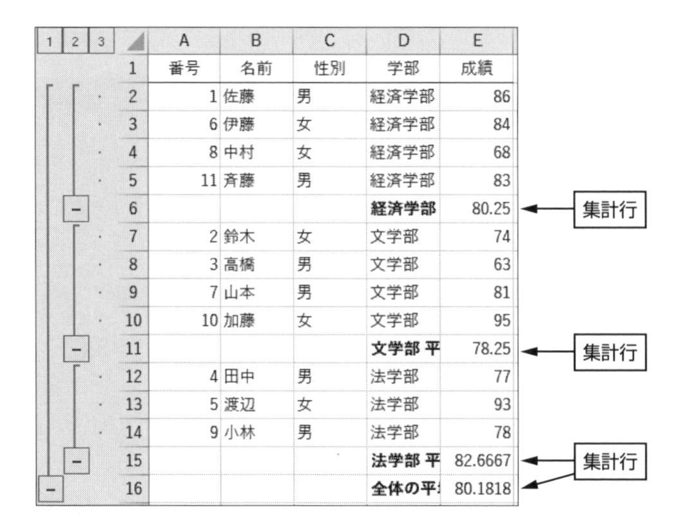

	A	B	C	D	E
1	番号	名前	性別	学部	成績
2	1	佐藤	男	経済学部	86
3	6	伊藤	女	経済学部	84
4	8	中村	女	経済学部	68
5	11	斉藤	男	経済学部	83
6				**経済学部**	80.25
7	2	鈴木	女	文学部	74
8	3	高橋	男	文学部	63
9	7	山本	男	文学部	81
10	10	加藤	女	文学部	95
11				**文学部 平**	78.25
12	4	田中	男	法学部	77
13	5	渡辺	女	法学部	93
14	9	小林	男	法学部	78
15				**法学部 平**	82.6667
16				**全体の平**	80.1818

全体表示と集計行だけの表示

左側に表示される［アウトラインボタン］1 2 3 で，全体表示，集計行だけの表示を切り替えることができます．また，− ボタンと ＋ ボタンで特定のグループだけ表示・非表示を切り替えることもできます.

	A	B	C	D	E
1	番号	名前	性別	学部	成績
2	1	佐藤	男	経済学部	86
3	6	伊藤	女	経済学部	84
4	8	中村	女	経済学部	68
5	11	斉藤	男	経済学部	83
6				**経済学部**	80.25
7	2	鈴木	女	文学部	74
8	3	高橋	男	文学部	63
9	7	山本	男	文学部	81
10	10	加藤	女	文学部	95
11				**文学部 平**	78.25
12	4	田中	男	法学部	77
13	5	渡辺	女	法学部	93
14	9	小林	男	法学部	78
15				**法学部 平**	82.6667
16				**全体の平:**	80.1818

▲全体表示

2

	A	B	C	D	E
1	番号	名前	性別	学部	成績
6				**経済学部**	80.25
11				**文学部 平**	78.25
15				**法学部 平**	82.6667
16				**全体の平:**	80.1818
17					
18					

▲集計行だけの表示

3

	A	B	C	D	E
1	番号	名前	性別	学部	成績
16				**全体の平:**	80.1818
17					
18					

▲総計行だけの表示

集計の削除（元の表に戻す）

元の表に戻すには，すなわち挿入された集計行を削除するには，再度［小計］ボタンをクリックして，［集計の設定］ダイアログボックスの左下の［すべて削除(R)］ボタンをクリックします.

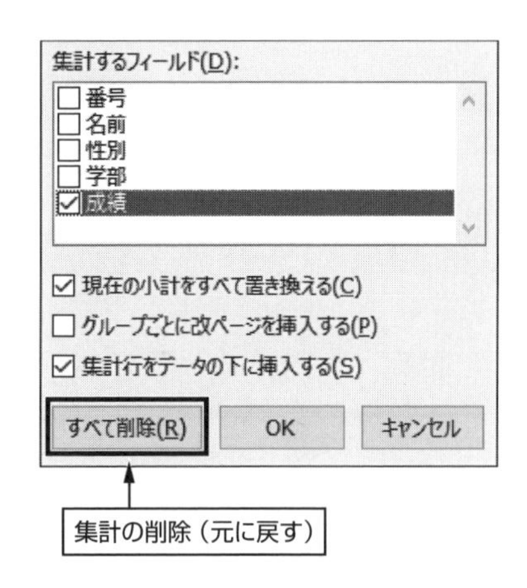

4.11.4 クロス集計（ピボットテーブル）

クロス集計とは，グループ分けの基準が複数ある集計のことです．Excel でクロス集計を行うにはピボットテーブルの機能を利用します．以下に性別ごと，かつ学部ごとに成績の平均を求めることを例に，ピボットテーブルの使い方を説明します.

1. 表の中にカーソルを置いた状態で，［挿入］タブの［ピボットテーブル］ボタンをクリックします．このとき「ピボットグラフ」を選択すると，集計表と同時にそのグラフを作ることもできます.

2. 次の画面が表示されます．データ範囲と作成場所を確認して［OK］ボタンをクリックします．

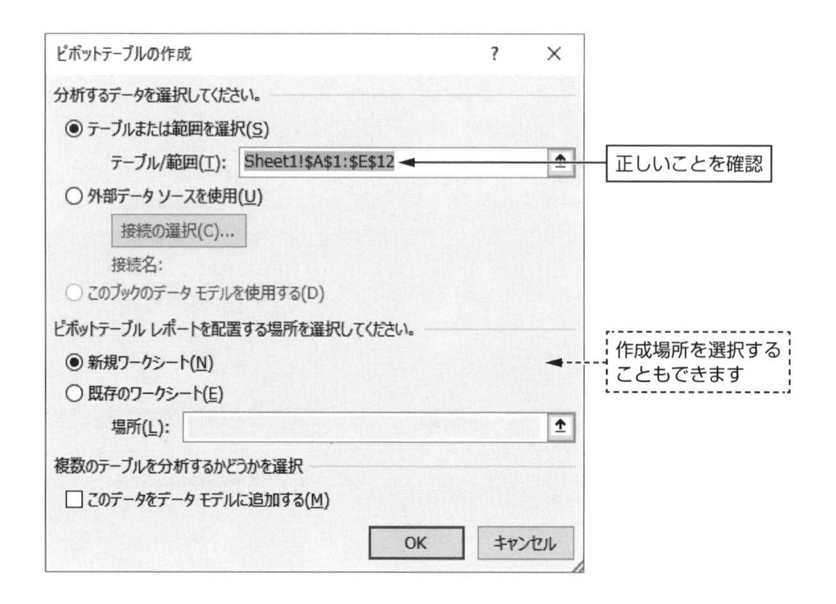

3. 新しいワークシートが挿入されて，空のピボットテーブルが表示されます．

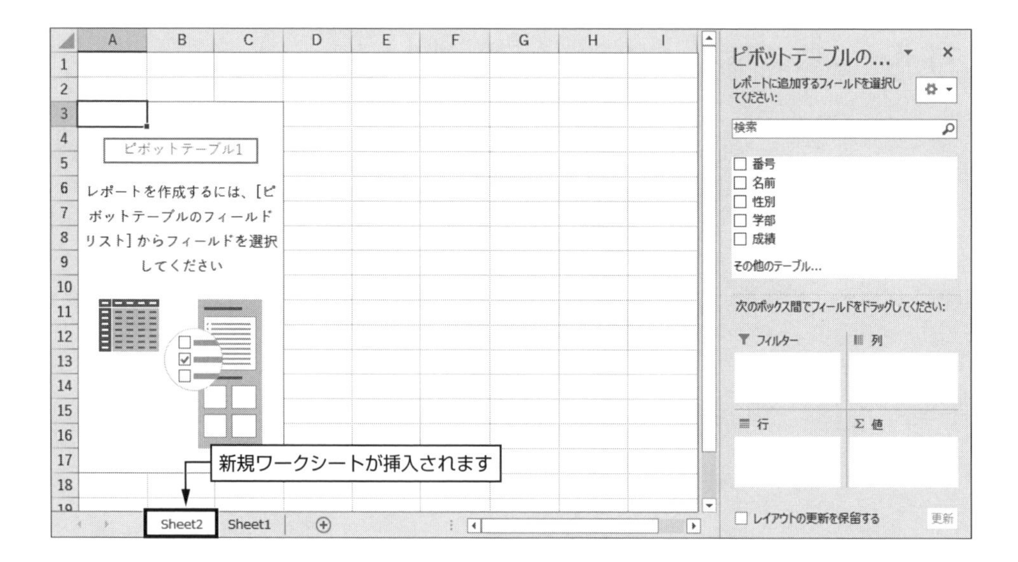

4. 右側に表示される「ピボットテーブルのフィールド」ウインドウで，ピボットテーブルに配置するフィールドを選択します．今の場合は，性別ごとにかつ学部ごとに成績の平均を求めたいので，「性別」「学部」「成績」にチェックをつけます．
ここまでの操作で，「性別」「学部」ごとに「成績」の合計が求まります．

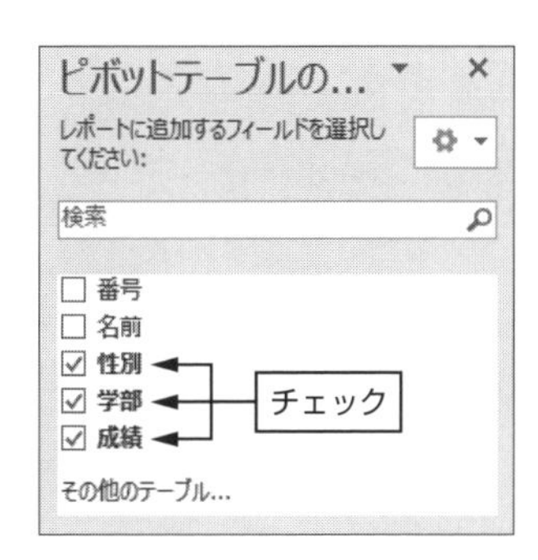

5. 平均を求めるには，集計の方法を設定します．
［値］欄の「合計／成績」の▼をクリックするとメニューが表示されます．そこから［値フィールドの設定 (N)］を選択すると，［値フィールドの設定］ダイアログが表示されますので，集計方法を選択します．

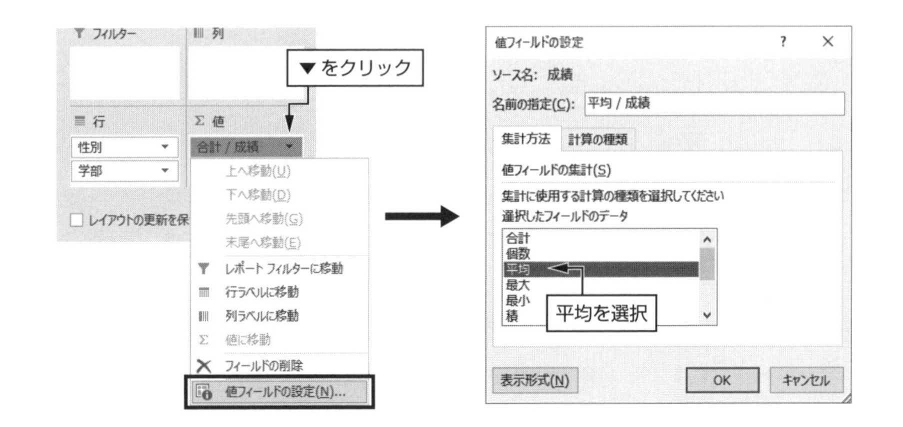

6. 以上の操作で，右のようなピボットテーブルが完成します．

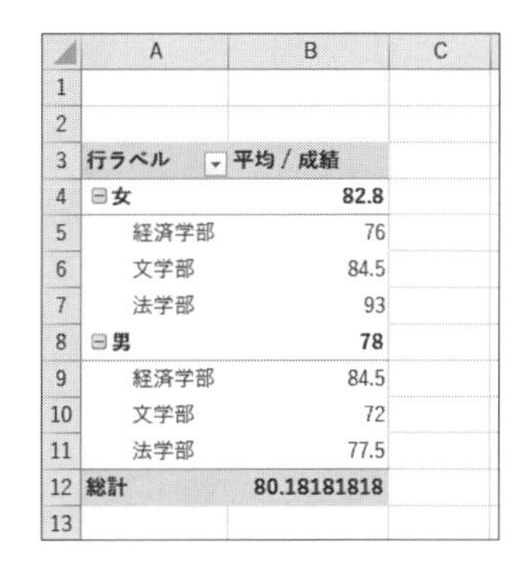

	A	B	C
1			
2			
3	行ラベル	平均 / 成績	
4	⊟女	82.8	
5	経済学部	76	
6	文学部	84.5	
7	法学部	93	
8	⊟男	78	
9	経済学部	84.5	
10	文学部	72	
11	法学部	77.5	
12	総計	80.18181818	
13			

フィールドの移動

「ピボットテーブルのフィールドリスト」ウインドウで，フィールドの順番の変更や，行と列の入れ替えを行うことができます．

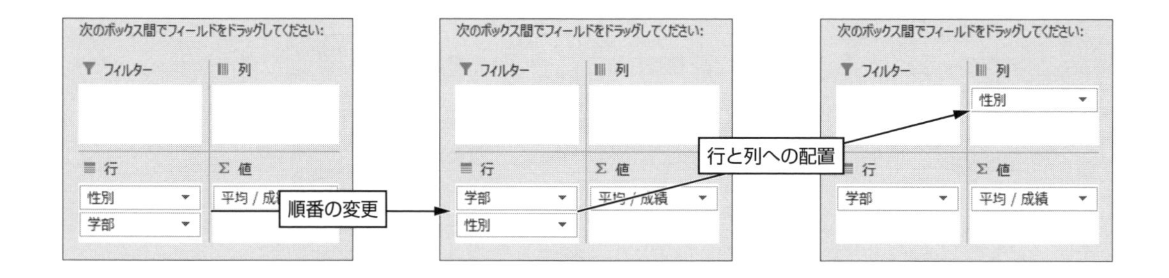

上記の操作でピボットテーブルの表示がどのようになるかは，試してみてください．

4.11.5　条件付きで集計する関数

「経済学部の成績の平均を求める」のように，特定の条件を満たしたレコードに対して合計や平均などを求める関数もあります．

【書式】COUNTIF(*範囲* , *検索条件*)

【書式】SUMIF(*範囲* , *検索条件* , *集計範囲*)

【書式】AVERAGEIF(*範囲* , *検索条件* , *集計範囲*)

範囲　抽出条件を評価するセル範囲を指定します．

検索条件　抽出対象とする条件を，数値，文字列，式で指定します．具体的な指定方法は後述します．

集計範囲　合計または平均を求めるセル範囲を指定します．この*集計範囲*は省略することができ，省略した場合は*範囲*で指定したセルの合計または平均を求めます．

検索条件の指定方法

特定の値と一致するセルを対象としたいときは，その値を記述します．

例 1：数値の 80 と一致

COUNTIF(*範囲* , 80)

例 2：文字列の「男」と一致

COUNTIF(*範囲* , "男")

数値の範囲で指定するときは，ダブルコーテーションで囲んで次のように記述します．

例 3：80 より大きい

COUNTIF(*範囲* , ">80")

右表を例に説明します．

	A	B	C	D	E
1	番号	名前	性別	学部	成績
2	1	佐藤	男	経済学部	86
3	2	鈴木	女	文学部	74
4	3	高橋	男	文学部	63
5	4	田中	男	法学部	77
6	5	渡辺	女	法学部	93
7	6	伊藤	女	経済学部	84
8	7	山本	男	文学部	81
9	8	中村	女	経済学部	68
10	9	小林	男	法学部	78
11	10	加藤	女	文学部	95
12	11	斉藤	男	経済学部	83

例：男の人数を求める

=COUNTIF(C2:C12 , "男")

範囲 C2:C12 で，値が「"男"」であるセルの個数を求めます．

例：成績が 80 以上のセルだけで，成績の平均を求める

=AVERAGEIF(E2:E12 , ">=80")

集計の対象となるのは，範囲 E2:E12 の値が 80 以上のレコードです．そして 3 つ目の引数である*集計範囲*が省略されているので，範囲 E2:E12 で条件に一致するセルの平均を求めます．

例：経済学部の成績の平均を求める

=AVERAGEIF(D2:D12 , "経済学部" , E2:E12)

集計の対象となるのは，範囲 D2:D12 の値が「"経済学部"」のレコードです．そして範囲 E2:E12 で条件に一致するセルの平均を求めます．

4.12　散布図と近似曲線

Excel で行うことのできるデータ分析の機能の中から，2 次元データを整理するための散布図と近似曲線について説明します．

2 次元データとは，例えば身長と体重のように 2 つの変数が同時に得られるデータのことです．2 次元データを整理・分析するには，2 つの変数の関係がどのようになっているのかを調べることが重要で，そのために散布図を活用することができます．

この節では，右のデータを使って散布図と近似曲線について説明します．なお，このデータは架空のデータですので，ここで得られる分析結果は一般社会には当てはまりません．

身長	体重
170	65
165	52
177	64
168	62
161	49
172	62
182	74
157	53
174	65
162	56
165	54
155	44

4.12.1　散布図

散布図とは，2 次元データのうち，元となる変数を横軸に，元となる変数から説明される変数を縦軸にして，データをプロットしたグラフです．そのグラフが「例 1」のようになれば 2 つの変数の間には関係があると見ることができ，「例 2」のようになると 2 つの変数の間には関係がないと見ることができます．

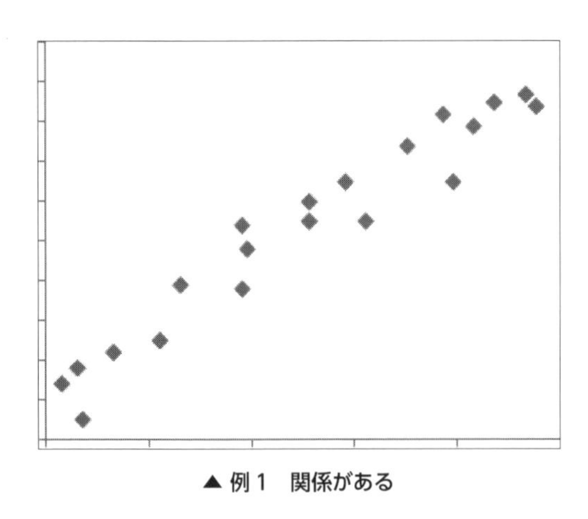

▲ 例1　関係がある

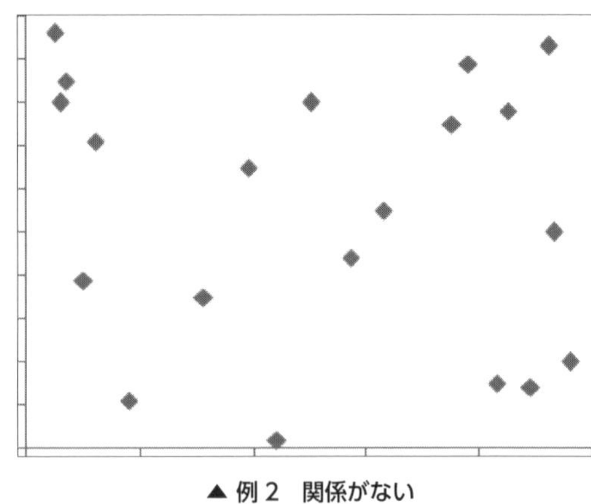

▲ 例2　関係がない

散布図はグラフの一種ですので，Excelでの作成方法もグラフ作成に準じます．データ範囲を指定して，［挿入］タブの［散布図］をクリックすることにより散布図を作ることができます．詳細は「4.6　グラフ」を参照してください．

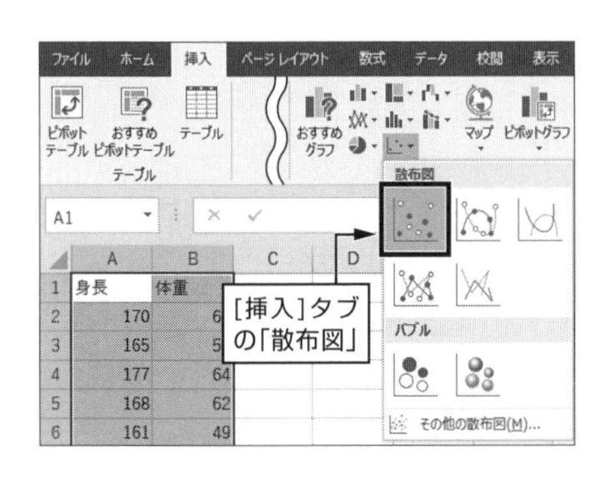

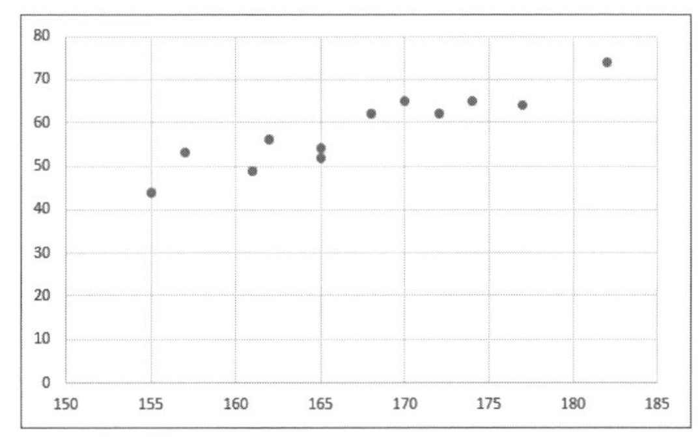

▲ 散布図の完成例

4.12.2　近似曲線

散布図を見ると身長が高ければ体重も重いという関係があることがわかります．このように2次元データの2つの変数の間に関係がある場合，Excelでは簡単に近似曲線を追加することができます．

1. グラフを選択してから［デザイン］タブの［グラフ要素を追加］をクリックして，［近似曲線(T)］をポイントします．
2. 右のような選択肢が表示されるので，近似曲線の種類を選択します．
3. 一番下の［その他の近似曲線オプション(M)］を選択すると，線形近似や指数近似だけでなく，対数近似や多項式近似を行うこともできます．さらに近似式や R^2 値を表示することも

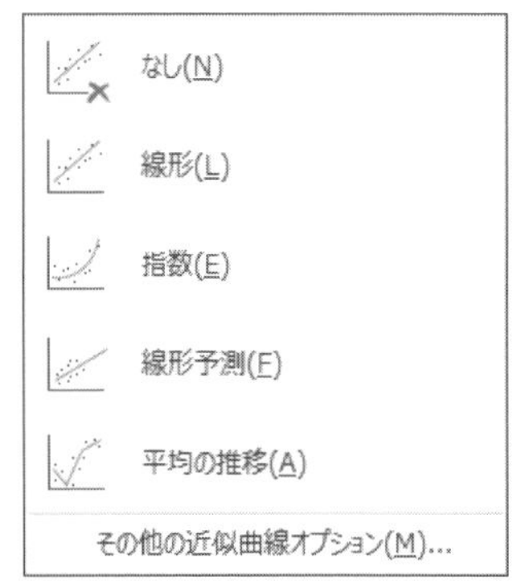

できます.

下図は，線形近似を行い，さらに近似式と R^2 値を表示させた場合の例です.

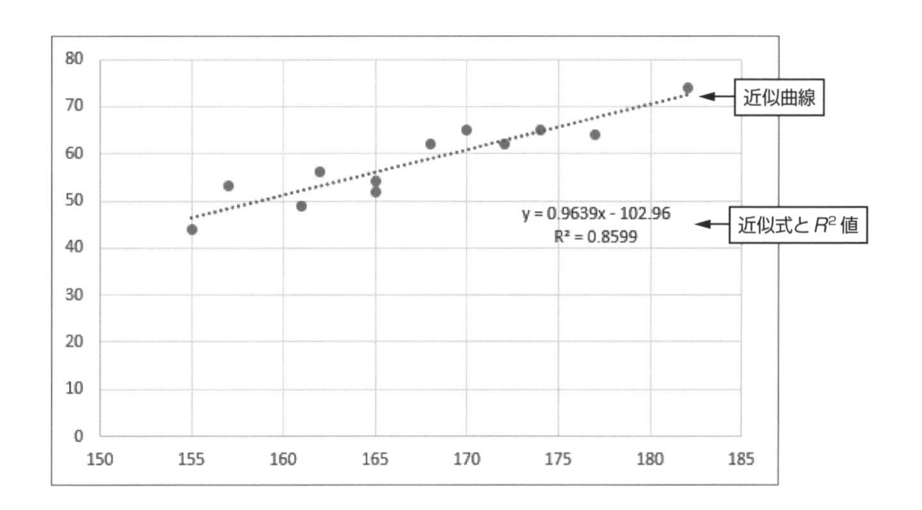

4.13 分析ツール

Excel では分析ツールを利用して統計分析を行うこともできます．本書では統計理論の解説は省略します．詳しくは別の専門書をご覧ください.

4.13.1 アドインの登録

分析ツールを利用するには，最初にアドインの登録が必要です.

1. ［ファイル］タブの「オプション」を選択します.
2. ［Excel のオプション］ウインドウが表示されるので，［アドイン］を選択して［設定］ボタンをクリックします.

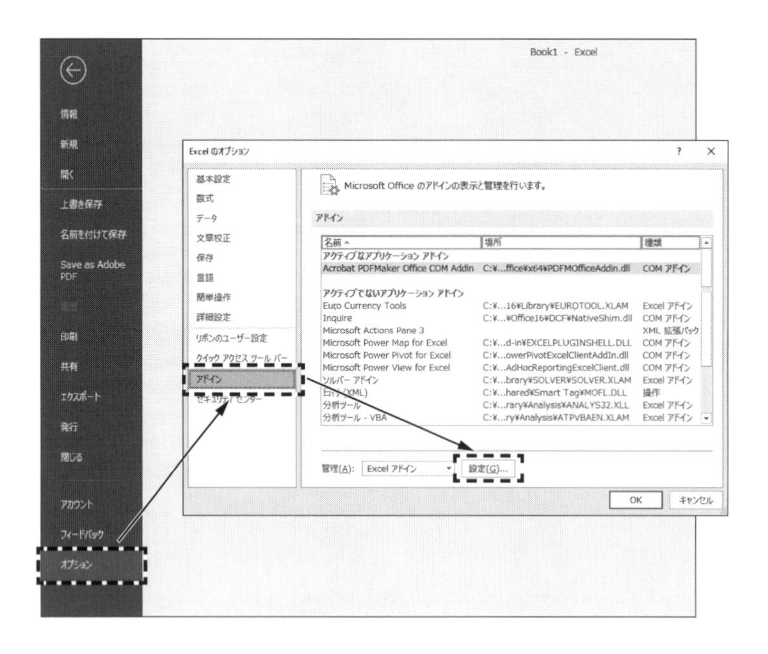

3. 次の画面で［分析ツール］にチェックをつけます．

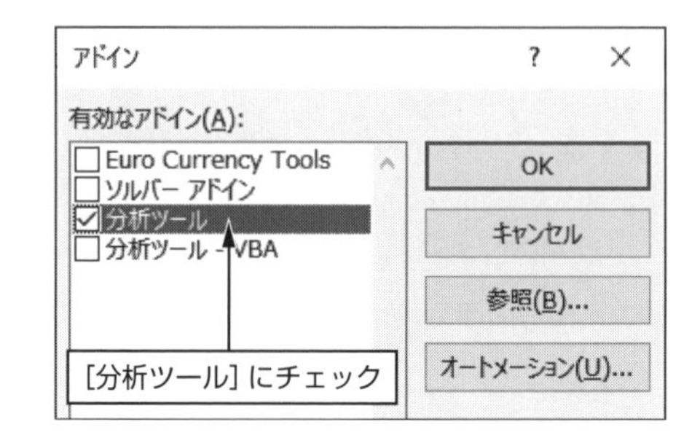

4. 以上の操作で，リボンの［データ］タブに［ データ分析］ボタンが追加されます．このボタンをクリックすると，次のように利用できる分析手法の一覧が表示されます．

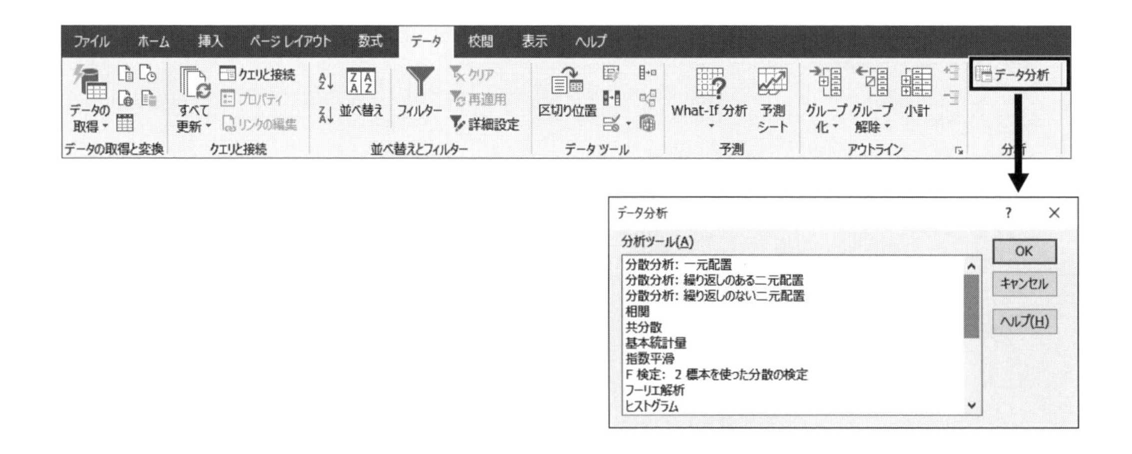

これらのうち，「基本統計量」「ヒストグラム」「相関」「回帰分析」を例に分析ツールの使い方を説明します．使用するデータ例は「4.12　散布図と近似曲線」の「身長と体重」のデータを用います．

4.13.2　基本統計量ツール

平均値や標準偏差など，データの特徴を表す値のことを基本統計量といいます．平均値など個々の基本統計量は関数を使って求めることもできますが，基本統計量ツールを使うと，一度にすべての基本統計量を求めることができます．

1. ［データ］タブの［ データ分析］ボタンをクリックし，［基本統計量］を選択します．
2. ［基本統計量］ダイアログが表示されるので，次のように設定します．

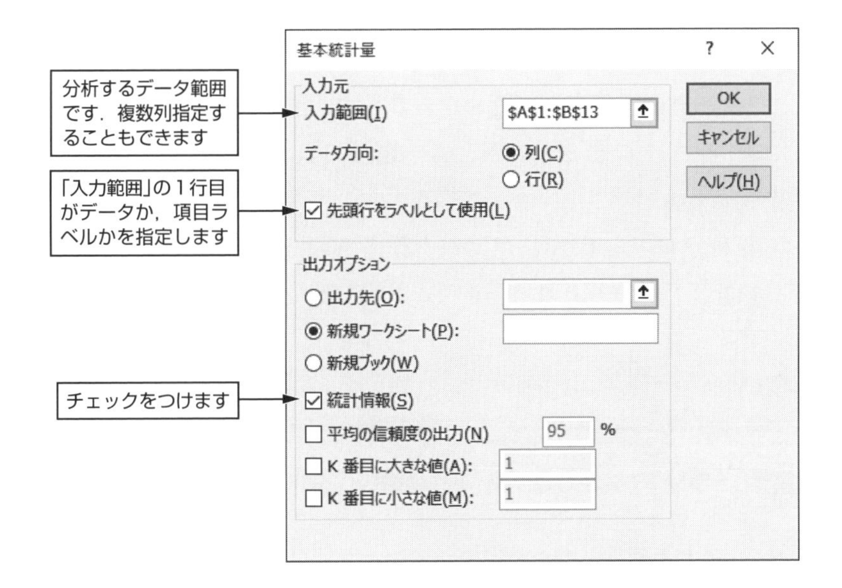

3. 新しいワークシートが挿入されて，基本統計量が表示されます．

	A	B	C	D
1	身長		体重	
2				
3	平均	167.3333	平均	58.33333
4	標準誤差	2.336578	標準誤差	2.428784
5	中央値（メジアン）	166.5	中央値（メジアン）	59
6	最頻値（モード）	165	最頻値（モード）	65
7	標準偏差	8.094143	標準偏差	8.413553
8	分散	65.51515	分散	70.78788
9	尖度	-0.56328	尖度	-0.31692
10	歪度	0.219069	歪度	0.08442
11	範囲	27	範囲	30
12	最小	155	最小	44
13	最大	182	最大	74
14	合計	2008	合計	700
15	データの個数	12	データの個数	12

3. で示したように新しいワークシートに結果を表示させるのではなく，同じワークシート上に結果を表示させることもできます．そのときは，［出力オプション］で［出力先 (O)］を選択して，結果を表示させたい領域の左上となるセルを指定します．例えば右のように指定すると，セル D1 を左上とする矩形域に結果が表示されます．

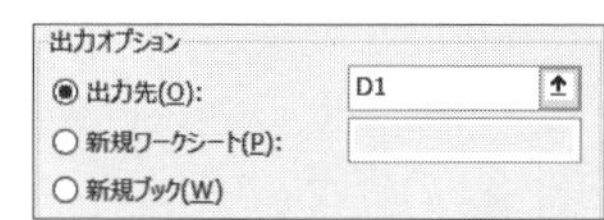

4.13.3　度数分布表とヒストグラム

データをいくつかの範囲に分けて，それぞれの範囲ごとのデータの個数を表したものが度数分布表で，それをグラフにしたものがヒストグラムです．このとき，範囲のことを「階級（クラス）」といい，データの個数のことを「度数」といいます．

Excel で度数分布表やヒストグラムを作るには，あらかじめ階級分けの間隔を表す「データ区間」の表を作成しておく必要があります．

データ区間の表を作るときは，いくつの階級に分けるかが重要です．階級の数が多すぎたり少なすぎると，データの特徴を見いだせなくなってしまいます．いろいろな理論がありますが，一般的には，データ数を n としたとき，階級の数は $1+\log_2 n$ を目安にするといいでしょう（スタージェスの公式）．

以下に身長の度数分布表とヒストグラムを作る方法を説明します．今回のデータ数は 12 個ですので，$1+\log_2 12 \fallingdotseq 4.56$ となり，4～5 つの階級に分けるのが適切といえます．

1. ヒストグラムを作るにはデータ区間の表が必要です．そこでワークシートの空きスペースに，下の例のようなデータ区間の表を作成します．これは「160 以下」「160 を超え 170 以下」「170 を超え 180 以下」「180 超」の 4 つの階級に分ける場合の例です．

	A	B	C	D	E	F	G	H
1	身長	体重						
2	170	65			160			
3	165	52			170			
4	177	64			180			
5	168	62						
6	161	49						
7	172	62						

データ区間の表

2. 分析ツールから［ヒストグラム］を選択して，次のように設定します．

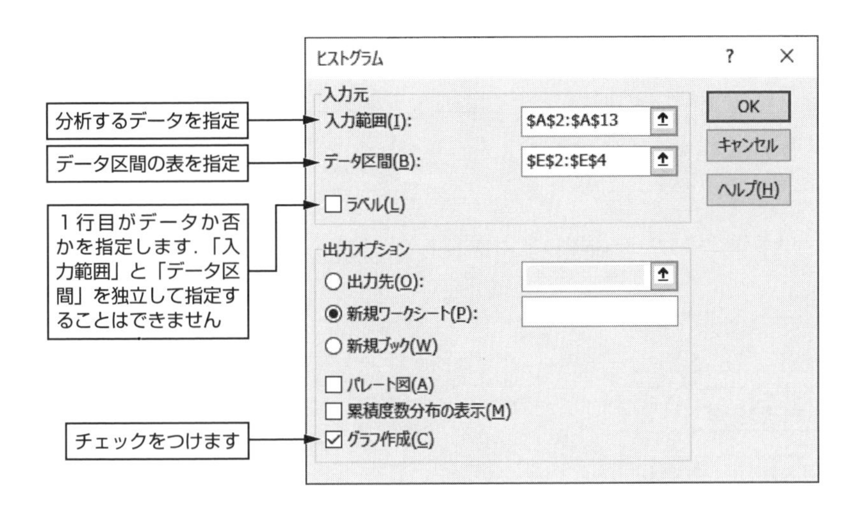

3. 新しいワークシートが挿入されて，度数分布表とヒストグラムが表示されます．

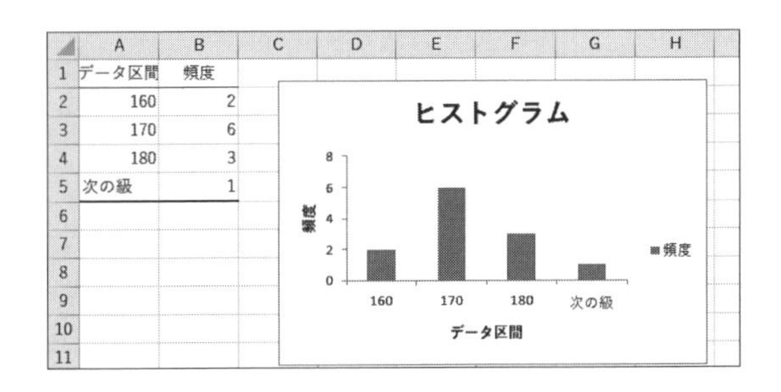

度数分布表の見方は次の通りです．

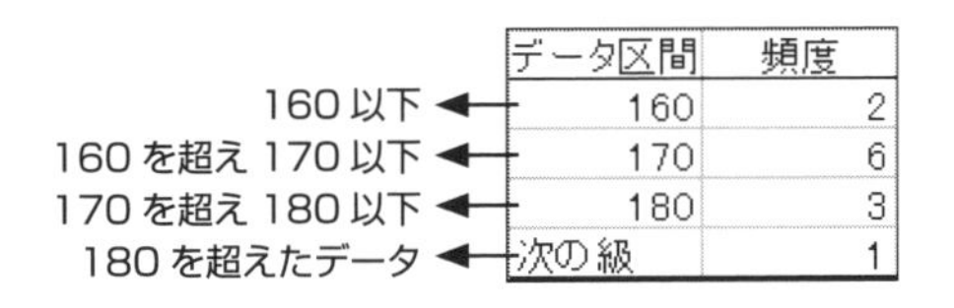

データ区間	頻度
160	2
170	6
180	3
次の級	1

4.13.4　相関係数

2つの変数において，片方の変数が増減したとき，もう片方の変数が増減する傾向があるかないかを表す尺度が相関係数です．

片方の変数が増加したとき，もう片方の変数も増加する場合は，正の相関があるといい，相関係数は正の値になります．片方の変数が増加したとき，もう片方の変数が減少する場合は，負の相関があるといい，相関係数は負の値になります．相関係数は -1～+1 の値をとり，絶対値が1に近いほど強い相関があり，0に近いほど相関がありません．

相関係数を求めるには，関数を用いるか，分析ツールを利用します．ここでは分析ツールを使って，身長と体重の相関を求めてみます．

なお，分析ツールを使って相関係数を求めるときは，相関を求める2つのデータが隣り合った列に入力されている必要があります．

1. 分析ツールから［相関］を選択して，次のように設定します．

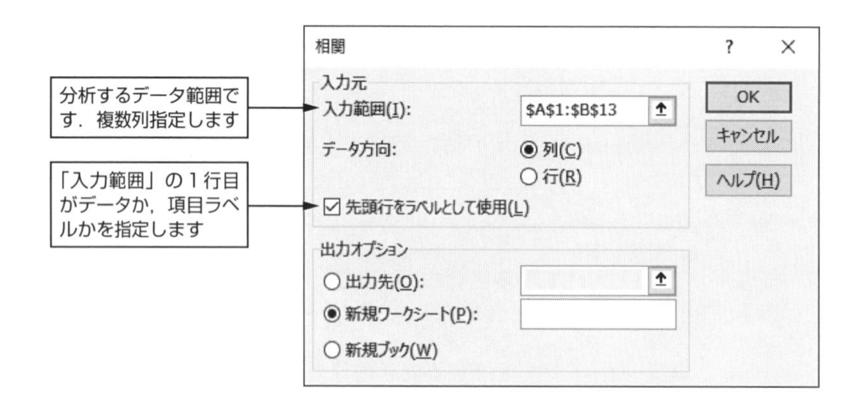

2. 新しいワークシートが挿入されて，相関係数が表示されます．

この例の場合，相関係数は0.927328なので，身長と体重の間には強い相関があるということがわかります．

	A	B	C
1		身長	体重
2	身長	1	
3	体重	0.927328	1

4.13.5　回帰分析

分析ツールにはいろいろなデータ分析の手法が用意されていますが，その中から回帰分析について紹介します．

単回帰分析

2つの変数X,Yがあるとき，YをXで定量的に説明する方程式を求めることを回帰分析といいます．

例えば身長と体重の間には強い相関があり，身長が高ければ体重が重いという傾向があるとします．そのとき，身長をX，体重をYとすると，$y=ax+b$という方程式を得ることができます．この$y=ax+b$という方程式を求めることが回帰分析です．

ところで，X,Y間の相関の有無にかかわらず$y=ax+b$という方程式を得ることは可能です．そこで実際の値と方程式がどの程度当てはまっているかを示す尺度として決定係数R^2があります.

回帰分析について簡単に説明しましたが，詳しいことは別の専門書などを見てください.

1. リボンの［ データ分析］ボタンをクリックし，［回帰分析］を選択します.
2. ［回帰分析］ダイアログが表示されるので，次のように設定します.

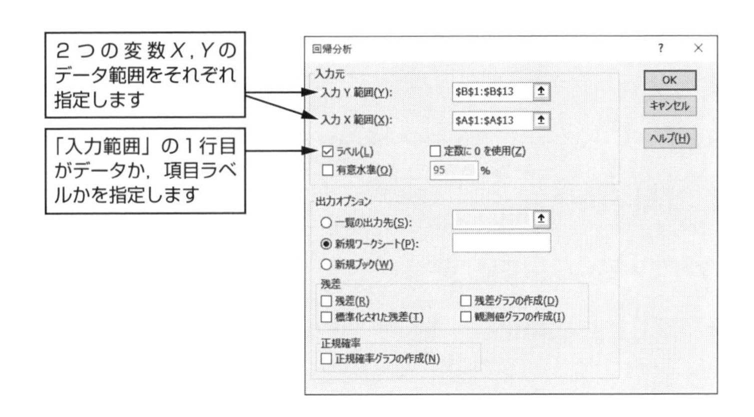

3. 新しいワークシートが挿入されます．さしあたり必要なデータは以下の部分です.

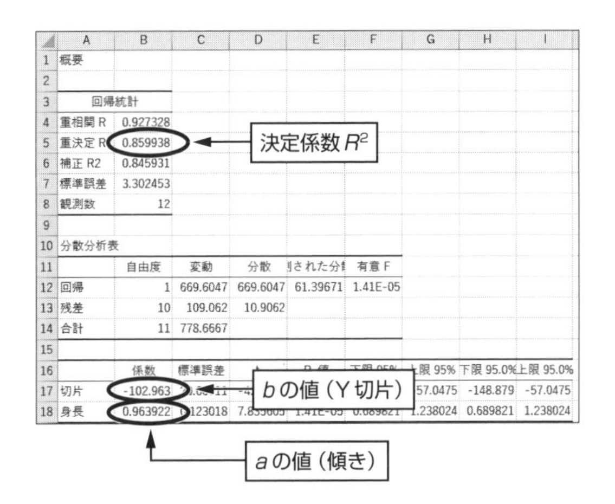

	A	B	C	D	E	F	G	H	I
1	概要								
2									
3	回帰統計								
4	重相関 R	0.927328							
5	重決定 R	0.859938							
6	補正 R2	0.845931							
7	標準誤差	3.302453							
8	観測数	12							
9									
10	分散分析表								
11		自由度	変動	分散	されたり分	有意 F			
12	回帰	1	669.6047	669.6047	61.39671	1.41E-05			
13	残差	10	109.062	10.9062					
14	合計	11	778.6667						
15									
16		係数	標準誤差	[illegible]	[illegible]	[illegible]	上限 95%	下限 95.0%	上限 95.0%
17	切片	-102.963	[illegible]	[illegible]	[illegible]	[illegible]	-57.0475	-148.879	-57.0475
18	身長	0.963922	[illegible]	[illegible]	[illegible]	[illegible]	1.238024	0.689821	1.238024

上表の結果から，

$$[体重] = 0.963922 \times [身長] - 102.963$$

という方程式を得ることができます.

また，決定係数 $R^2 = 0.859938$ ですので，得られた方程式はかなり当てはまっているということができます.

重回帰分析

単回帰分析では変数 X が 1 つですが，複数の変数 X_i が存在することもあり得ます．身長と体重を例に単回帰分析を説明しましたが，現実問題としては体重を決める要素は身長だけではなく，いろいろな要素があり得るでしょう．このように複数の変数 X_i が存在する回帰分析を重回帰分析といいます．重回帰分析で得られる方程式は $y=a_1x_1+a_2x_2+\cdots+b$ のような形になります．

重回帰分析を行うには「入力 X 範囲」のところに複数列を範囲指定します．具体的な操作の説明は省略します．

4.14　便利な機能

4.14.1　ウインドウ枠の固定

表の上部の項目行や，左側の項目列を常に表示させておく機能です．スクロールさせても項目行（列）が常に表示されているので，大きな表でも見やすくなります．

1. スクロールさせる領域の左上となるセルを選択します．
2. ［表示］タブの［ウインドウ枠の固定］をクリックして，［ウインドウ枠の固定 (F)］を選択します．

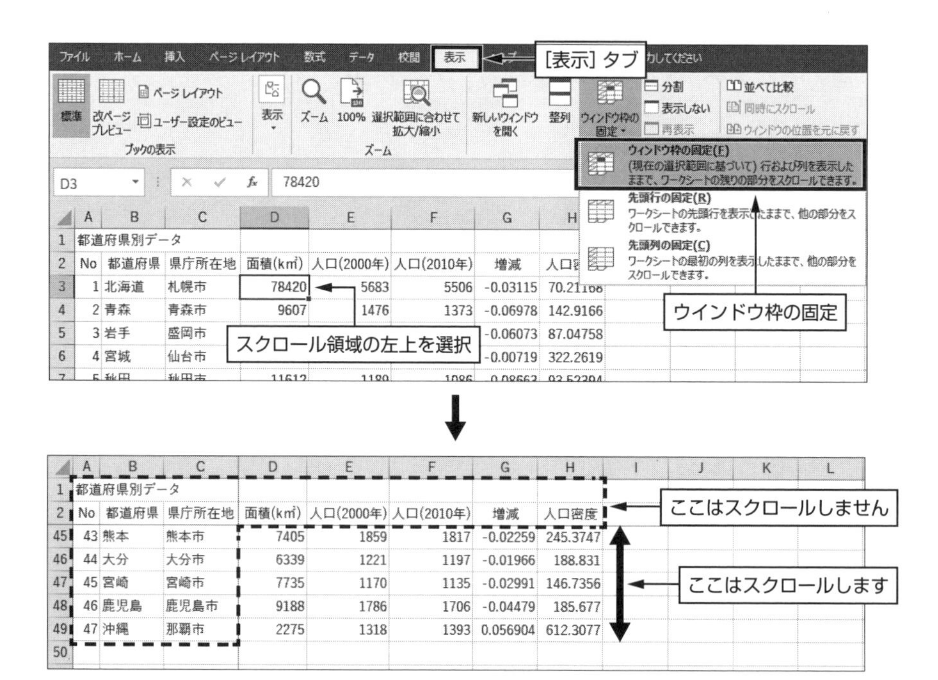

3. ウインドウ枠の固定を解除するには，「ウインドウ枠の固定」をクリックして「ウインドウ枠固定の解除 (F)」を選択します．

4.14.2 テキストデータの利用

CSV ファイルの利用

CSV とは Comma Separated Values の略で，データをカンマで区切って並べた形式のことです．CSV ファイルはテキストファイルなので汎用性が高く，異なるアプリケーションソフト間でデータ交換するときなどに使われます．

```
都道府県 , 面積 , 人口 , 人口密度
北海道 ,78420,5506,70.2
青森 ,9607,1373,142.9
```

▲ CSV ファイルの例

Excel でも，この CSV ファイルを開いたり，CSV 形式で保存することができます．

テキストファイルの読み込み

テキストファイルには，いろいろなデータの区切り方があります．CSV ファイルのほかに，次の例 1 のように特定の文字をデータの区切りと見なしたり，例 2 のように空白文字で位置が整えられていることもあります．

```
都道府県；面積；人口；人口密度
北海道；78420；5506；70.2
青森；9607；1373；142.9
```

▲ テキストファイルの例 1
「；」でデータが区切られた例

```
都道府県   面積  人口  人口密度
北海道    78420 5506    70.2
青森       9607 1373   142.9
```

▲ テキストファイルの例 2
空白文字で位置が整えられた例

CSV 形式以外のテキストファイルを開くと「テキストファイルウィザード」が表示されます．この「テキストファイルウィザード」でデータの区切り方を指定します．

1. テキストファイルを開くと「テキストファイルウィザード」が表示されますので，データの形式を指定します．

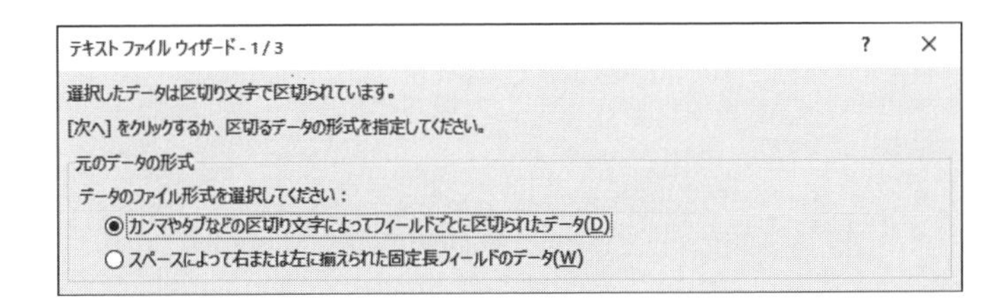

2. 特定の文字でデータが区切られた形式の場合は，その区切り文字を指定します．空白文字で位置が整えられている場合は，区切り位置を設定します．いずれの場合もプレビューを見ながら調整してください．

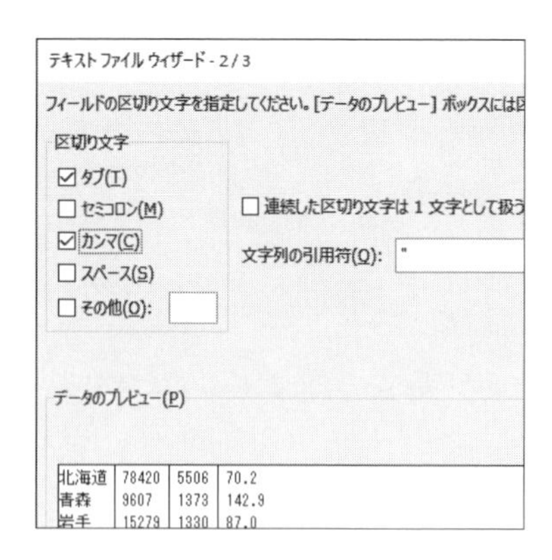

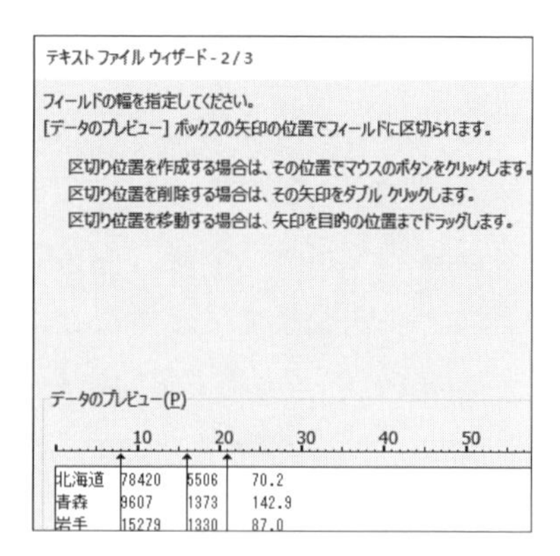

3. データを列ごとに区切った後，それぞれの列の表示形式を設定することができます．通常は設定する必要はないでしょう．

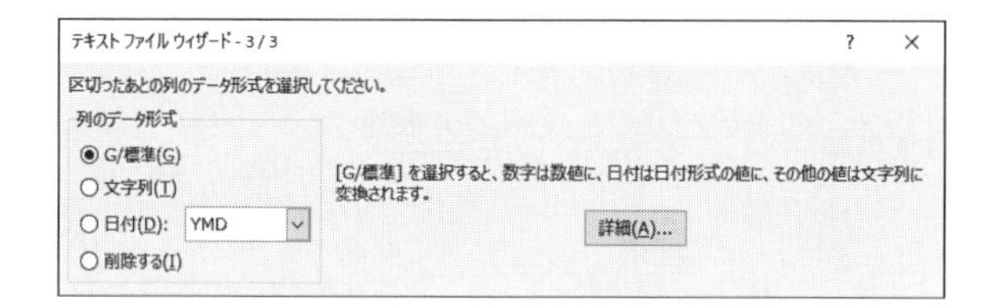

区切り位置指定ウィザードの利用

メールや Web ブラウザなどから Excel のワークシート上にテキストデータを複写すると，それぞれのデータが列ごとに分割されずに，次の例のように 1 列に入ってしまうことがあります．このようなときは「区切り位置指定ウィザード」を利用します．

	A	B	C
1	都道府県,面積,人口,人口密度		
2	北海道, 78420, 5506, 70.2		
3	青森, 9607, 1373, 142.9		
4	岩手, 15279, 1330, 87.0		
5	宮城, 7286, 2348, 322.3		

▲ A 列に入ってしまった例（列幅を広げています）

1. 1 列に入ってしまったデータ（区切りたいデータ）を選択します．
2. ［データ］タブの［区切り位置］ボタンをクリックします．

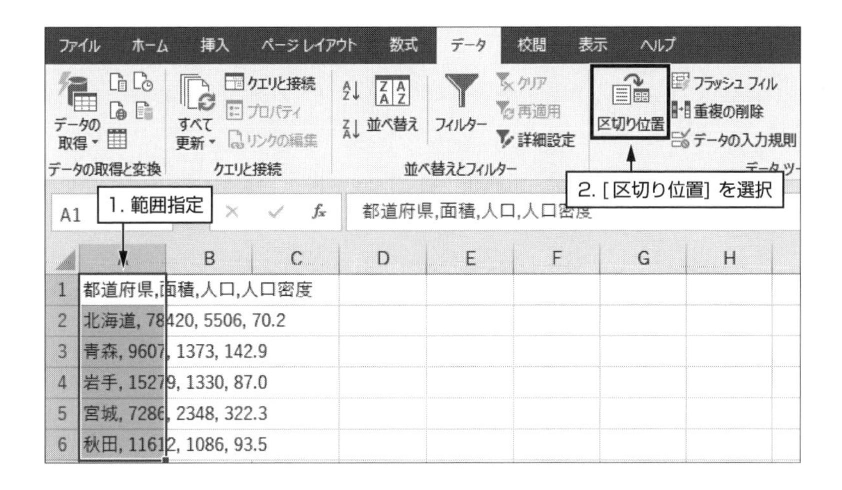

3.「区切り位置指定ウィザード」が表示されます．この後の操作は前項と同じです．

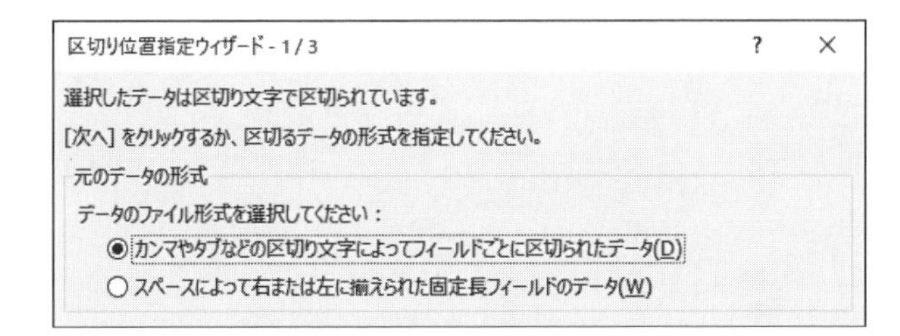

第5章 PowerPoint によるプレゼンテーション

5.1　PowerPoint とは

PowerPoint はプレゼンテーションを支援するソフトウェアです．パソコンとプロジェクタ（コンピュータの画面をスクリーンに投影する装置）を使用したプレゼンテーションなどに利用されています．以下に代表的な PowerPoint の使用例を紹介しておきます．

- **パソコンとプロジェクタを用いたプレゼンテーション**
  PowerPoint の画面をプロジェクタで投影しながらプレゼンテーションをします．
- **図・画像が入った印刷物の作成**
  図や絵入りのドキュメントの場合は，ワープロソフトよりも簡単に作成できる場合があります．

5.2　PowerPoint の基本用語

- **スライド**
  ワープロでいうと 1 枚の用紙に相当します．
- **スライドショー**
  複数のスライドを順番に実行することを指します．
- **プレースホルダー**
  スライド中にあらかじめ配置されているテキストやイラストなどを入力する枠のことです．
- **ペイン**
  ウィンドウが境界枠でいくつかの領域に分割されているときの各領域のことです．

5.3 PowerPointの基本画面

- **スライドペイン**

  スライドを編集する領域です.

- **ノートペイン**

  スライドごとに原稿やメモを記入することができる領域です.

- **アウトライン**

  プレゼンテーションの流れがインデントによってグループ化され，アウトライン（輪郭・あらすじ）がわかりやすく表示されます. PowerPoint 2013からは［表示］リボンの［アウトライン表示］コマンドを指定しないと表示されません.

- **表示ボタン**

  編集中のプレゼンテーションの表示方法を変更できます.

5.4 画面サイズ

PowerPoint 2019の既定のスライドのサイズは，ワイド画面(16:9）になっています.［デザイン］リボンの［スライドのサイズ］コマンドで使用する画面に合ったスライドサイズに変更できます.

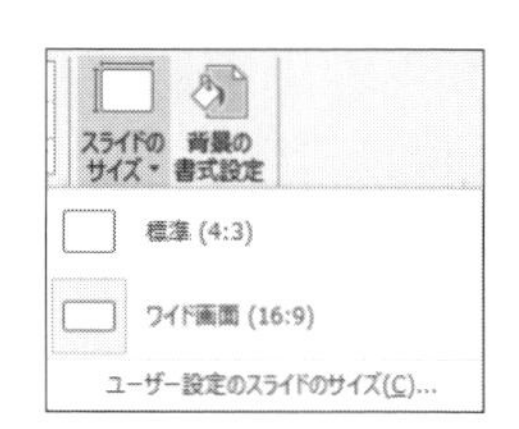

5.5 デザインの適用

プレゼンテーションは相手に何かを説明するために行うものですから，わかりやすく印象に残ることが重要です．

PowerPoint では，スライドの背景・配色・フォントなどをセットで指定できる「テーマ」が用意されています．自分ですべて個別に指定することもできますが，今回は「テーマ」を利用してスライドを作成する方法を紹介します．

デザインを適用するには，[デザイン] タブからテーマをクリックして選択します (下図)．PowerPoint を起動直後，または [ファイル] タブから [新規] を選択した画面からテーマを選択して新しいスライドショーを作成することもできます．

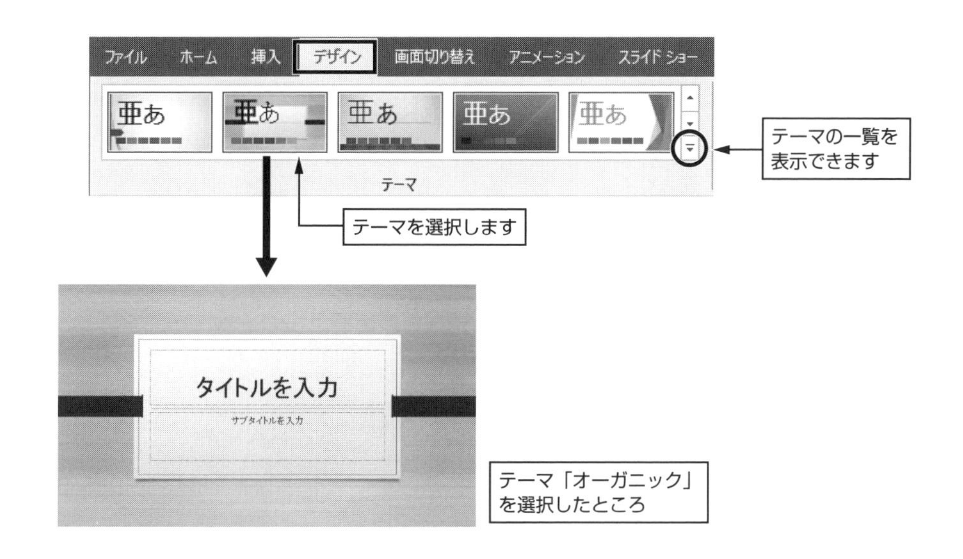

5.6 スライドの作成

5.6.1 タイトルスライド

PowerPoint を起動した状態では，スライドが 1 枚だけ用意されています．このスライドはプレゼンテーションのタイトル用のスライドになっています．

1. 「タイトルを入力」と書かれているプレースホルダー（テキストボックス）をクリックします．

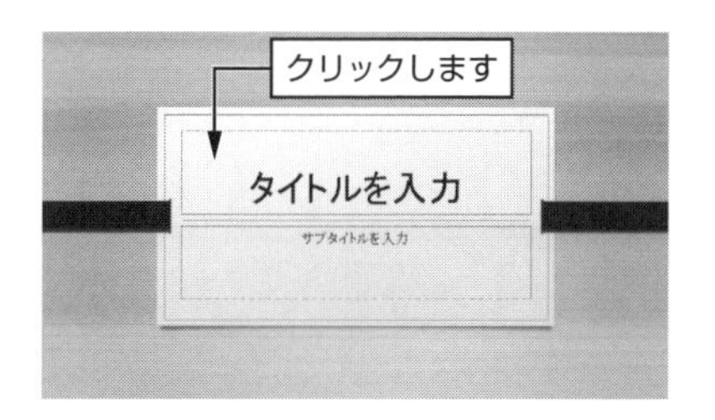

2. テキストボックスの中にカーソルが現れますので，プレゼンテーションのタイトルを入力します．

3.「サブタイトル」には，プレゼンテーションのサブタイトルや作成者の名前などを記入します．

※タイトルを編集し直したい場合は，タイトルの文字をクリックします．

5.6.2 スライドのオブジェクト操作

用意されているデザインをそのまま使用する必要はありません．自分なりのデザインにどんどん変更していきましょう．テキストボックスをはじめとする図や絵の追加・移動・変更などの操作はWordと全く同じです．

以下に，スライド中のオブジェクトの操作の例を紹介します．

タイトルのフォントサイズの変更

1. タイトルの文字をクリックして，発表者の名前をドラッグして範囲指定します．
2. ［ホーム］タブの［フォント］グループからフォントサイズを変更します（下図）．

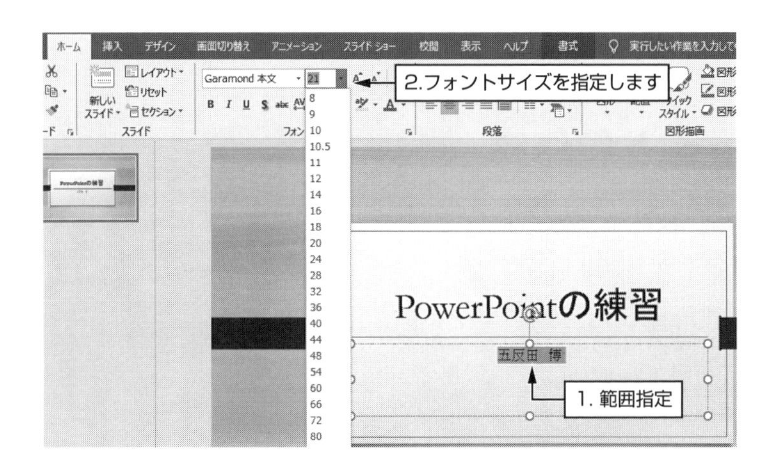

サブタイトルのテキストボックスの移動

1. タイトルの文字をクリックして，サブタイトルのテキストボックスを選択します．
2. テキストボックスの枠線上にマウスポインタをポイント（移動）すると，マウスポインタが十字矢印と白矢印に変わります．
3. そのままドラッグすれば，テキストボックスを移動することができます．

オブジェクトの挿入

テキストボックスやクリップアートやExcel で作成した表・グラフなどを挿入することも自由にできます．右図はクリップアートを挿入した例です．

これらの操作については，「第 3 章　Word による文書作成」「第 7 章　クリップボードと OLE」を参照してください．

5.6.3　スライドの追加

1. ［ホーム］または［挿入］リボンの［新しいスライド］コマンドを選択します．

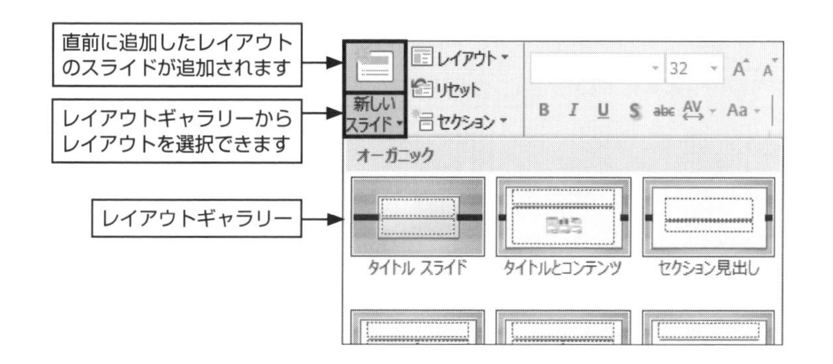

をクリックすると直前に追加したレイアウトのスライドが表示されます．

新しいスライド をクリックするとレイアウトギャラリーが表示されます．

2. ［新しいスライド］コマンドの下にレイアウトギャラリーが表示されますので，自分が作りたいスライドに一番近いレイアウトを選択します．

p.151 のサンプルでは「タイトルとコンテンツ」を選択しています．

コンテンツプレースホルダー

「タイトルとコンテンツ」スライドを選択すると，コンテンツプレースホルダーが表示されます．

コンテンツプレースホルダーは，文章はもちろんグラフや写真・動画などあらゆるコンテンツを表示させることが可能な万能プレースホルダーです．**古いバージョンのPowerPointでは**コンテンツプレースホルダーには文章が入力できないことがありますので，文章を入力したい場合は箇条書きプレースホルダーを利用するようにしましょう．

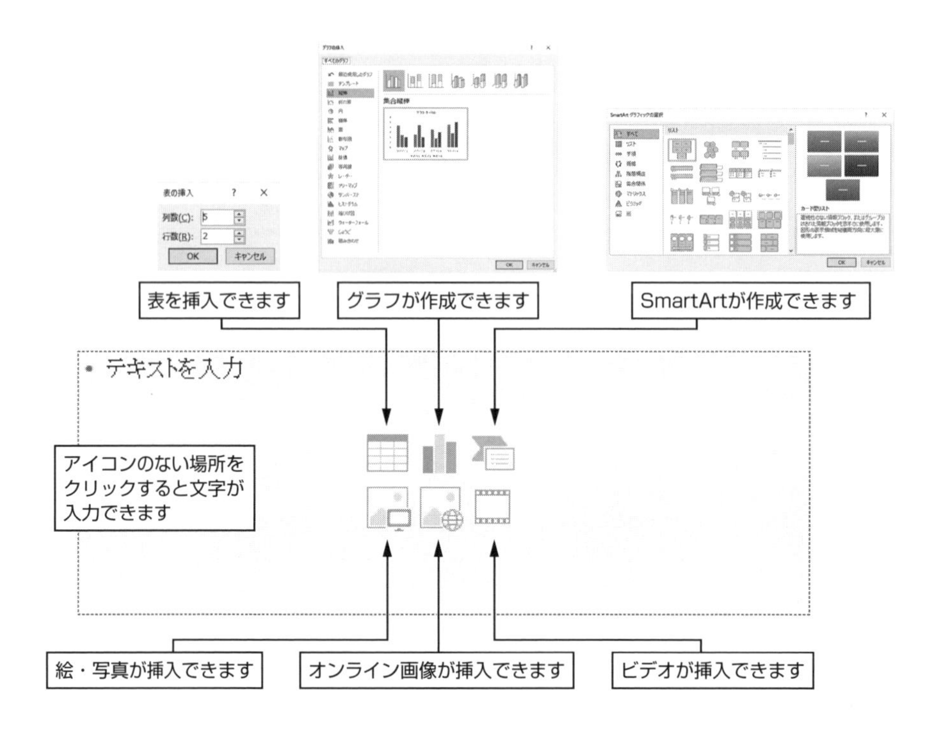

コンテンツプレースホルダーは，中央にある6つのアイコンをクリックすることで様々なコンテンツを利用できます．アイコンのない場所をクリックすると文章を入力することもできます．

入力例

「タイトルとコンテンツ」スライドに文字を入力してみます．

文字の前に表示される●などの記号（テーマによって異なる記号になります）は，箇条書き機能の行頭文字です．行頭文字が必要ない場合は，［ホーム］リボンの［箇条書き］コマンドをクリックして設定を解除してください．

1. タイトルのプレースホルダーをクリックしてタイトルを入力します.
   サンプルでは「インバウンドで人気の観光スポット」と入力しています.
2. コンテンツ・プレースホルダーに文字を入力します.
   サンプルでは「伏見稲荷大社（京都府)」「広島平和記念資料館（広島県)」「厳島神社（広島県)」と入力しました（次図).
   ただ文字を入力しただけでは，画面の左上に文章が固まってバランスがよくありませんし，文字が小さくて見づらいスライドになってしまいます．文字の大きさを大きく，行間を調節して見栄えを良くします．次図では，［ホーム］リボンの［行間］コマンドを利用して行間を広くしています.

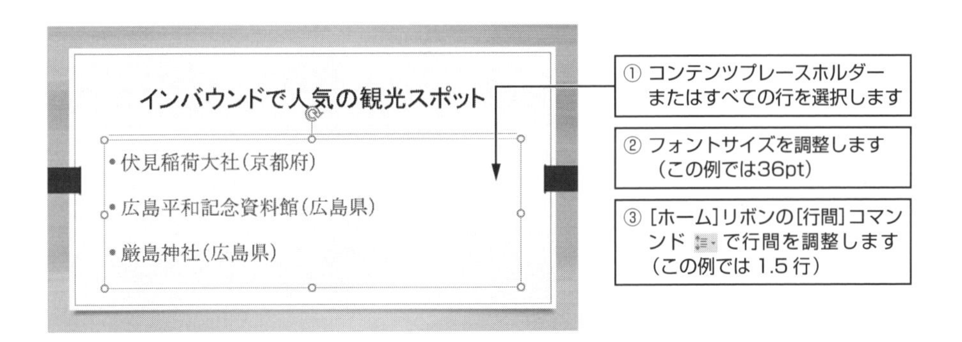

その他のスライド

「タイトルスライド」と「タイトルとコンテンツスライド」について説明してきましたが，それ以外にも縦書きテキストや白紙など 15 種類のレイアウトが用意されています.

5.6.4 スライドの順番の変更

スライドのサムネイルを移動させたい場所までドラッグします.

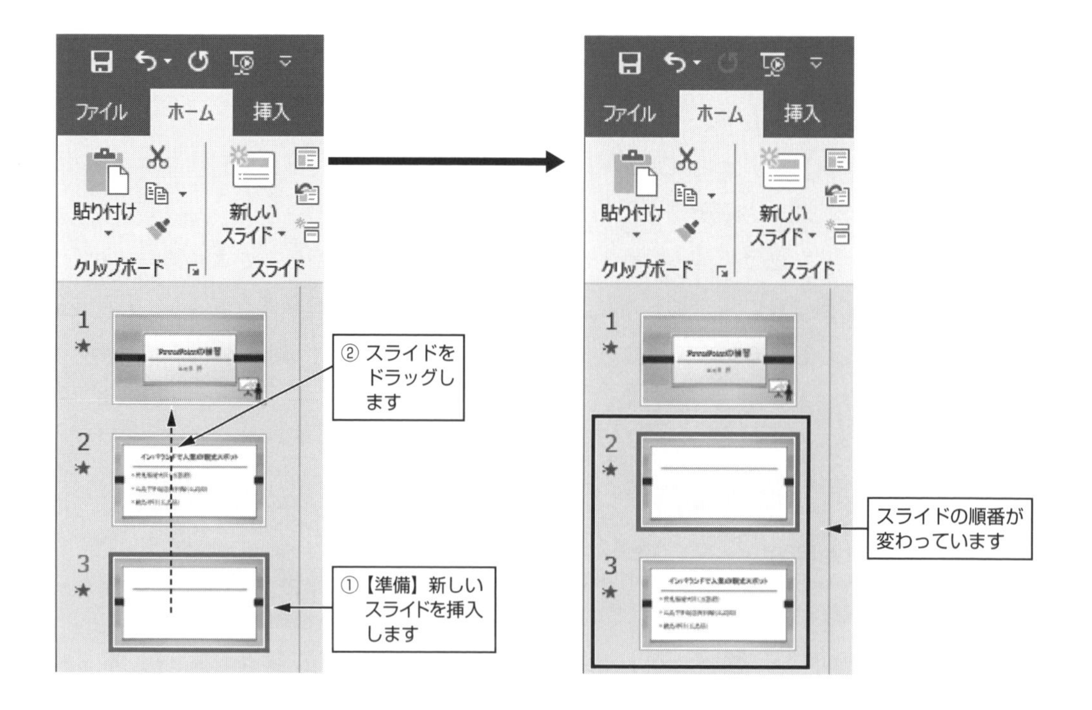

5.6.5　スライドの削除

スライドの一覧から削除したいスライドのサムネイルをクリックして，［Delete］キーを押します．

5.7　スライドショーの開始

スライドショーの実行および設定関係のコマンドは［スライドショー］リボンにまとめられています．

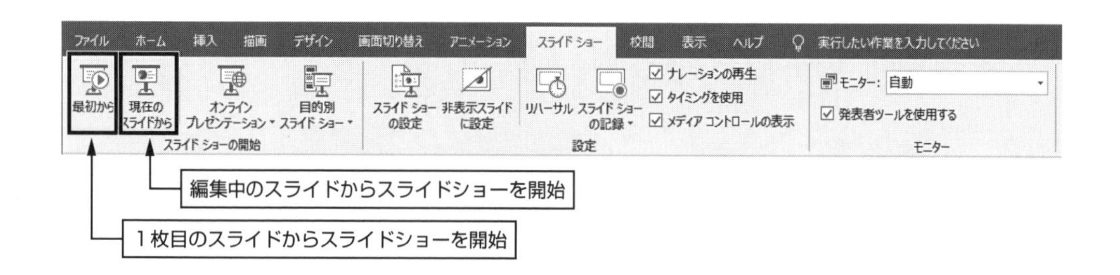

1枚目のスライドからスライドショーを開始

2通りの方法を紹介します．

- ［スライドショー］リボンの［最初から］コマンドを使用します（上図）.
- ウインドウ左上のクイックアクセスツールバーにある［先頭から開始］コマンド（右図）を使います.

現在編集中のスライドからスライドショーを開始

- ［スライドショー］リボンの［現在のスライドから］コマンドを使用します.
- ウインドウ右下の表示ボタンから［スライドショー］コマンドを使います（右図）. 現在編集中のスライドからスライドショーが開始されます.

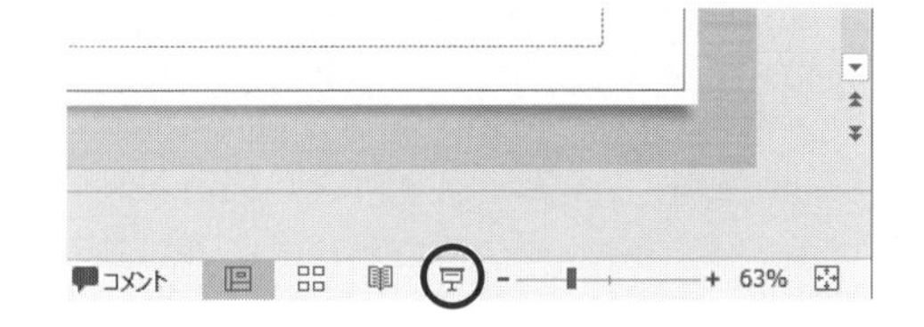

ナビゲーションボタン

スライドショー実行中画面の左下には，薄くて見づらいですがナビゲーションボタンが表示されています.

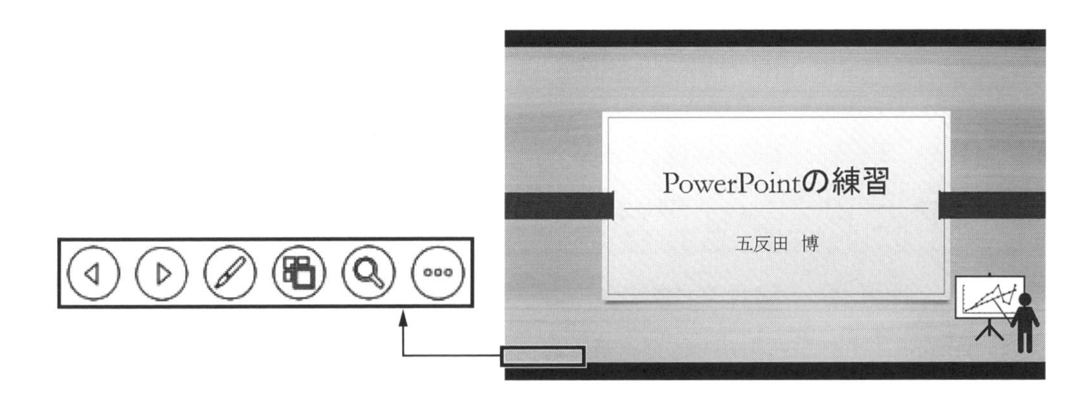

▼ ナビゲーションボタンの機能

	前のスライドを表示します
	次のスライドを表示します
	ポインタオプションを表示します
	スライドの一覧を表示します
	拡大表示できます
	メニューを表示します

次のスライドを表示

次のスライドを表示させるには，マウスの左ボタンをクリックするか，［Enter］キーを押します．ナビゲーションボタンの▷をクリックしても次のスライドを表示させることができます．

実行画面に書き込み

スライドショーを使って説明中に，実行画面に書き込みをしたい場合があります．そのようなときは，ナビゲーションボタンから［ポインタオプション］を使います．

使い終わった後は，同じコマンドをもう一度クリックして解除してください．

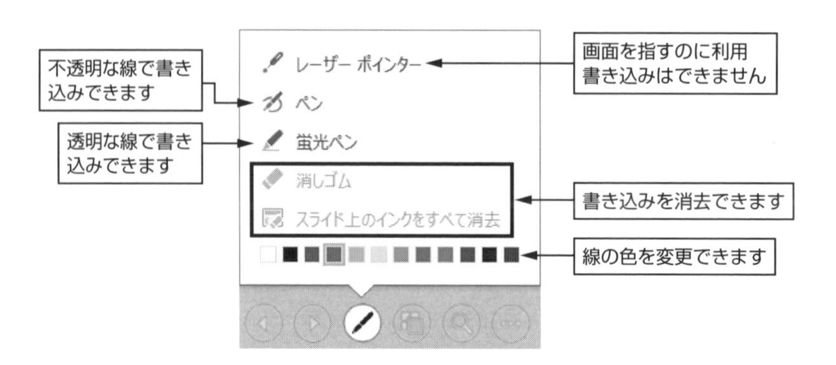

5.8　アニメーション効果の設定

5.8.1　画面切り替え効果

［画面切り替え］タブを使用すると，次のスライドに切り替わるときのアニメーション効果を設定できます（下図）．このとき，［すべてに適用］コマンドを使うとすべてのスライドが同じアニメーション効果で画面切り替えされるようになります．

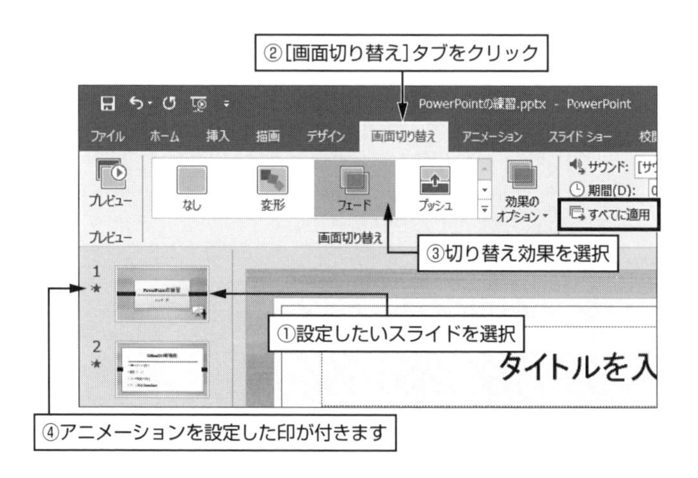

5.8.2 オブジェクトごとにアニメーション効果をつける

アニメーション効果には，大きく分けて「開始」「強調」「終了」「軌跡」の 4 つの種類があります（下表）．アニメーションを使用したときの効果をよく考えて使用してください．

▼ アニメーション効果の種類

種類	使用効果
開始	表示されていないオブジェクトを**後から表示させるとき**に使用します
強調	表示されているオブジェクトを**強調させたいとき**に使用します
終了	表示されているオブジェクトを**消したいとき**に使用します
軌跡	表示されているオブジェクトの位置を**移動させたいとき**に使用します

クリップアートが後から現れるようアニメーションを追加

1. アニメーション効果を付けたいオブジェクト（今回はクリップアート）を選択します．
2. ［アニメーション］リボンの［アニメーションの追加］コマンドをクリックし，追加したいアニメーション効果（今回は［開始］の中から［スライドイン］）を選択します．（下図）．

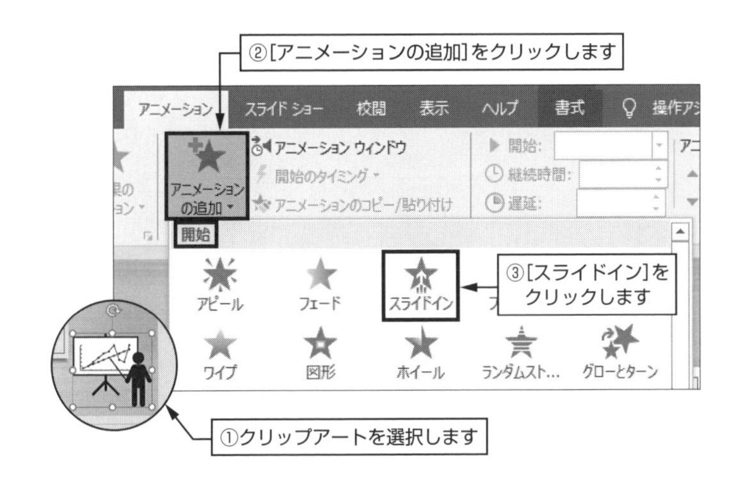

一度スライドショーを実行して確認してみてください．タイトルスライドが表示された時点ではクリップアートは表示されていませんが，マウスの**左ボタンをクリック**する（**[Enter］キーを押す**）とアニメーション効果とともにクリップアートが表示されたはずです．

このように，開始アニメーションは，はじめに表示されていないオブジェクトを後から表示したいときに利用します．応用例としては，同じ場所に写真を何枚も重ねておいて，開始アニメーションを設定しておけば，左クリックするたびに新しい写真が表示されます．

クリップアートが消えるように設定

クリップアートを選んでおいて，［アニメーションの追加］コマンドから［終了］の中の［スライドアウト］を選択します．

アニメーションウインドウ

設定したアニメーション効果の一覧が表示されるウインドウです．アニメーション効果の設定の変更，アニメーションが実行される順番の変更，アニメーション効果の削除などを行うことができます．

アニメーションウインドウは，［アニメーション］リボンの［アニメーションウインドウ］コマンドをクリックすることで，画面右側に現れます（下図）．

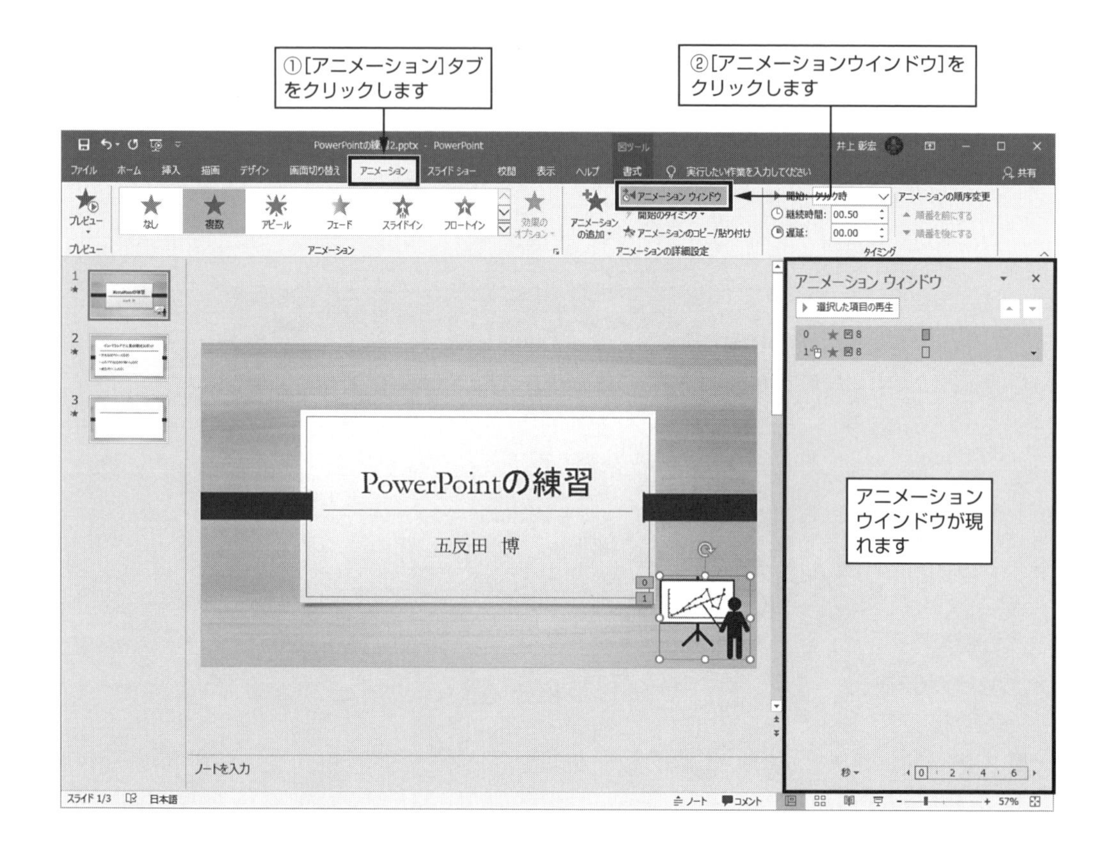

アニメーションの自動実行

マウスを左クリックするとアニメーションが実行されましたが，自動的にアニメーションが実行されるように設定を変えることもできます（次図）．

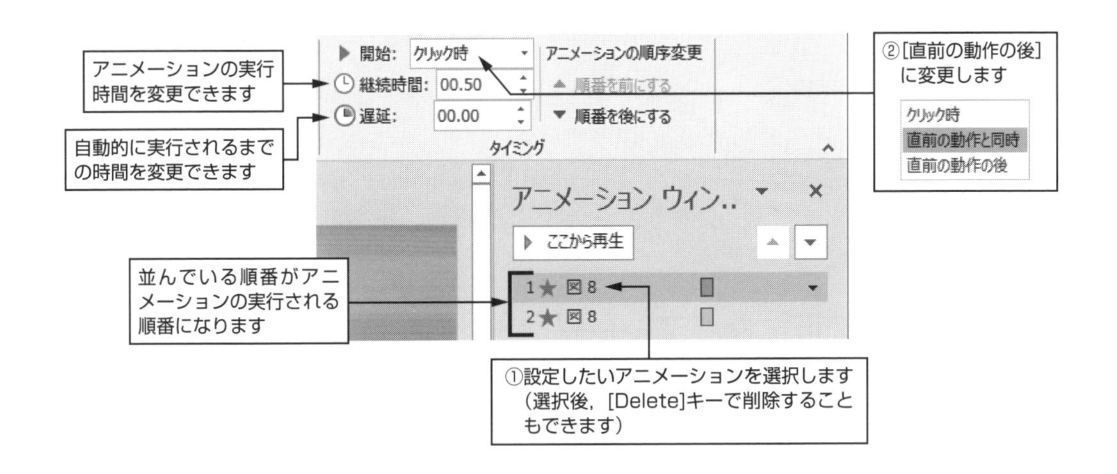

5.9 SmartArt グラフィック

SmartArt グラフィックは，Word，Excel，PowerPoint で利用可能な「簡単に作成できるわかりやすく高品質な図」を作成できる機能です．

5.9.1 SmartArt グラフィックの作成

［挿入］リボンから［SmartArt］コマンドで SmartArt グラフィックの作成が開始できます．PowerPoint では，コンテンツプレースホルダー中の SmartArt ボタン（右図）をクリックして作成を開始するといいでしょう．

PowerPoint を使って，SmartArt の使い方を紹介します．例として，「消費と摂取カロリーのバランス図」を作成することとします．

1. ［ホーム］タブの［新しいスライド］コマンドを使って，「タイトルとコンテンツ」スライドを挿入します．
2. コンテンツプレースホルダーの［SmartArt］ボタンをクリックします．
3. 作成する図で説明したい目的に応じたレイアウトを選択します．今回は「集合関係」－「バランス」を選択し，［OK］ボタンをクリックします．

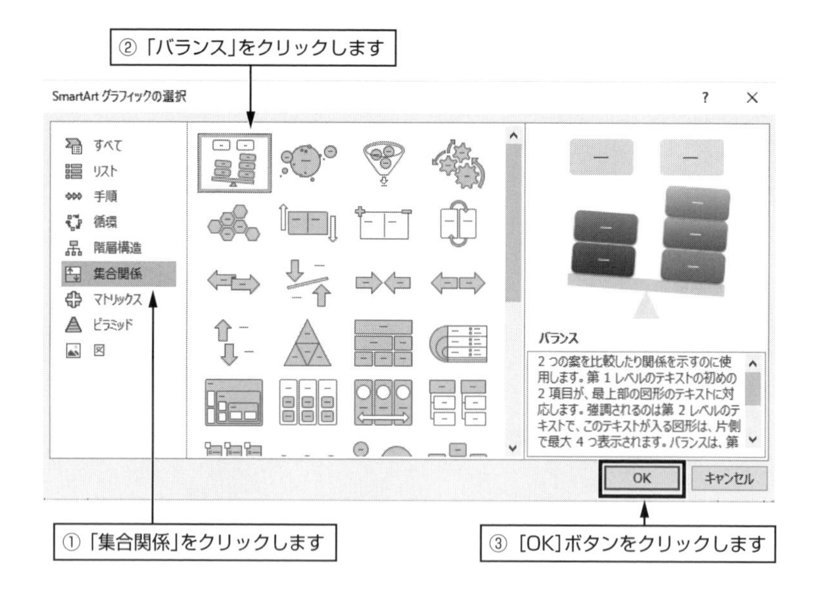

4. テキストウインドウに文字を入力していくことで，図の中にも自動的に文字が入力されていきます（下図）．1 行入力し終えたら [↓] キーで次の行に移動するようにします．文字を入力後に [Enter] キーを押すと，入力欄が増えてしまいます．間違えて入力欄が増えてしまった場合は，入力欄がなくなるまで [BackSpace] キーを押しましょう．

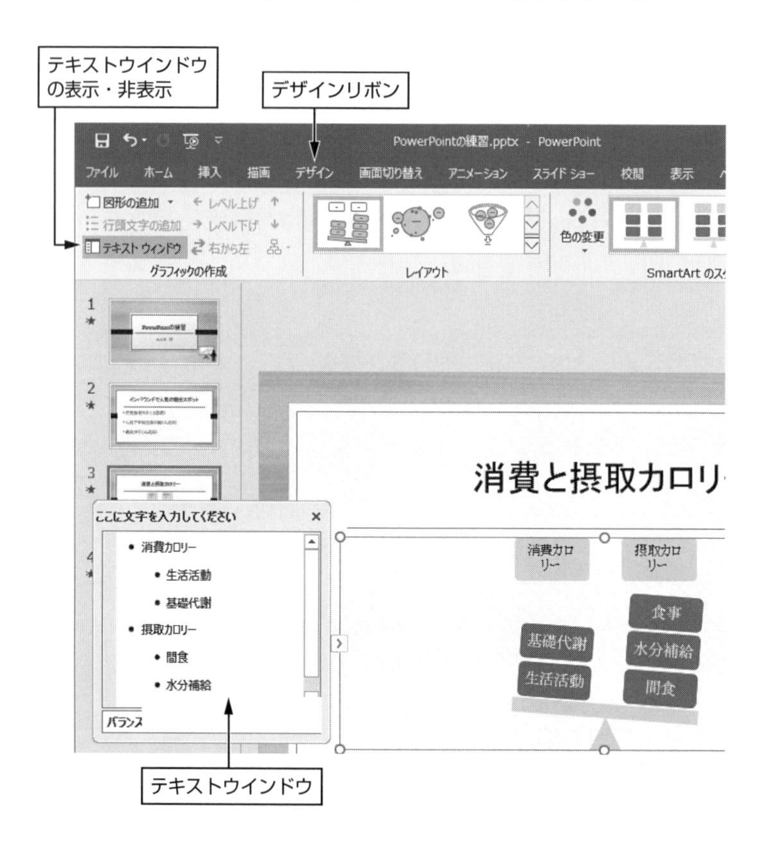

レベル

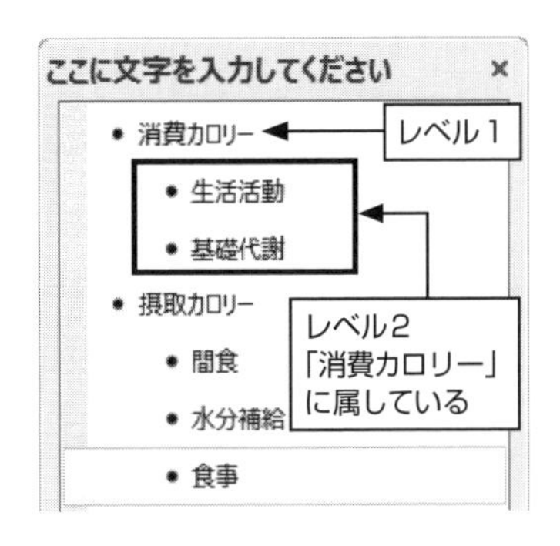

テキストウインドウを見ると，箇条書きの開始位置が異なることがわかります．左にあるほどレベルが高いことを表しています（右図）．図によってはレベル 1 の項目数などに規制がある場合があります（「バランス」ではレベル 1 は 2 つ）．

- **レベルの上げ方**
  ［BackSpace］キーを使うか，［デザイン］リボンの［レベル上げ］コマンドを使います．
- **レベルの下げ方**
  ［Tab］キーを使うか，［デザイン］リボンの［レベル下げ］コマンドを使います．

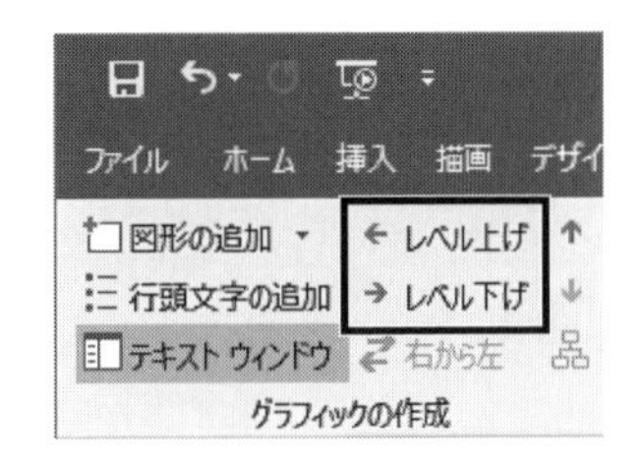

デザインの変更

SmartArt グラフィックの色や視覚スタイルを変更するには，［デザイン］リボンを利用します（下図）．

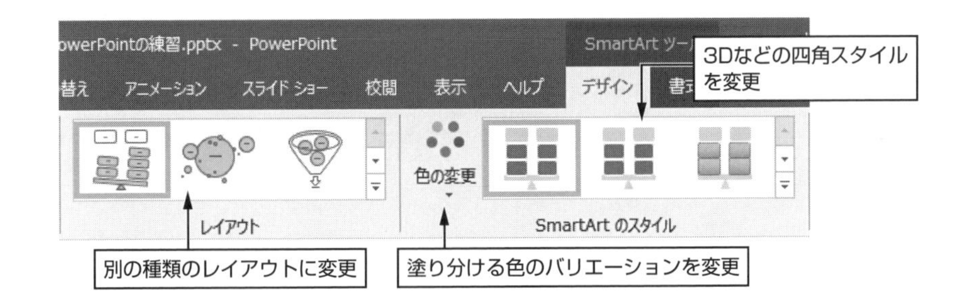

5.9.2　SmartArt グラフィックへの変換

PowerPoint では，段落番号や箇条書きされたホルダーを SmartArt グラフィックに変換することができます（次図）．

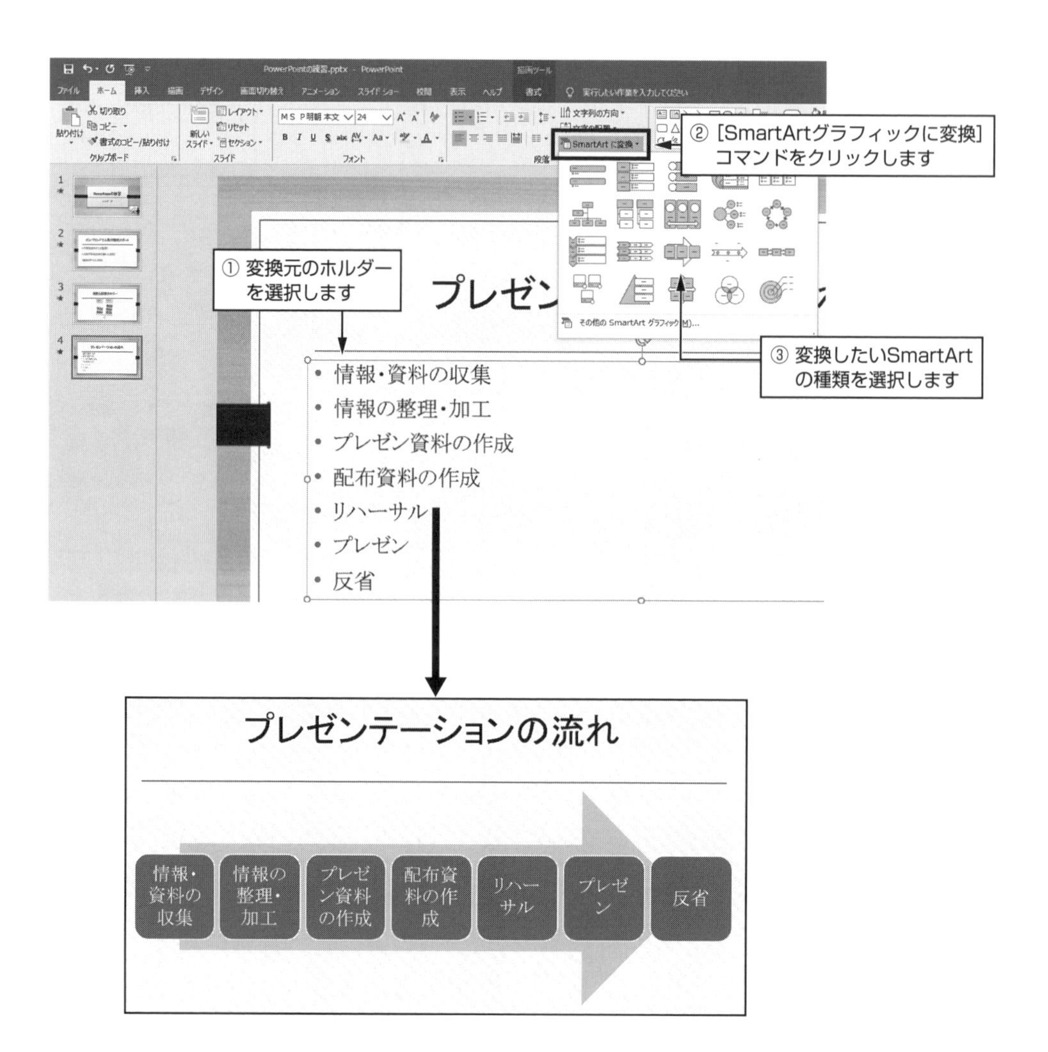
① 変換元のホルダーを選択します
② [SmartArtグラフィックに変換]コマンドをクリックします
③ 変換したいSmartArtの種類を選択します
情報・資料の収集
情報の整理・加工
プレゼン資料の作成
配布資料の作成
リハーサル
プレゼン
反省
プレゼンテーションの流れ

第6章 インターネットの活用

6.1 インターネットとは

インターネットとは，世界中のコンピュータが接続されたコンピュータネットワークです．今日ではコンピュータだけでなく，家電製品や携帯電話などもインターネットに接続でき，その巨大なコンピュータネットワークを介していろいろなサービスを利用することができます．

インターネットの始まりは，米国国防総省の高等研究計画局が1969年に構築したARPAnetです．1986年にはARPAnetで培った技術を元にNSFnetが構築されます．当初は学術研究目的のネットワークでしたが，1990年代には商用利用が広まり，現在のインターネットの形になりました．

今日インターネットで利用される代表的な機能は，電子メールとWWW（World Wide Web）です．本章ではこの2つについて説明します．なお，世間一般ではWWWのことをインターネットと称することが多いですが，WWWはインターネットというコンピュータネットワーク上で利用できる1つの機能ですので，本来は誤用になります．

6.2 電子メール

電子メール（E-mail）は，インターネットを介して，個人と個人が情報伝達を行う機能です．電子メールを利用するには，メールを読み書きするソフトウェア（メーラーという）を利用する方法と，Webブラウザを用いてメールを利用する方法（Webメール）があります．

本節では特定の環境に依存せずに，一般的なメールの利用方法について説明します．

6.2.1 メールの仕組み

電子メールはどのように送られるのでしょうか．メーラーなどのソフトウェアで文章を作成して送信操作を行うと，そのメールは自分の所属している組織やプロバイダのメールサーバ（メールを管理しているコンピュータ）に送られます．そして，インターネットを介して送り先の組織（プロバイダ）のメールサーバに届けられ，そこに保管されます．この状態が「メールが届いた」状態です．

電子メールを読むということは，メーラーなどを利用して，自分が所属する組織やプロバイダのメールサーバにアクセスして，そこに保管されている自分宛のメールを読む，ということになります．

6.2.2　メールアドレス

電子メールをやり取りするには，郵便での住所に該当するメールアドレスが必要です．メールアドレスは，自分が所属する組織やプロバイダのインターネット上での住所に相当するドメイン名と，そこでの個人識別番号であるユーザー名から構成されます．

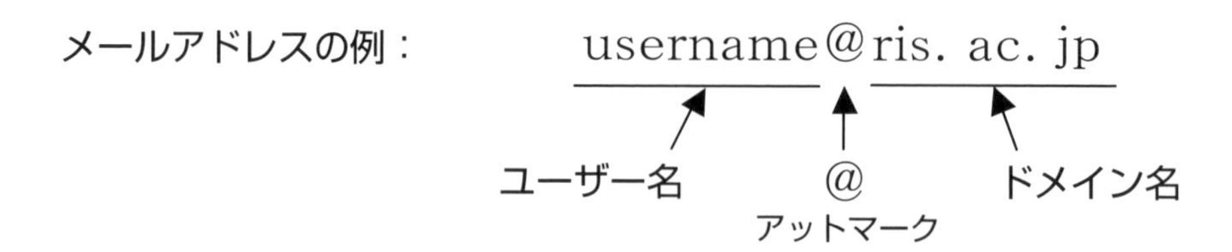

6.2.3　画面の説明

ここでは一般的な画面構成について説明します．

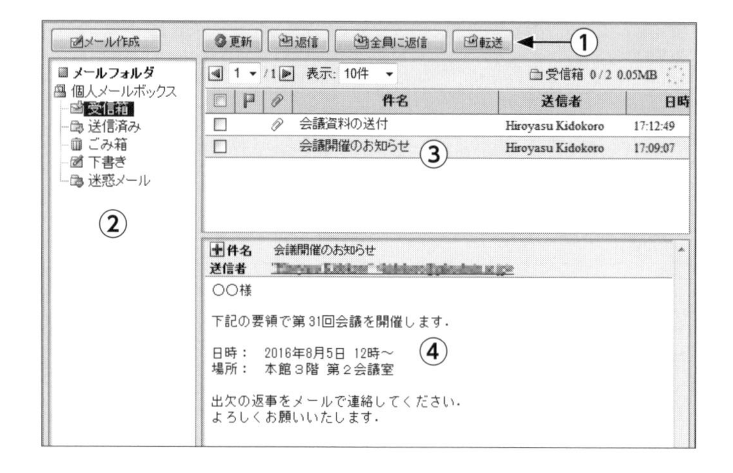

① **各種のコマンド**

メールの作成（メール送信）や新着メールの確認などのコマンドが用意されています．

② **フォルダ一覧**

一般的には次のようなフォルダが用意されています．これ以外のフォルダを自分で新規に作ることもできます．

- **受信箱**

  受信したメールが格納されています．

- **送信済み**

  送信したメールの写しが格納されています．

- **ごみ箱**

  メールを削除すると，いったん［ごみ箱］フォルダに格納されます．本当に削除するには，さらに［ごみ箱］フォルダの中のメールを削除する必要があります．

- **下書き**

  作成途中のメールを一時的に保存することができます．保存したメールは［下書き］フォルダに格納されます．

- **迷惑メール**

  受信メールの中で迷惑メールと判断されたメールが格納されます．詳細は「6.2.9 迷惑メール対策」を参照してください．

③ **メッセージ一覧**

フォルダ一覧の画面（②）で選択したフォルダの中身が表示されます．

④ **プレビューウィンドウ**

メッセージ一覧の画面（③）でメッセージを選択すると，その内容が表示されます．

6.2.4 メール送信

［メール作成］ボタンをクリックすると，メール作成画面が表示されます．

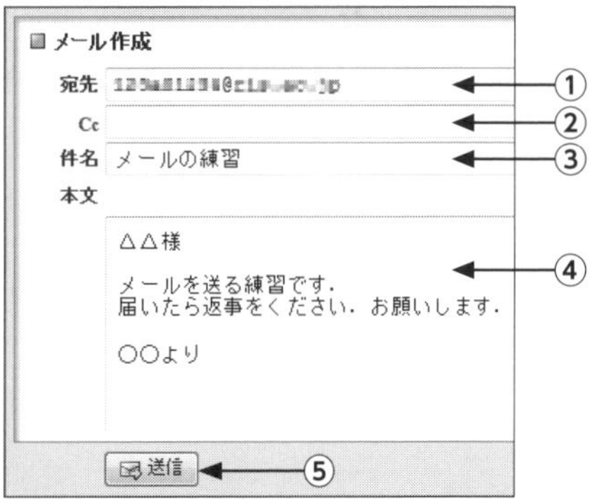

1. 宛先の欄に送り先のメールアドレスを入力します．
2. CC や BCC の欄は空欄でかまいません．詳細は後述します．
3. 件名の欄にメールの件名を入力します．
4. メールの本文を入力します．
5. ［送信］ボタンをクリックすると，メールが送信されます．

複数の宛先への送信

電子メールでは同じメールを複数の人に同時に送ることができますが，宛先の指定の仕方には「宛先（TO）」，「CC」，「BCC」の 3 種類があります．

通常は，宛先（TO）に複数のメールアドレスを「,」（カンマ）や「;」（セミコロン）で区切って入力することにより，同一メールを複数の人に送ることができます．

CCとは，Carbon Copyの略で，直接のメールの送り先ではないが，写しを送っておきたい送り先を指定します．

BCCとは，Blind Carbon Copyの略で，CCと同じく写しを送るときに使います．CCとBCCの違いは，CCでは写しを送っていることが本来の宛先の人にわかりますが，BCCではわかりません．具体例を次に示します．

例1：AさんとBさんに送る

AさんとBさんにメールが送られます．AさんとBさんの受取人としての立場は対等です．

宛先:	Aさんのアドレス；Bさんのアドレス

例2：Aさんに送る，その写しをBさんにも送る

メールの本来の受取人はAさんです．Bさんはその写しを参考までに送ってもらっている，という立場です．

CCの場合は，写しがBさんに送られていることが，Aさんにわかります．

宛先:	Aさんのアドレス
CC:	Bさんのアドレス

例3：Aさんに送る，その写しを（Aさんには内緒で）Bさんに送る

CCと同様にメールの本来の受取人はAさんであり，Bさんはその写しを送ってもらっています．BCCの場合は，写しがBさんに送られていることが，Aさんにわかりません．

なお，標準状態ではBCCの入力欄が非表示になっているメーラーもあります．

宛先:	Aさんのアドレス
CC:	
BCC:	Bさんのアドレス

文章作成時の注意

電子メールを利用するときは，次のようなことに注意しましょう．

- **機種依存文字を使わない**

  機種依存文字とは，特定のコンピュータでのみ利用できる文字のことで，規格上は存在しない文字です．携帯電話の絵文字を使ったメールをパソコンに送ると文字化けして読めないように，機種依存文字を利用すると，相手の環境によっては読むことができません．Windowsパソコンでの機種依存文字には次のようなものがあります．

▼ 機種依存文字の例

文字種	文字の例
丸数字やローマ数字	①②③ Ⅰ Ⅱ Ⅲ ⅰ ⅱ ⅲ など
特殊文字	㍍ ㍑ ㎡ ㍻ ℡ ㈱ など
規格外の漢字	髙 﨑 鄧 彅 � 槗 など

これらは日常的によく利用する文字ですが，電子メールでは使わないようにしましょう．なお，Windowsでは機種依存文字のことを「環境依存文字」と呼んでいます．日本語変換ソフトIMEでは，変換するときに候補文字が機種依存文字（環境依存文字）であるかどうかが表示されます．詳しくは「2.7.6　文字の変換」を参照してください．

- **半角カタカナを使わない**

半角カタカナも相手の環境によっては文字化けして読むことができません．ただし文字化けする理由は異なり，一言でいえば「メールの仕組みの都合」です．詳細は省略しますが，機種依存文字と同様に，メールでは半角カタカナも使わないようにしましょう．

- **Enterキーを押して改行する**

文章を入力するときは行末でEnterキーを押して改行して作成します．文字入力が行末まで達すると自動的に次行に折り返されるメーラーもありますが，その機能に頼らずに適宜Enterキーを押して改行してください．読みやすさを考慮すると，1行の長さは半角70文字程度（全角だと35文字程度）が適当であるといわれています．なお，メールの規格上は1行が1000文字を超えるメールは送ることができませんので注意してください．

- **HTMLメールの利用**

電子メールは，元々は文字列だけを送るもので，文字サイズや色などの書式設定を行うことはできませんでした．しかし今日ではいろいろな書式を設定したメールを利用する手法もあり，そのようなメールをHTMLメールといいます．

しかし，このHTMLメールを利用するとウィルスなどの被害を受ける可能性が高くなるので，相手によっては嫌われたり，拒否されることがあります．HTMLメールを送るときは相手の承諾を得たほうが無難でしょう．

6.2.5　メール受信

相手から送られた電子メールは，自分が所属している組織やプロバイダのメールサーバ（メールを管理しているコンピュータ）に保管されています．このメールを読むには，そのメールをパソコンに取り込む必要があり，その機能が［更新］ボタンです．

1. ［更新］ボタンをクリックすると，新着メールを取り込みます.
2. 取り込んだメールは，通常は［受信箱］フォルダに格納されます.
3. メッセージ一覧の中から読みたいメールをクリックします.
4. その内容が表示されます.

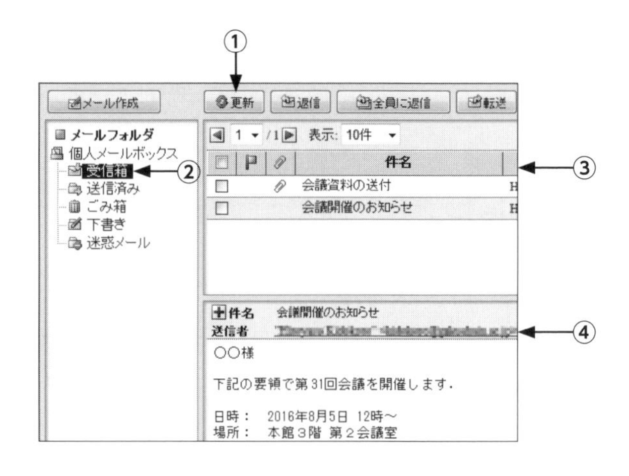

6.2.6　返信

［返信］ボタンをクリックすると，宛先や件名が自動的に入力されたメール作成画面が表示されますので，本文を入力するだけで返信することができます.

このとき，件名が「Re:～」となりますが，同一の話題でやり取りしている間は変更しないほうがいいでしょう．それは件名を基に受信メールをグループ管理するメーラーがあるからです.

また，相手のメールの全文が引用されていますが，この処理には2つの考え方があります．それは，「メールのやり取りを繰り返したとき，毎回全文を引用しているとメールが冗長になるので必要な部分以外は削除すべきだ」と，「1つのメールで過去の内容がすべて見られるので毎回全文を引用して返信すべきだ」というものです．一概に優劣はつけられませんので，自分の考えに合った方法を使用すればいいでしょう.

なお，［返信］ボタンを使うと差出人にのみ返信されますが，［全員に返信］ボタンを使うとCCを含めた全員に返信されます.

また，［転送］ボタンを使うことにより，メールを第三者に転送することもできます.

6.2.7　添付ファイルの利用

電子メールでは文章以外に，Word文書などのファイルを一緒に送受信することができます．このメールで送受信されるファイルのことを添付ファイルと呼びます.

添付ファイルを利用するときは，大きなファイルを添付することは避けてください．ネットワーク設備などへの負荷軽減のため，通常は送受信できるメールサイズが制限されていて，大手プロバイダでは10MB～30MB程度が主流です．しかし，メールサイズの制限量は組織やプロバイダによって異なりますので，数MBを超えるファイルを添付するときは，送り先に「添付して送ってもよいか」確認したほうがいいでしょう．なお，メールの仕組みの都合上，ファイルを添付したときのメールのサイズは，添付ファイルのサイズの約 1.4 倍になりますので，注意してください．例えば，2MB のファイルを添付すると，メールのサイズは約 2.8MB になります．

さらに，添付できるファイルの種類に関しても，ウィルスによる被害の可能性を低くするため，実行形式のファイル（拡張子が .exe などのファイル）は添付できないなどの制限がある場合があります．

6.2.8 メールの整理

メールの削除

メールを削除すると，そのメールは［ごみ箱］フォルダに移動します．すなわち誤って削除してしまっても，元に戻すことができます．

しかし，［ごみ箱］フォルダにあるということは，実際には削除されていないということです．本当に削除するには，再度［ごみ箱］フォルダの中のメールを削除してください．

フォルダの活用

受信したメールをすべて［受信箱］フォルダに保管しておくのではなく，自分でフォルダを作って管理することができます．

複数のフォルダがある場合，メールを受信するときに差出人や件名などをキーワードにして各々のフォルダに自動的に振り分けて格納することができます．

具体的な操作手順は利用している環境により異なりますので，説明は省略します．

6.2.9 迷惑メール対策

迷惑メールをたくさん受け取る人は，［受信箱］フォルダが迷惑メールでいっぱいになり，重要なメールを見落としてしまうことがあります．そのため，一般的なメーラーでは，迷惑メールを自動的に［迷惑メール］フォルダに振り分ける機能があります．これにより［受信箱］フォルダが迷惑メールでいっぱいになることを防ぐことができます．

ただし，何をもって迷惑メールとするかの判断には主観的要素があり，絶対的な基準を設けることが困難です．そのため，迷惑メールが迷惑メールと判断されなかったり，逆に重要なメールが迷惑メールと判断されてしまうこともあります．迷惑メール対策の機能を利用しているときは，［迷惑メール］フォルダに重要なメールが紛れ込んでいないか，時々チェックする必要があります．

6.3 World Wide Web

World Wide Web（略して WWW，または単に Web と呼びます）は，1989 年にヨーロッパ原子核研究機関（CERN）により膨大な論文を閲覧するためのシステムとして開発されました．その後，イリノイ大学の国立スーパーコンピュータ応用研究所（NCSA）が，文章だけでなく画像も扱えるように拡張するとともに，1992 年に閲覧するためのソフトウェア Mosaic を開発し，かつ無料配布したことから急速に世界中に広まり，今日の WWW へと発展してきています．

WWW を閲覧するには，「Web ブラウザ」と呼ばれるソフトウェアを利用します．代表的な Web ブラウザには，「Microsoft Edge」や「Google Chrome」などがあります．本節では「Microsoft Edge」での WWW の利用について説明します．

6.3.1 Web ページの閲覧

Web ブラウザを起動すると，初期設定されているページが表示されます．ページの中のリンクをクリックするとリンク先のページが表示されます．

［Ctrl］キーを押しながらリンクをクリックすると，リンク先を新しいタブとして開くことができます．商品比較など，複数のページを比較するときは，それぞれのページをタブとして開いて比較すると便利です．

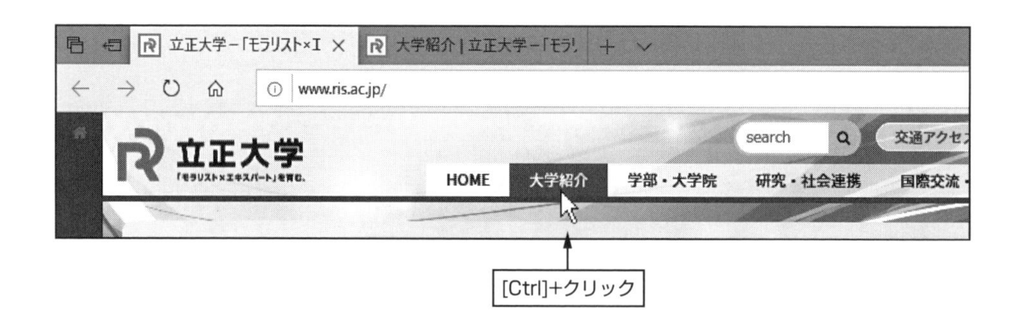

次に Edge の上部に表示されているボタンについて説明します（本書執筆時）．

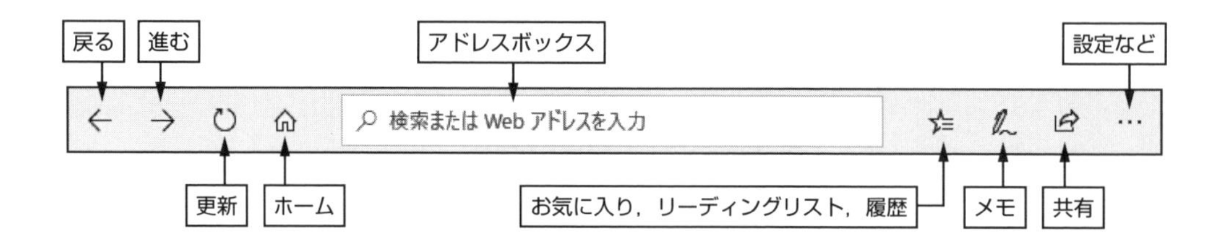

- 戻る：ひとつ前のページに戻ります.
- 進む：次のページに進みます.［戻る］を使ったときに利用できます.
- 更新：ページを再度 Web サーバから読み直します.
- ホーム：初期設定されているページを表示します.
- アドレスボックス：詳細は「6.3.2　URL の指定」「6.3.3　情報検索」を参照してください.
- お気に入り：よく使うページを登録して，利用することができます.
- リーディングリスト：後で読みたいページを記録しておくことができます.
- 履歴：過去に閲覧したページの一覧を表示します.
- メモ：閲覧中のページに手書きでメモなどを書き込むことができます.
- 共有：閲覧中のページを SNS などで他の人と共有することができます.
- 設定など：印刷や各種の設定などを行うことができます.

6.3.2　URL の指定

URL とは Uniform Resource Locator の略で，インターネット上での Web ページの在り処と読み込み方法を表す文字列のことです.

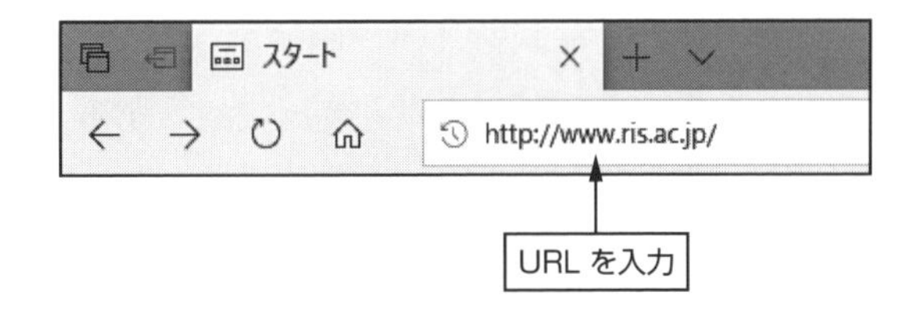

目的の Web ページの URL がわかっているときは，アドレスボックスに URL を入力して［Enter］キーを押します.

6.3.3　情報検索

検索サイトでは，インターネット上の膨大な Web ページの情報を収集して，データベースを構築しています．利用者は，キーワードを入力することにより，自分の条件に見合った Web ページのリストを得ることができます.

初期の検索サイトでは，管理者が情報収集して，カテゴリ毎に分類してデータベースを構築していました．人間が作業しているのでキーワードと関連性の薄い Web ページが収集されることなく，かつカテゴリ毎に分類されているため，実用性が高いのが特徴です．このような検索サイトを「ディレクトリ型」といいます．しかし収集できる情報量に限界があるため，現在では見られなくなりました.

現在の検索サイトは，ロボット（クローラー，スパイダーともいう）と呼ばれるプログラムがインターネットをめぐって Web ページの情報を収集してデータベースを構築します．機械的に情報収集しているため，膨大な情報を収集することが可能です．このような検索サイトを「ロボット型」といいます.

アドレスボックスの利用

アドレスボックスに，URLではなく，キーワードを入力して［Enter］キーを押すと，検索結果が表示されます．あるいはキーワード入力中に検索候補の一覧が表示されますので，そこから選択することもできます．

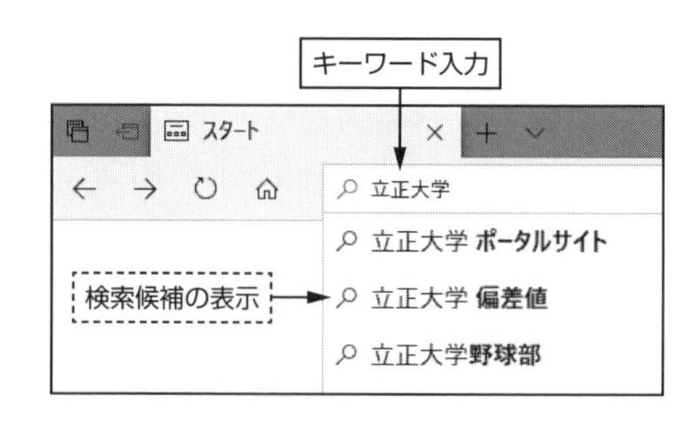

検索サイトの利用（Googleの利用）

代表的な検索サイトであるGoogleを例に，その利用について説明します．GoogleのURLはhttps://www.google.co.jp/です．

下図は本書執筆時のGoogleのトップページです．Webページを検索する際は，キーワードを入力して「Google検索」ボタンをクリックすると，検索結果が一覧表示されます．

キーワード検索のとき「Google検索」ボタンではなく「I'm Feeling Lucky」ボタンをクリックすると，検索結果が一覧表示されずに，検索結果の最上位のWebページが直接表示されます．企業名などの固有名詞で検索するときに便利です．

複数キーワードでの検索は，空白で区切って指定すると，すべてのキーワードを含むWebページの検索です．ORで区切って指定するといずれか1つを含むWebページの検索です．−（マイナス記号）を前につけるとそのキーワードを含まないWebページの検索です．以下に例を示します．

- 「りんご」と「みかん」の両方を含むページの検索
- 「りんご」か「みかん」のどちらかを含むページの検索
- 「りんご」は含むが「みかん」は含まないページの検索

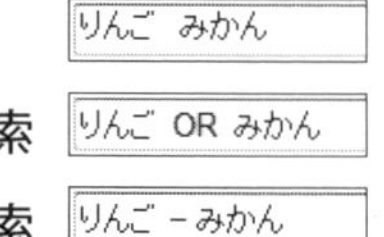

さらに，ウインドウ右下にある［設定］をクリックして［検索オプション］を選択すると，検索条件として言語や地域，ファイル形式などを指定することができます．

6.3.4 安全な利用

閲覧履歴の削除

Edge などの Web ブラウザには，表示したページの履歴やフォームに入力した情報が保持されています．そのため，例えば会員制サイトでも最初にパスワードを入力すれば，次回からはパスワード入力なしで利用することができるようになっています．しかしこのような情報が保持されているということは，インターネットカフェや学校などの共有パソコンでは，個人情報の漏えいや，第三者にアカウントが不正利用される要因になってしまいます．

それを防ぐためには，Webブラウザに保持されている情報を削除する必要があります．右上の … ［設定など］をクリックして「設定」の「プライバシーとセキュリティ」を選択することにより，閲覧履歴やフォームに入力した情報などを削除することができます．

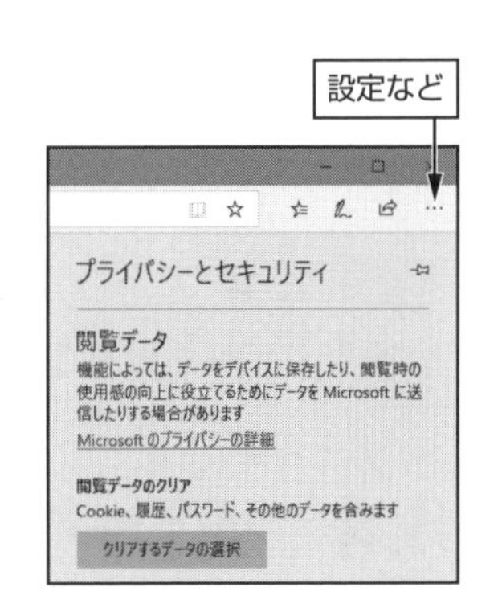

あるいは，「InPrivate ウィンドウ」を利用すると安全です．InPrivate ウィンドウでは，閲覧履歴やフォームに入力した情報を保持しません．利用方法は次の通りです．

1. 右上の … ［設定など］をクリックして［新しい InPrivate ウインドウ］を選択します．
2. InPrivate 用の新しいウインドウが表示されますので，URL を指定するなどの方法で Web サイトを利用します．

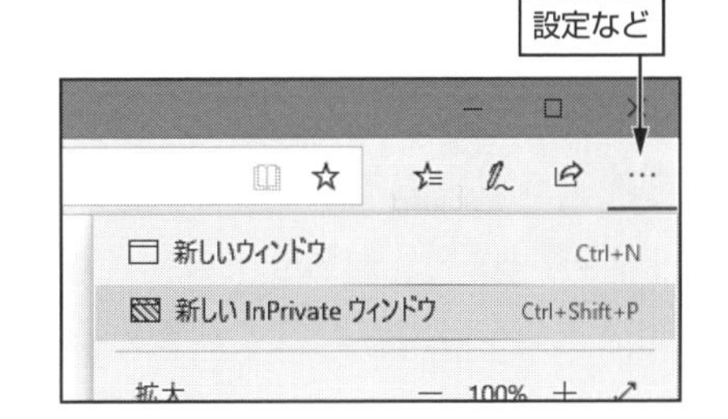

暗号化通信と SSL 証明書

インターネットにおいて，その通信内容が盗聴されたり改ざんされることを防がなければなりません．そのために，インターネットでは一般的に「SSL」(Secure Sockets Layer) と呼ばれる通信手順を用いて，通信内容を暗号化することができます．オンラインショッピングなどで個人情報を入力するときは，SSL による暗号化通信になっていることを確認するようにしましょう．

SSL による暗号化通信の場合，URL は「http://…」ではなく

https://www.············/

https://で始まる

「https://…」となります．

ところで，個人情報を入力するときは暗号化通信であることが重要ですが，それだけで安全とは限りません．もしかしたらそのWebサイトが偽装されている可能性もあります．その問題を解決するために，SSLには第三者機関が発行した「SSL証明書」というデータを使ってWebサイトが確かなものであることを証明する仕組みがあります．

信頼されたSSL証明書だと「鍵」のアイコンが表示されますので（右図），これによりそのWebサイトが確かなものであることを確認することができます．

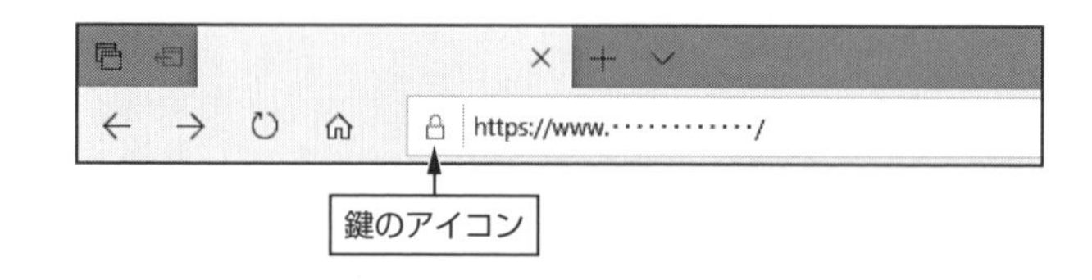

もしSSL証明書に問題があるときは「証明書エラー」と表示されます．これはSSL証明書が信頼できないのであり，必ずしもWebサイトが信頼できないのではありませんが，念のため，警戒するようにしましょう．

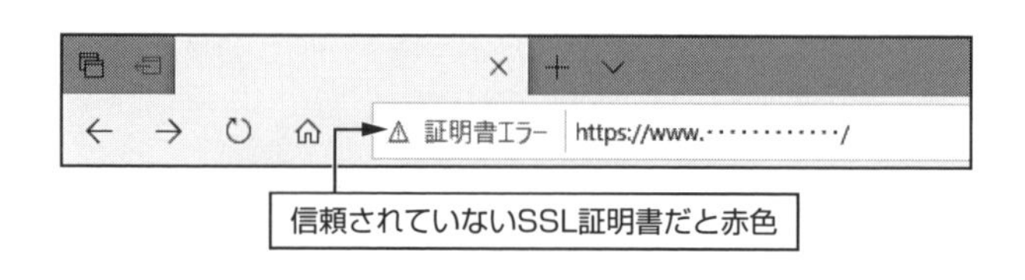

6.4　Webページの作成

Webページは，文字列，画像，動画などいろいろなもので構成されていますが，その基本はHTML形式のファイルです．HTMLとはHyperText Markup Languageの略で，内容となる文字列と，タグと呼ばれる書式設定を表す命令から構成されたテキストファイルです．本節ではHTMLの基本概念とHTMLファイルの作成方法について説明します．

なお，HTMLの概略を簡潔に解説するために，実習する上では問題ない範囲で，規格上は推奨されない内容が含まれていることをあらかじめお断りしておきます．

6.4.1　HTMLの基本

タグ

タグは書式設定の命令です．

タグは〈html〉のように不等号で囲まれた記号として記述します．大文字・小文字は問いませんが，必ず半角文字で記述しなければなりません．

タグの使い方には2種類あります．ひとつは単独で使うタグ，もうひとつは開始タグと終了タグのペアで使うタグです．ペアで使う場合は，開始タグは〈タグ名〉となり，終了タグは〈/タグ名〉となります．

HTMLの基本形

HTML文書は，〈html〉タグで始まり〈/html〉タグで終わります．その中には〈head〉…〈/head〉で囲まれた部分と〈body〉…〈/body〉で囲まれた部分があります．〈head〉にはタイトルなどの文書情報を記述します．〈body〉にはWebページとして表示させる内容を記述します．すなわちHTML文書の基本形は次のようになります．

HTML文書の基本形	説明
〈html〉	HTML文書の始まり
〈head〉	〈head〉…〈/head〉にはタイトルなどの文書情報を記述
〈meta charset="UTF-8"〉	文字コードがUTF-8であることを宣言
〈title〉タイトル〈/title〉	〈title〉タグはタイトルの設定
〈/head〉	
〈body〉	〈body〉…〈/body〉の中にブラウザに表示させる情報を記述
本文	
：	
：	
〈/body〉	
〈/html〉	HTML文書の終わり

6.4.2 メモ帳によるHTMLファイルの作成

HTMLファイルはエディタと呼ばれるテキストファイルを作成するアプリケーションソフトウェアで作成します．ここではWindows標準の「メモ帳」を使って作成する方法を説明します．

メモ帳を起動して，右例を参考にHTML文書を入力します．

入力し終わったら保存します．そのとき拡張子に注意してください．HTMLファイルの拡張子は.htmまたは.htmlです．メモ帳はテキストファイルを作成するためのもので，.txtという拡張子を自動的につけます．それ以外の拡張子をつけるときは，ファイル名の欄に拡張子まで含めて入力してください．

また，文字コードはUTF-8を選択してください．

次はファイル名をrenshu.htmとして保存する場合の例です．

無題 - メモ帳
ファイル(F) 編集(E) 書式(O) 表示(V) ヘルプ(H)

```
<html>
<head>
<meta charset="UTF-8">
<title> 練習 </title>
</head>
<body>
はじめてのホームページ
こんにちは.
ホームページの作成練習です.
</body>
</html>
```

< 例6-1 >

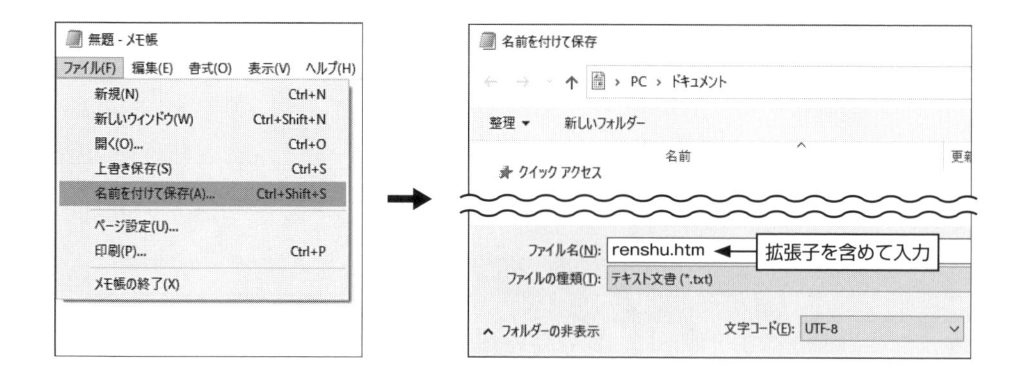

6.4.3　Webブラウザでの確認

作成したHTMLファイルをWebブラウザで開いてみましょう．Webブラウザの［ファイル］メニューから［開く］を選択するか，HTMLファイルのアイコンをダブルクリックしてください．Edgeの場合はメニューバーがありませんので，後者のファイルアイコンをダブルクリックして開くのが簡単です．

例6-1をWebブラウザで開くと右のように表示されるはずです．このように表示されれば成功です．

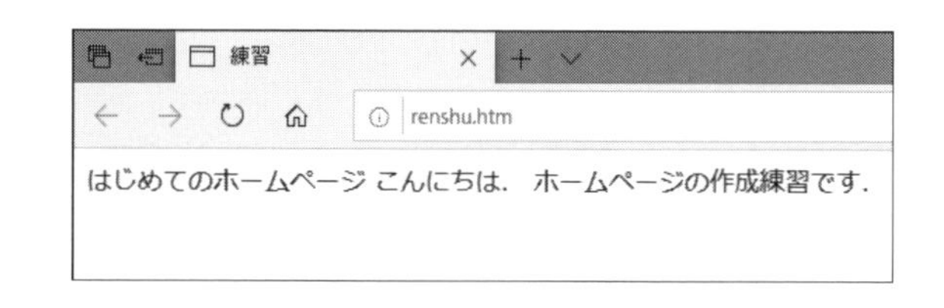

でもあまりにそっけないですね．そこで次に書式設定について説明します．

6.4.4　書式設定のタグ

HTMLのタグでは，文書の構造を定義します．例えば，どこが見出しで，どこが本文で，といった内容です．また，HTML文書中で［Enter］キーを押して改行しても，Webブラウザでの表示は改行されません．改行して表示させたいときもタグを使って指示します．

いくつかの書式設定のタグと，HTMLファイルの例を示しますので，いろいろと試してみてください．

- **<h*n*>…</h*n*>**

  タグで挟まれた部分を見出しにします．nには1～6の数値を指定します．〈h1〉が一番大きな見出し，〈h2〉が2番目の見出し，そして〈h6〉が一番小さな見出しになります．

- **<p>…</p>**

  タグで挟まれた部分を1つの段落として定義します．

- **
**

  タグを記述したところで改行します．

- **<em>…</em>**

  タグで挟まれた部分が強調表示されます.

- **<strong>…</strong>**

  タグで挟まれた部分がより強く強調表示されます.

以下に，HTMLファイルの例とWebブラウザでの表示例を示します．この例では，〈h1〉…〈/h1〉で見出しを定義，〈p〉…〈/p〉で段落を定義，〈br〉で強制改行しています．

```
<html>
<head>
<meta charset="UTF-8">
<title> 練習 </title>
</head>
<body>
<h1> はじめてのホームページ </h1>
<p>
こんにちは. <br>
ホームページの作成練習です.
</p>
</body>
</html>
```

＜ 例6-2 ＞

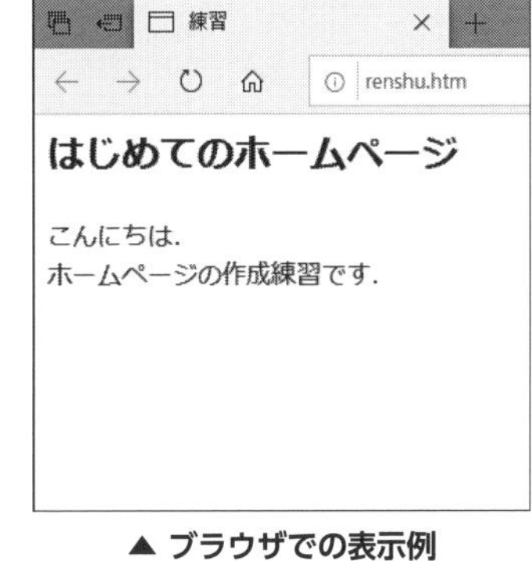

▲ ブラウザでの表示例

6.4.5 リンク

WWWの大きな特徴であるリンクについて説明します．リンクの作成もタグを使って記述します．そのタグは次の通りです．

〈a href=*"リンク先"*〉…〈/a〉

タグで挟まれた部分がアンカー（クリックするところ）になります．*"リンク先"*のところにクリックしたときに表示するページのURLを指定します．

ここでは，リンク先のページ，すなわちクリックすると表示されるページを次の2つに分けて，具体例を示します．

リンク先がWWW上にある既存のページの場合

既存のWebページにリンクするときは，href=の右辺にそのページのURLを記述します．例えば立正大学のホームページにリンクするときは

〈a href="http://www.ris.ac.jp/"〉…〈/a〉

となります．

リンク先が自分が作った別のページ（別の HTML ファイル）の場合

自分が作った HTML ファイルにリンクするときは，href= の右辺にそのファイル名を記述します．例えば page2.htm というファイル名の HTML ファイルにリンクするときは

〈a href="page2.htm"〉…〈/a〉

となります．

6.4.6　画像

イラストや写真などの静止画を Web ページに載せる方法を説明します．

画像ファイルを用意する

最初に表示したい画像を“画像ファイル”という形で用意します．その方法は，グラフィックソフトを使って自分で描く，デジタルカメラやスマートフォンで撮影した写真を利用する，などが考えられますが，いずれの場合もファイル形式には注意してください．画像ファイルにはいろいろなファイル形式があります．その中でインターネットの世界で標準とされているものは，GIF 形式，JPEG 形式，PNG 形式です．

さらに画像ファイルの大きさにも注意が必要です．パソコンのディスプレイはたくさんの点（画素）から構成されていて，その画素数は，横が 1000～2000 画素，縦が 800～1000 画素程度です．それに対して，例えば 1200 万画素のスマートフォンで撮影した写真は，横が 4032 画素，縦が 3024 画素です．すなわちこの写真をそのまま Web ページに載せると，パソコンのディスプレイを大きくはみ出すことになります．このような場合は，画像サイズを変換してから利用する必要があります．

画像を表示するタグ

〈img src="*ファイル名*" alt="*文字列*"〉

"*ファイル名*" のところに画像ファイルのファイル名を記述します．"*文字列*" には，画像の代わりに表示する文字列を記述します．画像表示に対応していない Web ブラウザや，利用者が画像を非表示に設定している場合などに，この文字列が表示されます．もし文字列を省略したい場合は，alt="" とすればいいでしょう．

例えば sample.jpg というファイル名の画像ファイルを Web ページに載せるときは

〈img src="sample.jpg" alt=""〉

となります．

画像を載せると，その画像は 1 つの文字のように扱われて，文字列の中に入ります．画像

を文字列の横に表示させるには，align=*"left"* または align=*"right"* を指定します．例えば画像を文字列の右に表示させるときは

```
<img src="sample.jpg" alt="" align="right">
```

と記述します（ただし，この align="…" の用法は，規格上は推奨されません）．

6.4.7　表組み

表組みの基本

表組みを作る基本的なタグは次の 3 つです．

- **<table>…</table>**
  表の始まりと終わりを定義します．
- **<tr>…</tr>**
  1 行を定義します（どのセルと，どのセルを使って 1 行を作るのかを定義します）．
- **<td>…</td>**
  セルを作ります．

以下に，HTML ファイルの例と Web ブラウザでの表示例を示します．

```
<table>
<tr><td> 春 </td><td> 夏 </td></tr>
<tr><td> 秋 </td><td> 冬 </td></tr>
</table>
```

＜ 例6-3 ＞

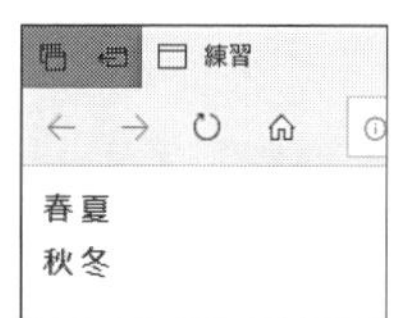

▲ ブラウザでの表示例

罫線を引くには，<table border=*"n"*>…</table>とします．*n* は罫線の太さで 1 以上の数値を指定します．

```
<table border="1">
<tr><td> 春 </td><td> 夏 </td></tr>
<tr><td> 秋 </td><td> 冬 </td></tr>
</table>
```

＜ 例6-4 ＞

▲ ブラウザでの表示例

セルの結合

セルを結合することもできます．

- **<td rowspan="*n*">…</td>**
  縦方向に n 個またがったセルを作ります.
- **<td colspan="*n*">…</td>**
  横方向に n 個またがったセルを作ります.

以下に，HTML ファイルの例と Web ブラウザでの表示例を示します.

```
<table border="1">
<tr><td rowspan="2"> 松 </td><td> 竹 </td></tr>
<tr><td> 梅 </td></tr>
</table>
```

< 例6-5 >

▲ ブラウザでの表示例

文字の配置位置

<td align="*水平位置*"> valign="*垂直位置*">…</td>

セル内の文字の配置位置を設定します．*水平位置*には left，center，right が指定でき，それぞれ左／中央／右揃えになります．*垂直位置*には top，middle，bottom が指定でき，それぞれ上／中央／下配置になります.

6.4.8　箇条書き

箇条書きを作るには，<ul> または<ol> で始まりと終わりを定義して，その中に<li> で項目を作成します.

- **<ul>…</ul>**
  順番のない箇条書きを作成します.
- **<ol>…</ol>**
  順番付きの箇条書きを作成します.
- **<li>…</li>**
  箇条書きのそれぞれの項目を定義します.

以下に，HTML ファイルの例と Web ブラウザでの表示例を示します.

```
<ol>
<li> 富士山 </li>
<li> 北岳 </li>
<li> 奥穂高岳 </li>
</ol>
```

< 例6-6 >

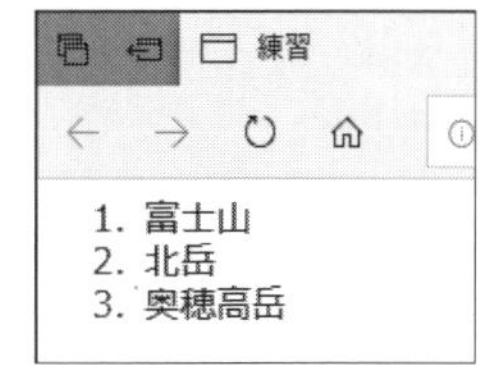

▲ ブラウザでの表示例

6.4.9　いろいろな装飾

HTMLの役目は文書の構造を定義することです．例えば，h1タグで見出しを，pタグで段落を，tableタグで表を定義します．その構造定義に対して，色や表示位置などの「見た目」をどのように表現するかは，「作り手」が決めるのではなく，「見る側」のWebブラウザが，利用している設備に適した方法で表現します．このように見た目を作り手ではなく，見る側が設定することにより，設備などの環境に依存しない情報伝達が可能になります．

それでは，作り手が「見た目」を設定したいときはどうすればいいのでしょうか．それはスタイルシートというHTMLとは別の手段で設定します．HTMLで構造を定義し，スタイルシートで見た目を設定するというように2つの役割を分離することにより，環境に依存しない表現性や，保守性の向上が図られます．

しかし，HTMLでも見た目を設定することができます．HTMLによる見た目の設定は規格上推奨されないだけでなく，将来的には利用できなくなる予定ですが，本書ではページ数の都合上，スタイルシートではなく，HTMLの装飾に関するタグを紹介します．

- **<center>…</center>**
  タグで挟まれた部分をセンタリングします．
- **<b>…</b>**
  <i>…</i>
  <u>…</u>
  それぞれ，タグで挟まれた部分を太字／斜体／下線にします．
- **<font size="*n*">…</font>**
  文字の大きさを変えます．nには1〜7の数値を指定します．size="1" が最小サイズ，size="7" が最大サイズです．
- **<font color="*色名*">…</font>**
  文字の色を設定します．色名については「6.4.10　色指定の方法」を参照してください．文字サイズと色の両方を設定するには〈font size="*n*" color="*色名*"〉と記述します．

- **<body bgcolor="*色名*">…</body>**
  <body text="*色名*">…</body>
  ページ全体の背景色や文字色の指定は，body タグに記述します．bgcolor が背景色の設定です．textが文字色の設定です．色名は「6.4.10　色指定の方法」を参照してください．
- **<body background="*ファイル名*">…</body>**
  ページの背景を画像にします．"ファイル名" には画像ファイルのファイル名を指定します．

以下に，HTML ファイルの例と Web ブラウザでの表示例を示します．この例では，背景色と文字色，センタリング，文字サイズなどを設定しています．

```
:
<body bgcolor="blue" text="yellow">
<center>装飾の例</center>
<font size="6">大きさ</font>や
<u>下線</u>を設定しました.
</body>
```

＜ 例6-7 ＞

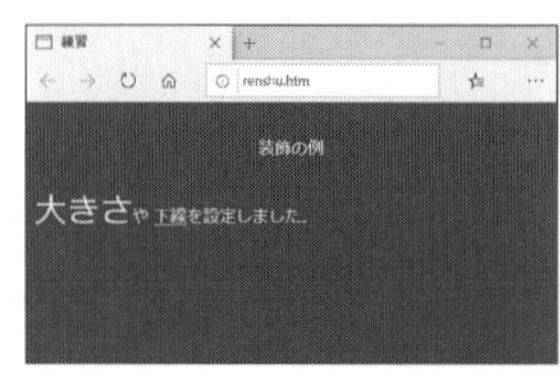

▲ ブラウザでの表示例

6.4.10　色指定の方法

3原色の値で指定

HTML での色指定は，光の 3 原色のそれぞれの強さを 00～FF の 16 進数 2 桁で表わし，それを # に続けて赤緑青の順に 16 進数 6 桁で表現します．例えばピンク色は，3 原色の強さが赤 100%，緑 75%，青 80% です．それぞれを 16 進数 2 桁に換算すると FF,C0,CB となるので，色指定は #FFC0CB となります．タグでの記述は<font color="#FFC0CB">のようになります．

色名の利用

次の 16 色は色名を使うこともできます．例えば赤は，<font color="red">となります．

▼ 16 色の色名

色名	意味	色名	意味	色名	意味	色名	意味
black	黒色	maroon	栗色	green	緑色	navy	紺色
silver	銀色	red	赤色	lime	黄緑色	blue	青色
gray	灰色	purple	紫色	olive	オリーブ	teal	青緑色
white	白色	fuchsia	赤紫色	yellow	黄色	aqua	水色

第7章 クリップボードと OLE

7.1 クリップボードを介した複写

7.1.1 クリップボード

Windowsにはクリップボードというデータを一時保管する場所があります．このクリップボードを介することによってデータを移動したり複写することができます．

▲ 画面例

Windowsのほとんどのアプリケーションソフトには，「切り取り」「コピー」「貼り付け」のコマンドが用意されています．クリップボードを利用するには，これらのコマンドを使います．コマンドの意味は以下の通りです．

- **切り取り**：選択範囲をクリップボードに記憶します．同時に選択範囲を削除します．
- **コピー**　：選択範囲をクリップボードに記憶します．
- **貼り付け**：クリップボードに記憶されているデータをカーソル位置に挿入します．

これらのコマンドは次の方法で実行することができます．ただしアプリケーションソフトによっては用意されていない機能もあります．

操作方法	切り取り	コピー	貼り付け
メニューバー	[編集]→[切り取り]	[編集]→[コピー]	[編集]→[貼り付け]
ツールバー，リボン	ボタン	ボタン	ボタン
右クリック	[切り取り]	[コピー]	[貼り付け]
ショートカットキー	[Ctrl]+[X]	[Ctrl]+[C]	[Ctrl]+[V]

Windowsのクリップボードの記憶領域は1つだけですので，[切り取り] または [コピー] コマンドを実行すると，クリップボードに記憶されていたデータは破棄されて，新しいデータがクリップボードに記憶されます．ただし，Windows 10には複数の項目をクリップボードに記憶する機能もあり，その機能を有効にすると最大25個までのデータを記憶することができます．

7.1.2　クリップボードを介した移動と複写

複写の操作手順を簡単に示します．詳しくは「3.7　複写と移動」や「4.3　移動と複写」を参照してください．

複写の手順

1. 複写元のデータを選択します（範囲指定します）．
2. ［コピー］コマンドを実行します．
3. 複写先を指定します（カーソルを複写先におきます）．
4. ［貼り付け］コマンドを実行します．

7.1.3　アプリケーションの連携

クリップボードはWindowsが持っている機能ですので，Windows上のアプリケーションソフトならばクリップボードを共有して利用することができます．このときクリップボードにデータを記憶させるアプリケーションと，クリップボードに記憶されているデータを利用するアプリケーションが同一である必要はありません．すなわち，クリップボードを介して異なるアプリケーション間でデータを複写することができます．

Excelグラフを Word文書に複写する例を示します．

1. Excelで作成したグラフを選択します．
2. Excelで［コピー］コマンドを実行します．
3. Wordで複写先にカーソルをおきます．
4. Wordで［貼り付け］コマンドを実行します．

右は完成文書のイメージです．このようにクリップボードを介して複写することにより，複数のアプリケーション間でデータのやりとりをしながら，文書作成などの作業を遂行することができます．

三種の神器

7.2 OLE 機能

OLE とは Object Linking and Embedding の略です．複写の操作により貼り付けられたオブジェクトのデータ構造には，いくつかの種類があります．ここではそのうちの「リンク」と「埋め込み」について，Excel グラフを Word 文書に複写する例を用いて説明します．

7.2.1 リンク

リンクでは，貼り付けたオブジェクトが元のファイルと関連付けられています．そのため元のファイルを変更すると，貼り付けられたオブジェクトも連動して更新されます．

1. Excel のウィンドウでグラフを選択して［コピー］コマンドを実行します．

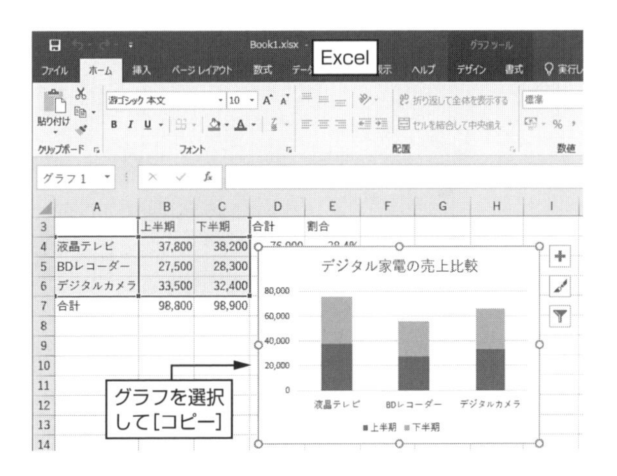

2. Word のウィンドウでグラフの挿入場所を指定して［貼り付け］コマンドを実行します．

3. 右下の (Ctrl)▾ ［貼り付けのオプション］をクリックして，［貼り付け先のテーマを使用しデータをリンク (L)］または［元の書式を保持しデータをリンク (F)］を選択します．
   ※この 2 つの違いは，貼り付けたデータの書式の違いです．

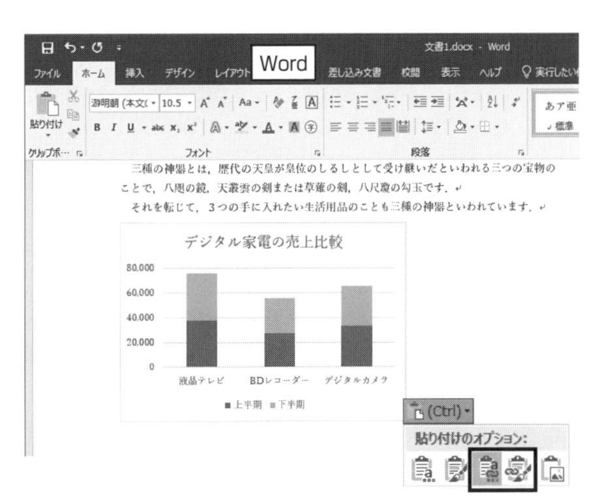

以上の操作で Word の文中に Excel グラフが挿入されます．

次に Word 文書中に貼り付けたグラフが Excel ファイルと連動していることを確認してみます．

4. Excel ファイルのデータを変更してみます．例えば右のように値を変更すると，それに連動してワークシート上のグラフも変更されます．

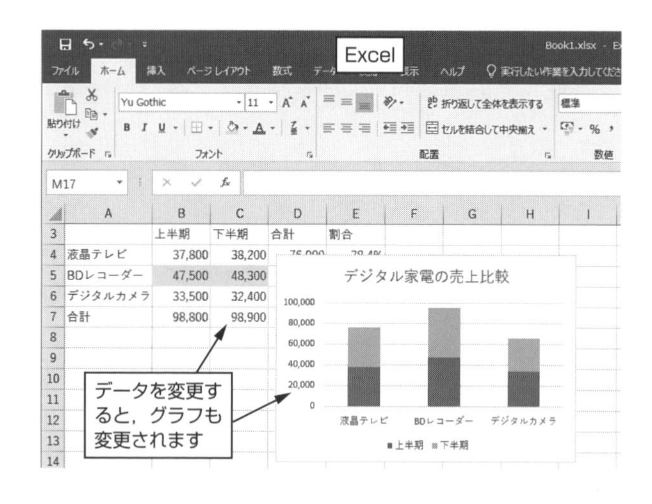

5. その状態で，Word ファイルに貼り付けられているグラフを選択して，リボンの［デザイン］タブの［データの更新］ボタンをクリックすると，Word に貼り付けられているグラフも更新されます．

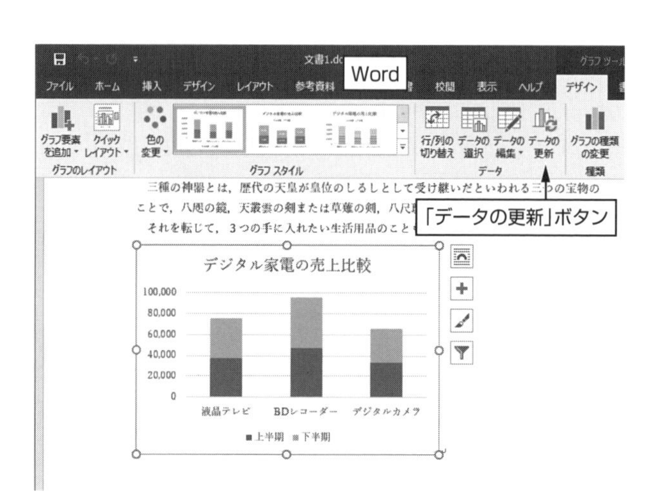

リンク貼り付けでは，原則として，元データのファイルを削除したり，ファイル名を変更してはいけません．そのような操作をするとファイルの関連付けがなくなり，データの更新ができなくなります．

7.2.2　埋め込み

埋め込みでは，オブジェクトを貼り付けたところに元データのファイルが挿入されています．挿入されたファイルを編集することもできます．

1. Excel のウィンドウでグラフを選択して［コピー］コマンドを実行します.

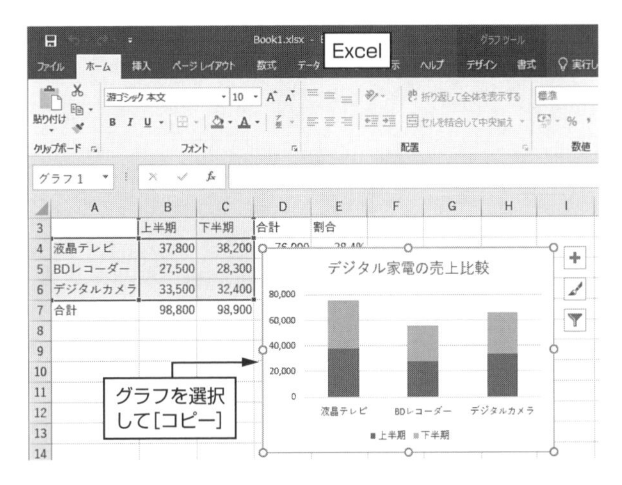

2. Word のウィンドウでグラフの挿入場所を指定して［貼り付け］コマンドを実行します.
3. 右下の (Ctrl)▾［貼り付けのオプション］をクリックして,［貼り付け先のテーマを使用しブックを埋め込む (H)］または［元の書式を保持しブックを埋め込む (K)］を選択します.

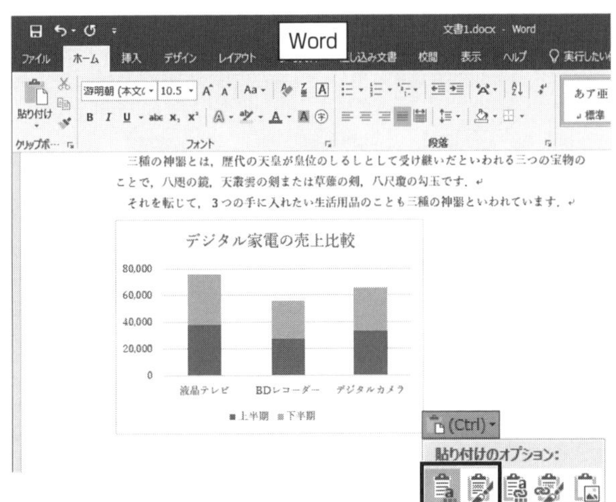

以上の操作で Word の文中に Excel グラフが挿入されます.

次に Word 文書中に Excel ファイルが埋め込まれていて，そのファイルを編集できることを確認してみます.

4. 挿入された Excel ファイルを編集するには，リボンの［デザイン］タブの［データの編集］ボタンをクリックします.
5. 挿入されている Excel ファイルが，別ウィンドウで開きます．編集してウィンドウを閉じると貼り付けられたグラフも更新されます.

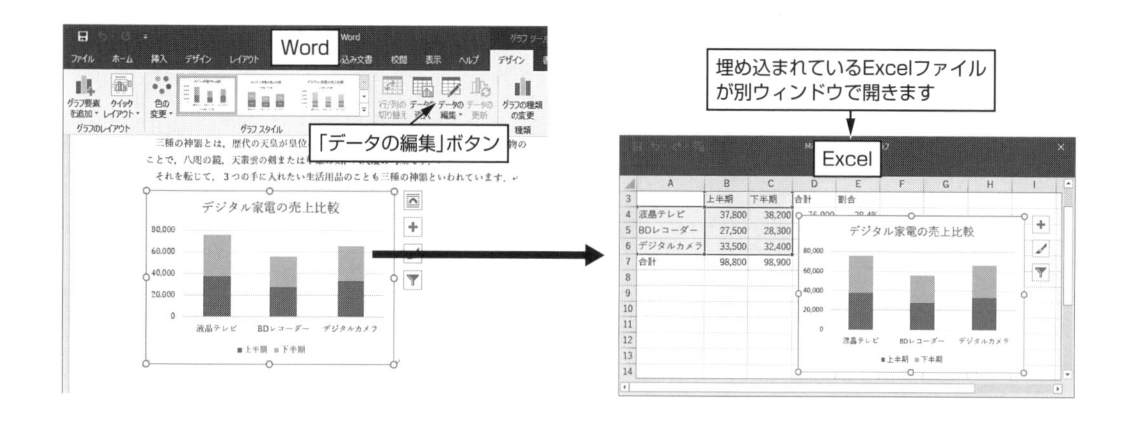

埋め込みの場合は，貼り付けてしまえば，元のファイルとの関連はありませんので，元ファイルを削除しても問題ありません．

7.2.3　図

グラフを単なる図として貼り付けることもできます．

図として貼り付けるには，(Ctrl)▾［貼り付けのオプション］から，［図(U)］を選択します．

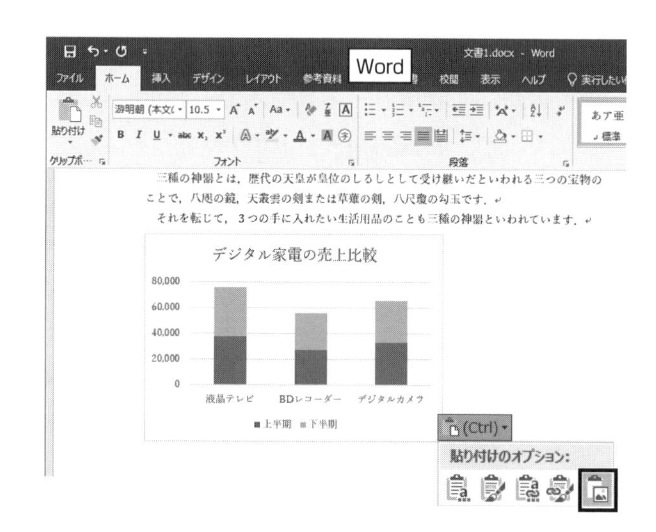

図の場合は，貼り付け後にデータを編集することはできません．しかし，明るさ・コントラストや色調の修整など，図としての編集を行うことができます．

第8章 情報文化社会の情報倫理

8.1 情報倫理

8.1.1 情報倫理とは

今，皆さんが直面している現代の新しい文化の特色の1つは，コンピュータを利活用することです．これを狭義では「コンピュータ文化」，広義では「情報文化」と呼びます．この「情報文化」は，計り知れないほど大きな可能性を秘めていると同時に，思いがけない危険性をもはらんでいます．高度に情報化された社会，特にインターネットによる世界中に開かれた情報処理環境では，思わぬ落とし穴がひそんでいるのです．それは，自分が知らぬ間に被害者になるばかりでなく，ときとして，加害者になってしまうという悲劇を招きます．問題が起きると，加害者となってしまった当事者は「そんなこと知りませんでした」「悪意があったわけではありません」「ただこうやっただけです」と，必ず言います．がしかし，そんな言い訳が通用するはずはありません．十分な注意が必要です．

そこでは「情報文化」の時代に即した，新しい倫理観が生まれてきています．それらの新しい文化である情報文化の倫理観をも含めて「情報倫理」について考えていかねばなりません．倫理が生まれる背景には必ず文化が存在します．その文化が基となって，技術，規範，生活，社会が構築されると共に，その中で倫理が育っていくのです．

「倫理」とは広辞苑によれば「人倫のみち．実際道徳の規範となる原理．道徳．」とあります．「人倫」とは，「人として守るべき道．」，また，「道徳」とは，「人のふみ行うべき道．ある社会でその成員の社会に対する，あるいは成員相互間の行為の善悪を判断する基準として，一般に承認されている規範の総体．法律のような外面的強制力を伴うものではなく，個人の内面的原理．」とあります．したがって「情報倫理（Information Ethics）」とは，“コンピュータおよびネットワークを利用する際の，人として当然守るべきみち”を意味することになります．

学問領域としての「情報倫理」は，生命倫理・環境倫理・労働倫理などの応用倫理学の中の最も新しい分野として位置づけられます．コンピュータの誕生とともに急激に発達した情報技術（Information Technology）の高度・広範囲な利用に，従来の社会的規範・ルール・制度が対応しきれず，そこで露呈した様々な問題の解決をめざす学問領域と言えます．情報教育がそうであったように，情報倫理もまた，元はコンピュータ倫理から派生していると考えられます．コンピュータ倫理の定義には，Deborah Johnson による「コンピュータが提示する新たな標準的道徳問題や道徳的ディレンマの研究であり，また既存の標準的道徳規範を，これらの問題を解決する際に新たな仕方で使用させるものである」というものや，James Moor による「コンピュータ技術の本質と社会的影響の分析，さらには，それに応じたこれらの技術の倫理的使用のための方針の形成や正当化」であるという定義などがあります．また，「知的財産権と情報倫理」（白井豊著，ダイゴ（1999 年））によれば，誕生したばかりの情報倫理学への取り組みは「他者を取り締まる側」「自らを守る側」「自らを律する側」「自由を標榜する側」の４つの立場からそれぞれになされていると指摘されています．

以上のような情報倫理についての学術的啓蒙および普及のために，次のようなホームページがあります．

- 高橋邦夫（千葉学芸高等学校，学校名を 2000 年４月に東金女子高等学校から改称）「情報モラル教育の実践と課題」
  http://www.cec.or.jp/books/H09seika/tougan.html
- 高橋邦夫（千葉学芸高等学校，学校名を2000年４月に東金女子高等学校から改称）「ネチケット情報」
  http://www.cgh.ed.jp/netiquette/
- 日本情報倫理協会のホームページ
  http://www.janl.net/

また，情報倫理の学術的研究については次のホームページなどが参考になります．

- 日本学術振興会「情報倫理の構築」プロジェクトによる報告
  http://www.ethics.bun.kyoto-u.ac.jp/wp/fine/

次に挙げるものは，官公庁等のホームページに掲載されている情報倫理等に関する答申，指針，資料などです．

- 警察庁サイバー犯罪対策プロジェクト
  http://www.npa.go.jp/cyber/index.html
- 独立行政法人情報処理推進機構　調査・研究報告書
  https://www.ipa.go.jp/security/products/products.html
- 経済産業省　「情報セキュリティ政策」
  https://www.meti.go.jp/policy/netsecurity/index.html

- サイトセキュリティーハンドブック（IETF）の日本語訳　編集者バーバラ・フレイサ
  https://www.ipa.go.jp/security/rfc/RFC2196-00JA.html
- コンピュータ不正アクセス対策基準　　通商産業省告示第 950 号
  https://www.ipa.go.jp/security/ciadr/guide-crack.html
- 情報システム安全対策基準　　通産省告示第 536 号（平成 7 年 8 月 29 日（通商産業省告示 518 号）制定，平成 9 年 9 月 24 日（通商産業省告示 536 号））
  https://www.meti.go.jp/policy/netsecurity/downloadfiles/esecu03j.pdf

8.1.2　利用規定と利用者の認証

コンピュータあるいはネットワークを利用する際，その環境を提供している機関・組織（情報処理センターや計算機センターなど）は，いくつかの決まりごと（規定，規程，規則など）を設けています．例えば，その機関の目的や位置づけ，責任，将来的な役割，機能などを検討し定める策定に関する規程（委員会の場合もあります），その機関・組織の現在の管理運営に関する規程，利用者に求められる利用規程，利用する際の技術的説明に当たる利用マニュアル，そして利用者のマナーについて言及している倫理規定などがそれです．機関・組織によっては，これらのいくつかが 1 つにまとめられている場合もあります．利用者は利用に先立ち利用規定（またはそれに準ずるもの）をよく読んで理解しておくことが肝要です．なぜなら，ほとんどの教育研究機関では，違反行為に対し利用資格の一時停止・取り消しなどの厳しい罰則措置を適用しているからです．

一般に，コンピュータシステムは，ログイン（ログオン）時に入力されたユーザ ID（利用資格コード）とパスワードにより，利用者の識別と本人であるかの確認をします．これを，利用者の認証またはユーザ認証と呼びます．

ユーザ ID（利用資格コード）について

(1) コンピュータシステムの正当な利用者であることを示す登録者コードのことです．
(2) システム管理者により利用者に付与され，変更できません．
(3) ユーザ ID の機能は，システム管理者に認められた正当な利用者であることを示すことと，アクセス権の識別です．

パスワードについて

(1) 利用者各自が設定する暗証番号のことです．
(2) 始めはシステム管理者から与えられる場合が多いのですが，利用者各自が変更できます．
(3) パスワードの機能は，本人確認のためです．

利用資格についての注意

（1）利用者は利用目的を明確にし，その利用目的遂行のため利用資格取得申請をします．

（2）利用者は，利用資格のもとでのすべての利用行為に関して全責任を負わなければなりません．

（3）虚偽の利用資格取得申請をしてはいけません．

（4）他の利用者と利用資格を共有してはいけません．ただし，共通の利用目的のため必要があってグループとしての資格を使用する場合は，このかぎりではありません．

パスワードについての注意

（1）できる限り破られにくいパスワードを設定するようにしましょう．

（2）仲が良いからといって自分のパスワードを友達に教えてはいけません．

（3）定期的にパスワードを変更すべきです．

自分のパスワードは自分以外の人は知りません．もしパスワードを忘れてしまったら，誰に聞いても教えてくれません．パスワードとは本来そういうものですから絶対に忘れないようにしなければなりません．パスワードを設定する際には「他人に知られることのないような」そして「自分自身は絶対に間違えたり，忘れたりしないような」工夫が各自必要となります．

パスワードの変更については後述の「8.2　パスワードの変更」で説明します．

次に，コンピュータまたはネットワークを利用するまったくの初心者のために，最小限の守るべき注意事項を，ごく簡単にやさしく示します．

（1）利用規定について

コンピュータあるいはネットワークを利用する際，その環境を提供している機関の利用規定（またはそれに準ずるもの）をよく読んで理解しておきましょう．ほとんどの教育機関では，違反行為に対し利用資格停止・取り消しなどの厳しい罰則措置を適用しています．

（2）利用資格とパスワードについて

利用資格（ユーザネーム，ユーザ ID）を他人に貸さないようにしましょう．

自分のパスワードは絶対に他人に教えてはいけません．

他人の利用資格を使用してはいけません．

（3）ソフトウェアについて

ソフトウェアの無断コピーはいけません．

（4）Eメールについて（受信）

知らない人からのメールは読まずに管理者に報告しましょう．特に，見知らぬ人からのメールの添付ファイルは絶対に開いてはいけません．コンピュータ・ウィルス感染のおそれがあります．

（5）Eメールについて（送信）

誹謗・中傷・冒涜あるいは品位を損ねる内容の送信はやめましょう．

同一アドレスへたくさんのメールを一度に送信することはいけません．

不特定多数へメールを送信することはいけません．

大学などの教育研究機関では営利目的の利用は禁じられています．

コンピュータあるいはネットワークを利用するようなアルバイトの仕事を，大学などの教育機関では一般的に禁止しています．

（6）ホームページの閲覧について

通信販売，電子商取引，バーチャルモールなどの利用は大学などの教育機関では一般に禁止されています．

アダルトサイト，出会い系サイト，闇サイト（犯罪の仲間を募集するサイト）などに注意しましょう．

（7）ホームページの掲載について

誹謗・中傷・冒涜あるいは品位を損ねる内容の掲載はやめましょう．

特定機関，例えば大学・学部・学科など，あるいは個人の不利益になるような表現はいけません．

大学などの教育研究機関では営利目的の利用は禁じられています．

雑誌などに掲載されている写真または絵・イラストなどを，許可なく，自分のホームページに掲載してはいけません．

他のホームページの絵，写真，文字などを，許可なく転載してはいけません．

以上が，コンピュータネットワークを利用する際の初心者のための簡単な注意点です．以下の各節で，さらに詳しく検討してみましょう．

8.2　パスワードの変更

パスワードは利用者を特定する唯一のものです．大切に自己管理してください．また，同じパスワードを使いつづけていると，他人に知られて被害に遭う危険があります．定期的に変更するのが好ましいでしょう．ここでは Windows 10 におけるパスワードの変更方法を説明します．

1. サインインしている状態で［Ctrl］＋［Alt］＋［Delete］キーを押します．

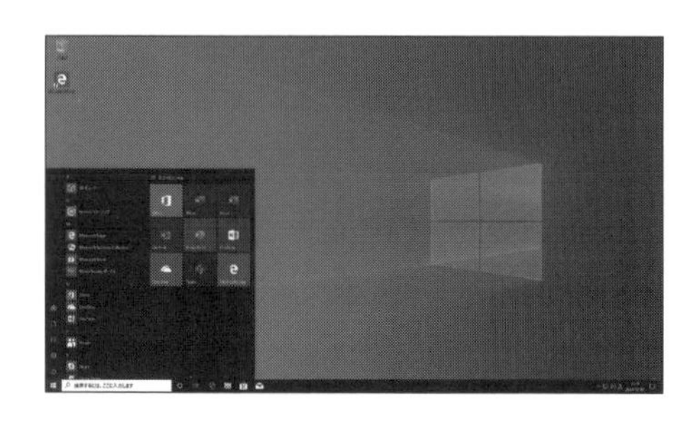

2. 右のように表示されますので，［パスワードの変更］を選択します．

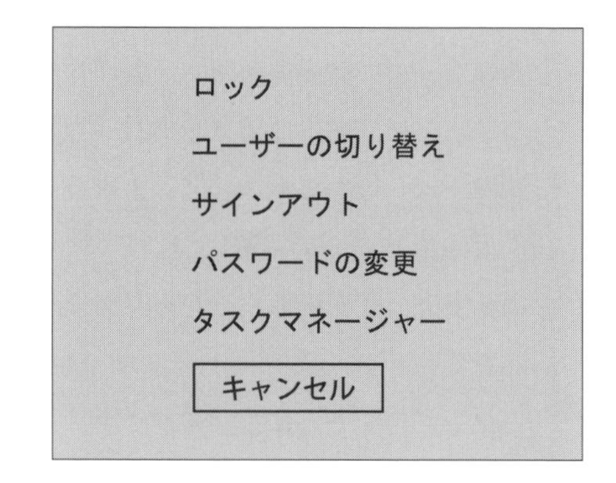

3. 右画面が表示されます．現在のパスワードと新しいパスワードを入力します．パスワード入力時はどのような文字を入力しても，画面には●印が表示されます．新しいパスワードは 2 回入力してください．2 回の入力が一致しないとパスワードは変更されません．

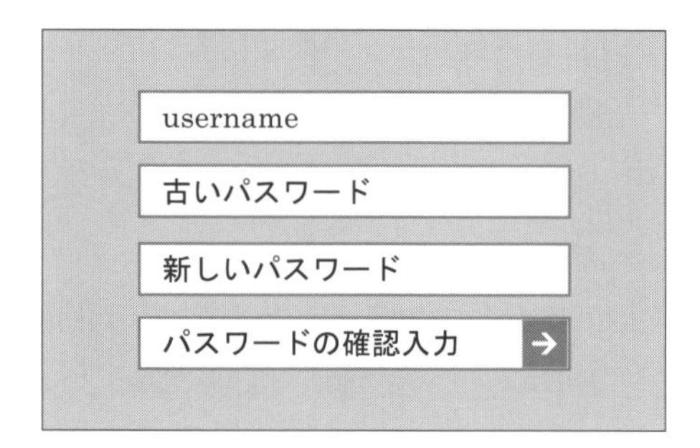

安全なパスワードを設定するには，次のようなことに考慮するといいでしょう．また，利用者に安全なパスワードを使わせるために，次のことがパスワード変更の条件になっていることもあります．

- 文字数が多い，例えば，少なくとも8文字以上にする
- ユーザID，名前，電話番号などの個人情報や，辞書に載っている単語と同一，もしくはそれを変形させたものではない（変形とは，例えば順番を変える，など）
- 新しいパスワードが，変更前のパスワードと大きく異なる
- いろいろな文字種を混ぜる，具体的には，大文字（ABC…），小文字（abc…），数字（123…），記号（#$%…）を混在させたパスワードにする

8.3 ネットワークの利用

8.3.1 法律上の制約

コンピュータネットワークシステムの利用に関連する法令は，高度に情報化された時代にあって，現在急速に整備されつつあります．日本では1987年に「電子計算機損壊等業務妨害罪」が導入され，ウィルスなどによる電子データの破壊や書き換えに，懲役5年以下の罰則が設けられました．また，2000年2月には「不正アクセス防止法」が施行され，他人の電子情報を盗み見ることにも刑罰を科すようになりました．

2002年7月には「特定電子メール送信適正化法」（いわゆる迷惑メール規制法）が施行され，広告宣伝メールのような一方的に送られるメールに対する法的ルールが定められました．さらに2008年12月の改正で，受信者の同意を得ていない広告宣伝メールの発信が禁止されるとともに，受信を拒否した人への再送信を禁じています．また，文化人の間で物議をかもしながらも，「個人情報の保護に関する法律」（通称，個人情報保護法）が2003年5月30日公布，2005年4月1日から施行されるなど，関連法案の整備・検討・準備が相次いでいます．

さて，次に情報処理に関して法律に触れる主なものを挙げてみます．もちろん，これらに違反する行為は，いずれも犯罪行為であり，処罰される対象となりますので十分な注意が必要です．なお，ここでファイルとは，「2.9　ファイル管理」で説明したコンピュータ上のファイルのことです．

(1) 他に被害をもたらすことが予想されるような，不正なファイルを作成してはいけません（刑法第161条の2）

(2) コンピュータを使用不可能な状態にしたり不正の指令を与えるなどしてコンピュータによ

る業務を妨害してはいけません（刑法第234条の2）

(3) コンピュータに不正の指令を与えるなどして，不正の利益を得てはいけません（刑法第246条の2）

(4) コンピュータで使用する他人のファイルを壊してはいけません（刑法第258条，第259条）

(5) 他人の特許権を侵害してはいけません（特許法第196条）

(6) 特許がないのに特許とまぎらわしい表示，表現をしてはいけません（特許法第198条）

(7) 他人の商標権を侵害してはいけません（商標法第78条）

(8) 登録商標でないのに登録商標とまぎらわしい表示，表現をしてはいけません（商標法第78条）

(9) 他人の著作権，出版権，著作者人格権，著作隣接権を侵害してはいけません（著作権法第119条）

(10) 商業用音楽をコピーし，それを頒布してはいけません（著作権法第121条の2）

(11) 総務大臣の許可を得ないで第1種電気通信事業を営んではいけません（電気通信事業法第100条）

(12) 電気通信事業者の営業活動やサービスを妨害してはいけません（電気通信事業法第102条）

(13) 他人の名誉を毀損してはいけません（刑法第230条）

(14) 公然と他人を侮辱してはいけません（刑法第231条）

(15) 他人の生命，身体，自由，名誉または財産を脅かしてはいけません（刑法第222条）

(16) 虚偽の風説を流布し，被害をもたらしてはいけません（刑法第233条）

(17) 他人を欺き，利益を得たりしてはいけません（刑法第246条）

(18) 他人を恐喝し，物を交付させてはいけません（刑法第249条）

(19) 賭け事をしてはいけません（刑法第185条）

(20) 宝くじを発売してはいけません（刑法第187条）

(21) わいせつな画像，文書，音声その他の物を頒布したり，公然と陳列してはいけません（刑法第175条）

上記の中で，今日の高度情報通信社会を考えると，特に重要であるものの1つに知的財産権の問題が浮上してきます．土地，家，自動車，パソコンなどの有形的な「物」には所有権が発生します．これに対して，著作，発明，考案あるいはコンピュータプログラムやデータなどの「無体物」に対しては知的所有権が発生します．この知的創作物を所有する権利を法律では知的財産権といい，一般に知的所有権，無体財産権などと呼ばれることもあります．文化庁の最近の分類によれば，知的財産権は，産業財産権と著作権ならびにその他の権利とに大きく分かれ，それぞれ次のような権利が含まれています．

知的財産権の内容

(1) 産業財産権

特許権（特許法）：発明を保護

実用新案権（実用新案法）：考案を保護

意匠権（意匠法）：物品のデザインを保護

商標権（商標法）：マークなどの営業標識を保護

(2) 著作権：創作の時点で何の手続きもなく自動的に創作者に発生する（無方式主義）著作者の権利

著作者財産権：複製権，上演権，演奏権，上映権，頒布権，翻訳権など（譲渡・相続できる）

著作者人格権：公表権，氏名表示権，同一性保持権など（譲渡・相続できない）

著作隣接権：実演，録音，録画，放送，送信に係る権利

実演家の権利

レコード製作者の権利

放送事業者の権利

有線放送事業者の権利

出版権：著作者と契約した著作物を出版者が独占的に出版することを保証する権利

(3) その他の権利

回路配置利用権

育成者権

営業秘密などを保護する権利

なお，以上に挙げた権利の有効期間はそれぞれの権利によって細かく制定されています．

以下のことは著作権の侵害にあたるケース（著作権法第 10 条および第 12 条）がありますので，特に注意が必要です．

1. **書籍，新聞，雑誌などの記事，写真，テレビ・ビデオの画像，楽曲，通信画面などの無断掲載**
2. **芸能人・スポーツ選手その他有名人の写真や似顔絵などの無断掲載**
3. **他人の作成したソフトウェアや市販ソフトウェアの無断配布**
4. **他人のメールの無断公開など**

インターネット上のホームページには，自由に閲覧あるいはダウンロードできるものがあ

りますが，それらすべてが自由にコピーして良いとは限りません．ダウンロードなどの許可を明示していないものに対しては，転載許可を得る必要があります．なぜなら，作者がその著作権を放棄しているとは限らず，著作権を留保している場合が一般的だからです．

ところで，以下に挙げる項目は，著作権がないものと考えられますので，自由に利用できます．

1. **著作権のないもの**
   憲法その他法律・政令・省令などの法令や国や地方公共団体の発する告示・訓令・通達，裁判所の判決など（著作権法第13条）
2. **著作権の消滅したもの**
   著作者の死亡後70年が経過したもの．公表後70年経った写真・映画など（著作権法第51条以下）．
3. **実用品，必需品**
   ごく一般的に皆が誰でも使う実用品
4. **活字，書体**
   活字になっているものや，書体，字の形態などには著作権はないとされています．ただし，人の書いた芸術としての「書」には著作権があります．

2004年1月1日に著作権法が改正施行され，著作権の保護有効期間が公表後50年から上記の2のように一部が70年と改められました．このときに，53年問題と呼ばれる著作権の有効期限についての事件が発生しました．この事件に関する新聞記事を抜粋，まとめると次のようになります．

53年問題

昭和28（1953）年に公開された映画には名作が多く，「シェーン」「ローマの休日」もこの年に公開されました．これら昭和28（1953）年に公開された映画は，平成15（2003）年12月31日の終了をもって公開後50年を経過します．改正前の著作権法では，著作権の保護期間は映画の公開後50年間と定められ，「シェーン」の著作権は2003年12月31日で切れるはずでした．しかし，翌年1月1日に，映画の著作権を70年間とする改正著作権法が施行されました．その後，この映画の廉価版DVDが次々と販売され，これらの販売会社に対し，米国の映画会社パラマウント・ピクチャーズ・コーポレーションなどが，「作品の著作権は自社にある」として製造・販売の差し止めを求める仮処分を東京地裁に申請しました（2006年5月

26日朝日新聞）．文化庁著作権課の見解は「2003年末まで保護期間があった映画は，著作権法の改正により保護期間がさらに20年間延長されている．なぜなら12月31日午後12時と翌年1月1日午前0時が接触しているからだ」としています．ところが，東京地裁は，「日を単位としてみれば12月31日と1月1日とは異なる．重なりも認められない．したがって，1953年に団体名義で公表された映画の著作権は，50年後の2003年12月31日で消滅している」として，2006年7月「ローマの休日」，同年10月「シェーン」の格安DVDの販売差し止めを求める映画会社の仮処分申請を却下しました（2006年10月7日朝日新聞）．この裁判の上告審判決でも，最高裁はパラマウント側の上告を退け，「著作権は消滅した」と判断した1，2審判決を支持し，最終的に判決が確定しました（2007年12月18日各社新聞）．著作権を策定した文化庁の考えと，その法律を施行する裁判所の見解とが違っていた珍しい例です．

次に，プログラムなどのコンピュータソフトウェアに対する著作権の有無には以下のものがありますので留意しましょう．

1. **市販ソフトウェア**
   パソコンショップなどで購入できる一般的なソフトウェアのこと（注文で特別に作成するプログラムはこれに当たりません）で，著作権，出版権が発生しています．
2. **シェアウェア**
   パソコン通信やインターネットなどのネット上で配布されたプログラム（これをオンラインソフトウェアと呼びます）で，有償のものです．当然，著作権・出版権が発生しています．この中には，一定の期間は無償で使用できますが，その後継続して使用する場合は代金を支払わなければならないもの，また，試用期間ではなく試用回数が制限されているものや，試用期間中の利用機能が限定されているものなどがあります．
3. **フリーソフトウェア**
   フリーウェアとも言います．製作者が著作権を留保した形で配布・流通を認めた無料のプログラムのことです．使用や再配布は自由ですが，勝手に改造変更はしてはいけません．また，原則として商用目的の利用は禁じられています．なお，異常動作による損害に対する補償はないと考えるべきです．
4. **パブリックドメインソフトウェア（PDS）**
   製作者の意志によって著作権が放棄された，無料で利用できる公開プログラムのことです．複製や改造，修正，配布が自由にできます．米国ではパブリックドメインとは著作権の放棄を意味しますが，前述のように，日本では著作者財産権は放棄・譲渡できますが著作者人格権を放棄・譲渡することはできません．

以上の知的財産権のほかに重要な問題として「プライバシーの侵害」があります．これは，その内容や被害程度によっては，民事上の損害賠償責任（民法第709・第710・第723条）または，場合によっては名誉，信用の毀損として刑事罰（憲法第230・第233条，刑法第175条）の対象にもなる可能性がありますので要注意です．

1. 他人のいかなる個人情報（私生活上の事実や写真・似顔絵（肖像））も本人の許可なく公表してはならないこと．
2. 個人の名誉および信用に対して攻撃してはならないこと．
3. 通信の秘密は侵してはならないこと（世界人権宣言第12条，日本国憲法第21条）．
   例えば，電話番号や住所，年齢など他人の個人情報を掲載してはいけません．また，たとえ自分が撮った写真であっても他人の肖像を本人の許可なしに掲載してはいけません（肖像権）．

なお，著作権物の取り扱いについて，2003年2月から文化庁が新しい試み「自由利用マーク」を始めましたが，残念なことに普及しませんでした．

また，最近では「著作権法の一部を改正する法律」が平成30年法律第30号として公布，施行されました．改正の主旨は，ディジタル・ネットワーク技術の進展により，新たに生まれる様々な著作物の利用ニーズに的確に対応するため，著作権者の許諾を受ける必要がある行為の範囲を見直し，情報関連産業，教育，障害者，美術館等におけるアーカイブの利活用に係る著作物の利用をより円滑に行えるようにする，としています．詳細は，文化庁ホームページの「著作権法の一部を改正する法律（平成30年法律第30号）について」（http://www.bunka.go.jp/seisaku/chosakuken/hokaisei/h30_hokaisei/）を参照してください．

8.3.2　ネチケット，メディアリテラシー

コンピュータネットワークを利用する際のエチケットのことを，かつてネチケットと呼んでいた時代がありました．ネチケットの具体的内容については，インターネット上の取り決めであるRFC（Request For Comments）によって定められています．この文書（RFC1855）を高橋邦夫氏（千葉学芸高校（学校名を2000年4月に東金女子高等学校から改称））が邦訳し，あわせて様々なネチケットに関する情報・資料を同校のホームページ（http://www.cgh.ed.jp/netiquette/）上で公開しています．

しかし最近では，ネチケットという呼び方よりも，一般的にメディアリテラシーという呼び方が知られてきています．メディアリテラシーとは，情報社会に生きる私達が，身の周りを行き交う情報の真偽・善悪を識別する力，さらにそれらを活用して情報を発信する時のマナーを守る力の総称をいいます．

インターネットを代表とする情報ネットワークを利用しているとき，利用者は実際にはコンピュータに面していますが，その向こう側には情報を受信したり発信している人間が存在していることを忘れてはいけません．つまり，インターネットなどのコンピュータネットワークは，あくまでも，人と人とのコミュニケーションの仲介物にすぎないのです．このようなコンピュータを介する新しいコミュニケーションでも，もちろん，これに参加する利用者相互の，人としての尊厳・人格を尊重することが求められます．このことは，普段の人間関係とまったく同じことなのです．

したがって，ネットワーク上での誹謗中傷，名誉毀損，個人攻撃，差別表現，卑わいな表現など，人の道に外れた行為は，決して許されることではありません．大事なことは，どのような場合でも，たとえネットワーク上のバーチャルな空間であっても，普通の社会生活と同様に，社会の一員としての自覚に基づき良識に従った言動が求められているということです．

ネチケット，メディアリテラシーとして守るべきマナーは沢山ありますが，特に注意，配慮が必要な事例を，以下に記します．

1. チェーンレター（チェーンメール，いわゆる「不幸の手紙」）やバトン（SNS で送信してきたメールの質問に答えて，同じ質問を友達に回すメール）はやめましょう．
2. スパムメールは，相手に不愉快な思いをさせるだけでなく，コンピュータシステムに被害を与える場合がありますので絶対に行ってはいけません．スパムメールとは，同一のメールを何度も送信すること，あるいは意味のない長いメール（大容量のメール）を送信することの意味ですが，不特定多数へのダイレクトメールのような有害メール・迷惑メール一般を指すこともあります．
3. 他人の Web ページへリンクする（リンクを貼る）場合，一応，許可を得ることがマナーとなります．
4. 友人・知人の電話番号や住所，顔写真などを，無断で公開してはいけません．自分の電話番号や住所なども，むやみやたらと公開しないほうがよいでしょう．

8.3.3 コンピュータ・ウィルス

コンピュータ・ウィルスとは，ネットワークやディスクコピーを通して他のコンピュータに潜入し，ディスクの内容などを破壊してしまうなどの被害を与えることを目的としたプログラムで，他のプログラムの中に潜伏し（潜伏機能），そのプログラムを実行したときなどに発現し害を及ぼす（発現機能）とともに，別のコンピュータへ増殖（増殖または感染機能）していきます．なお，ウィルスが潜伏する場所により (a) ブートセクタ・ウィルス，(b) プログラム・ウィルス，(c) マクロ・ウィルスと呼ばれることもあります．

コンピュータ・ウィルスはこのようにコンピュータに障害を与えることで有名ですが，似たように被害を与えるものとして以下を挙げることができます.

(1)　バグ

本来プログラムにおける誤りをいいますが，最近ではハードウェアおよびソフトウェアの欠陥を指す場合もあります．このバグが原因でコンピュータは，ときとして，プログラマの意図とは異なった動作をします．プログラムのバグを取り除く作業をデバッグ，またはバグフィックスと呼びます.

(2)　トロイの木馬

コンピュータの後日の被害を目的とした潜伏機能を持ったプログラムのことです．感染（増殖）する機能は持っていません.

(3)　電子ワーム

ネットワークを介して他のコンピュータに侵入しシステムに害を与える独立したプログラムをいいます．感染（増殖）機能を持っているものと，ないものとありますが，潜伏機能はありません.

また，コンピュータ・ウィルスの呼び名は，上記 (2)，(3) を含め，コンピュータシステムに障害を与える悪質なプログラム一般に対する総称としても使うこともあります．このように，名称の定義，機能の有無についてはあくまでも目安であり，確定した概念ではありません．以上を表にまとめると次のようになります.

種類	発現機能	感染（増殖）機能	潜伏機能
バグ	ある	ない	—
トロイの木馬	ある	ない	ある
ワーム	ある	ない，または，ある	ない
(狭義の) ウィルス	ある	ある	ある

この他に，ウィルスに似せた悪質な電子メールをデマウィルスと呼びます．これらとは別に，イースター・エッグと呼ばれる製作者の遊び心を反映したプログラムもあります．これはコンピュータシステムに対し悪さをしません．また，コンピュータ・ウィルス侵入の発見および除去を行うためのプログラムは，ワクチンソフトあるいは単にワクチンと呼ばれます.

コンピュータ・ウィルス感染の対策として次の項目を挙げます.

1. 最新のワクチンの利用
2. 重要なデータのバックアップ
3. メールの添付ファイルはウィルス検査が必要
4. 外部から持ちこまれたファイルおよびダウンロードしたファイルは直ちにウィルス検査
5. 常日頃からのコンピュータウィルスに対する細心の注意
6. プロバイダのコンピュータウィルス，スパイウェア対策サービスの活用

近年，コンピュータ・ウィルスは，国家や民間企業，個人などのコンピュータシステムに不正侵入し，情報を盗んだり，機能不全にしたりする「サイバー攻撃」として問題となっています．日本はサイバー犯罪条約に加盟するため刑法を改正（2011年施行）し，不正指令電磁的記録（コンピュータ・ウィルス）に関する罪を新設し，ウィルスの作成，取得などを禁じ，処罰対象としました．結果日本は2012年，サイバー犯罪条約に加盟しました．

サイバー攻撃対策に国と地方自治体が責務を負うことを記したサイバーセキュリティ基本法も2015年に施行されましたが，次々と新たな手口が編み出され，被害は絶えません．2017年には，他人のパソコンをロックして金銭を要求する身代金型ウィルス「ランサムウェア」による被害が世界的に広がりました．

8.3.4 仮想通貨

情報技術の活用は，金融の分野でも進んでいます．インターネット技術と金融を融合させたサービスを「フィンテック」と言います．特に，ネット上で流通する「仮想通貨」もその1つで，世界中で注目されています．2018年5月の時点で1580種類もの仮想通貨が取引されており，日本では「ビットコイン」などの取引が盛んです．
以下に，代表的な仮想通貨を挙げておきます．

1. ビットコイン：2009年から運用されている仮想通貨の代表格.
2. イーサリアム：2015年に誕生.
3. リップル：運営会社にはIT大手のgoogleなどが出資している.
4. ビットコインキャッシュ：ビットコインから分裂し，2017年8月に誕生.
5. カルダノ：元々はオンラインのカジノゲームで注目を浴びていた.
6. ネム：NEM財団が運営．コインチェック社から不正流出.

以上のように大変注目されている仮想通貨ですが，円やドルといった法定通貨とは異なり，信用を裏付ける管理主体や公的な発行がないため，匿名性が高く，犯罪に悪用されるケースもあります．代表的な悪用のケースに，「マネーロンダリング（資金洗浄）」があります．これは，脱税や粉飾決算など犯罪で得た現金を，架空名義の金融機関口座などで送金を繰り返したり，株や債券を買ったりして，資金の出所を追跡できないようにすることです．仮想通貨はマネーロンダリングに利用される恐れがあるため，2017年に改正資金決済法が施行され，交換業者を登録制にして金融庁の監督下におき，防止対策をしましたが，その後も仮想通貨の不正やトラブルは相次いでいるのが現状です．

8.3.5　新しいネットワーク利用の試み

インターネットやスマートフォンの普及に伴い，新しいネットワーク利用の試みが次々と生まれてきています．

例えば，自宅や外出先など，オフィス以外で働き，インターネットを通じてのみ仕事仲間と接触をする「テレ・ワーク」があります．通勤時間がなくなる分，時間節約ができることにより，働きたくても育児や病気で出社が困難な人にメリットをもたらしますが，同僚と対面しないことですれ違いが生じるなどのデメリットも生じ，テレ・ワーク導入に賛否の声があります．

他にも，新しいネットワーク利用の試みとして，「遠隔治療」があります．「遠隔治療」とは，患者が病院に行かず，自宅でタブレット端末やスマートフォンを使い，遠くにいる医師の診療を受けることです．厚生労働省は2015年，遠隔治療を事実上全面解禁し，2018年度の診療報酬改定で診療報酬も明確にしました．しかし，薬に関しては，薬剤師の対面が必須の「服薬指導」が別の法律で設けられているため，オンライン治療を受けても処方箋を医師から郵送してもらい，薬局へ持っていかなければなりません．このため，特区制度を利用し，へき地や離島の患者に限りオンライン服薬指導を認める試みが動き出しています．

8.4　SNSの注意点

現代では，スマートフォンやタブレットPC（多機能情報端末）から，携帯電話回線や無線LAN環境などを通じて，いつでもどこでも手軽にインターネットに接続することができます．このような高度情報ネットワーク社会（または高度情報通信社会と呼びます）では，SNS（Social Networking Service）の利用者間でのトラブルが多発しています．この節では，特にSNSについてのトラブル回避のための知見を深めていきます．

SNSとは，IT用語辞典e-Wordsなどによれば「人と人とのつながりを促進・サポートする，コミュニティ型のサービスやWebサイト」の総称です．「Facebook」（米国）や「Twitter」（米国），「GREE」（日本），「mixi」（日本），「LINE」（韓国・日本）などのサイトやアプリケーションがその代表的なものです．

六次の隔たり

SNSの普及の背景には「六次の隔たり（Six Degrees of Separation）」という考え方があります．これは，自分の知り合いから次の知り合いへと順次たどっていくと平均（最短仲介数の平均）6人で世界中の人々と繋がる，という仮説です．言い換えれば，任意に2人の人を選ぶと，その片方から知り合いをたどっていけば平均6人でもう片方の人と繋がるというものです．このように，世界は意外と少ない人たちのネットワークでできているのです．これを，スモール・ワールド現象と言います．
この考え方は，古くはカリンティ・フリジェシュの小説やジョン・グエアの戯曲（後に映画化される）に見ることができます．学術的には，イェール大学の心理学者スタンレー・ミルグラムが1967年に米国ネブラスカ州で実験を行ない，その結果が「六次の隔たり」を有名にしました．その後，別の科学者や，日本のテレビ番組等で検証が行われています．また，mixiならびに，Facebookとミラノ大学が，それぞれのSNSの中で実験・検証し，結果を公表しています．これらの検証の結果，最短仲介数の平均はすべて4〜7人に収まっています．
ちなみに，計算上では，始めにある人が44人の知人にメールを送り，送られた人たちがそれぞれ別の（前の人たちとは重複しない）新しい44人にメールを送り，これを次々とつなげていくと6回目で44^6=7,256,313,856人となり，地球の総人口（約70億人）に到達します．

総務省では，最近実際に起こったインターネットトラブルに関する事例を各方面から集め，その中から代表的な事例を挙げながら，予防法と対処法を紹介しています．以下はその「インターネットトラブル事例集（平成29年度版）」（本編および追補版）・同じく「事例集解説集（平成28年度版）」
（http://www.soumu.go.jp/main_sosiki/joho_tsusin/kyouiku_joho-ka/jireishu.html）
を参考にして，簡潔に重要点を抜き出したものです．また，総務省はスマートフォン利用時に注意すべき事項を「スマートフォン　プライバシーガイド」と称したパンフレットにまとめ，公表しています．（http://www.soumu.go.jp/main_content/000227662.pdf）

8.4.1　アクセスポイントについて

誰でも利用できるアクセスポントの中には，利用者の通信内容を窃取するために設置されているものもあります．「無料・便利」に注意しましょう．

8.4.2　アプリについて

スマートフォン向け不正アプリが急増しています．不正アプリのダウンロードにより不当請求を受けたり，氏名，電話番号，メールアドレス，大学名などの個人情報が盗み取られることがあります．ダウンロードしようとしているアプリの安全性を確認しましょう．

8.4.3　書き込みや画像・動画の掲載について

SNSでは，身の回りに起きた出来事を書き込んだり，写真をアップしたり，あるいは友達の書き込みにコメントすることが日常的に行われます．書き込みや写真のアップが原因となったトラブルが多発しています．

軽い気持ちで書き込んだ言葉でも，相手をひどく傷つける場合があります．相手の気持ちを考えて発信しましょう．

インターネット上で発信した情報はすぐに多くの人たちに広まります．SNS ではグループ限定で公開しているつもりでも，グループ内の友達を通じて知らない人に伝わることがあります．「みんなが見ている」と思ってください．

一度拡散した情報は完全には削除できません．「データは消えずに残る」と思ってください．

インターネット上の書き込みは，匿名で発信しても，調べれば誰が書き込んだか特定することができます．発信した情報に，中傷などのコメントが殺到し，炎上した場合は，直ちに 8.4.7 の「もし，トラブルにあったら」を読み，適切に対応しましょう．

書き込み内容が悪質な場合，犯罪となることがあります．誹謗中傷やいじめは絶対にいけません．

画像，動画の投稿やアップは，内容をよく確かめ慎重に行いましょう．「面白いから」という理由での他人が映っている画像・動画は，とかく，映っている人にとっては「面白くないこと」です．大きなトラブルを引き起こす火種となります．また，反社会的な行為の画像や動画を面白がって，あるいは自慢気に投稿するのは慎むべきです．

近年では，本人が誤情報だと知らない場合でも，誤った他人の情報を（ツイッターなら）リツイート，（フェイスブックなら）シェアなどで拡散してしまい，トラブルになることが多く見受けられますが，この場合も犯罪となってしまう可能性がありますので，特に注意が必要です．

SNS に個人情報を掲載することは非常に危険です．自分だけでなく，友達の個人情報（氏名，学校名，電話番号，メールアドレスなど）を掲載してはいけません．

友達の写真や動画を許可なくコメントを付けて公開するなどしてトラブルに発展する例が多くあります．このような行為も肖像権の侵害にあたり犯罪行為となります．

一度情報が拡散されてしまうと，完全に削除することは困難です．近年注目されているのは，「他人に知られたくない過去の個人情報をネット上から消したい」と求める声が多くなり意識されるようになった「忘れられる権利」です．個人情報の削除を求めるこの権利は，欧州連合（EU）では法的権利として認められています．一方，日本の裁判所は，まだ既存のプライバシー権を基にその都度削除を認めるか判断しており，新しい人権として完全に定着していません．

インターネット上の掲示板などに軽い気持ちや，いたずら心から発した「犯行予告するような書き込み」は，本気でなくとも業務妨害，脅迫などの罪になることがあります．

掲示板などへのいたずらの書き込みが社会不安をあおったり，多くの人が迷惑をこうむったりすることがあります.

出会い系サイト規制法は，大人は勿論，未成年に対しても異性交際などの誘引を禁じています．警察はインターネット上の違法行為を取り締まるため，サイバーパトロールを行っています．実際に行動するつもりがなくとも書き込みをするだけで罪にとわれることがあります.

8.4.4 メールについて

メールのやり取りは，とかく端的になりがちです．相手に誤解を与えないよう，絵文字やスタンプも含め表現に十分注意しましょう.

「ご登録ありがとうございます」などの身に覚えのないメールが届いても，慌てて業者に連絡をとる必要はありません．相手に個人情報を知らせることになるので危険です.

SNSで回ってきたメールの質問に答えて，同じ質問を友達に回す「バトン」と呼ばれるチェーンメールは，友達から質問として送られてくるのでチェーンメールと思われにくい特性があります．注意しましょう.

身に覚えのない不当請求，不正請求は，言われるままに支払わないようにしましょう.

8.4.5 著作権について

違法ではないサイトから自分でコピーした画像・動画や楽曲，ゲームソフトなどは，個人で楽しむ範囲では構いませんが，それらを友達に配ることは著作権侵害にあたります.

違法サイトと知りながらゲームソフトや動画をダウンロードすることは，個人的に楽しむ目的であっても著作権侵害にあたる重大な違法行為です．2年以下の懲役または200万円以下の罰金（またはその両方）が科せられます（平成24年10月から).

8.4.6 ゲームについて

無料で気楽に始められるソーシャルゲームのアプリが急増していますが，中にはゲーム内のアイテム購入によって課金が積み重なり，多額の金銭を浪費してしまうことがあります.「無料」とされているゲームでも，ゲーム内のアイテムは有料の場合が多いのです.

友達と一緒にプレイするオンラインゲームは，無料で簡単に始められるものが多いのですが，決められたゲームのクリアがないものが多く，友達とのコミュニケ―ションを円滑に保つため，際限なくプレイしてしまい，日常生活，学校生活に支障をきたすことがあります.

また最近では，対戦型のコンピュータ・ゲームが国際的にスポーツ「eスポーツ」として認められ，2018年のアジア大会では公開競技となりました．eスポーツの普及により，深刻なゲーム依存が進み，世界保健機関（WHO）が「ゲーム障害」として新たな病気として位置付ける方針が立てられています．ゲーム障害は，「ゲームの頻度やプレイ時間などのコントロールができない」,「日常生活や他の関心事よりもゲームを優先する」,「人間関係や健康などで問題が起きてもゲームをやめない」などの症状が1年以上継続されると診断されます.

8.4.7　もし，トラブルにあったら

SNSに関わるトラブルにあったら，すぐに大学の然るべき機関（学生相談室，スクールカウンセラなど）へ相談に行きましょう（「8.5　問題が起こってしまったら」を参照してください）.

8.5　問題が起こってしまったら

コンピュータネットワーク利用上，何らかのトラブルに遭遇した利用者は，そのトラブルの原因が利用者側にあるか否かにかかわらず，システム管理者（例えば，情報処理センター，計算機センターなど）に対し，速やかに，その事実を報告しましょう．もし，利用者が規程違反行為その他の不正な行為をしてしまい，法的責任を追求される可能性があるとき，または逆に精神的，肉体的，経済的被害にあったときは，速やかにシステム管理者に申し出て，その後の対応（弁護士依頼相談を含む）について相談するようにしましょう.

また，個人的にプロバイダ契約を結びインターネットを利用している場合の被害や，携帯電話での被害については，例えば，警視庁生活安全総務課，あるいは国民生活センターなどが「被害相談」を受け付けています．携帯電話で発生する架空・不当請求にも対処してくれます．架空請求とは，まったくそのサービスを利用していない場合の請求のことで，不当請求とは，そのサービスを利用したけれども高額の請求を受けるなどの場合の不当な請求のことです．また，最近は犯罪仲間を募集する「闇サイト」にも注意しなければなりません.

よくある「被害相談」の例として，次のようなものがあります.

- クリックしたら突然，料金請求画面が表示された（ワンクリック詐欺）
- ホームページやブログに自分の名前，住所等の個人情報や悪口を掲載された
- 身に覚えのない料金を請求された（架空請求）
- オークションで落札して代金を入金したが商品が届かず，相手と連絡が取れなくなった
- 有料サイトを利用したが，とても高額な料金を請求された（不当請求）

万が一，被害にあってしまったときの被害相談のために，参考となるホームページを以下に挙げます.

- 警察庁　インターネット安全・安心相談
  http://www.npa.go.jp/cybersafety/

- 警察庁　あぶない！出会い系サイト
  http://www.npa.go.jp/cyber/deai/index.html
- 国民生活センター
  http://www.kokusen.go.jp/
- 消費者ホットライン「188」に電話

8.6　情報文化の成熟に向けて

8.6.1　国際間の異文化交流のルール

インターネットは，即時性を伴った地球規模のネットワークであり，その意味においては国家の境界を意識させないスペースを形成しています．そのようなインターネット社会では，現実の人間社会で当然守らなければならない規律，とりわけ基本的な人権は，保障されなければなりません．また，世界中の国それぞれの文化や慣習，宗教および差別的諸問題等にかかわる記述には，特に配慮する必要があります．

1. 人権（世界人権宣言や日本国憲法によって保障されている）の保護に違反する行為をしてはいけません．
2. 差別表現，つまり人種，皮膚の色，身体的特徴，性，言語，宗教，政治上その他の信条，国民的あるいは社会的出身，財産，門地，社会的身分などいかなる事由によっても差別してはいけません．（世界人権宣言第２条，日本国憲法第 14 条１項）
3. インターネットには国境がないので，輸出禁止品目に該当するコンピュータソフトを自由にダウンロード（ファイル転送）できるようにしてはいけません（外国為替及び外国貿易管理法第 25 条１項１号・２項・第 69 条の６第１項１号・第 70 条 19 号の 2)．
4. 特に日本から海外へ行く留学生や海外からの留学生は，スパイ行為と捉えられかねないような，まぎらわしい行為は努めて避けたいものです．

8.6.2　おわりに

インターネットを代表とするネット社会では，様々な情報が氾濫しています．その中には有益な情報もあれば有害な情報もあります．その「有害情報」には，「コンピュータ・ウィルス」などのコンピュータシステムに直接的に被害をもたらすものから，「毒薬の利用」「武器・爆弾の製造法」「自殺のすすめ」というような反社会的情報，あるいは「ポルノ画像」「わいせつ的表現」といった教育上好ましくないものなど多岐にわたっています．これらの有害情報を含め，ハイテク犯罪による被害は年々増加しています．ハイテク犯罪とは，コンピュータ技術および電気通信技術を悪用した犯罪を言います．

このような多発している不正アクセスやネット犯罪も単に法的に規制したからといって解決するとは限りません．なぜなら，その犯人の多くは愉快犯のため，結局のところ，ハッカーやコンピュータウィルスとそれに対するファイアウォールやワクチンとの技術的いたちごっことなってしまうからです．

なお，ファイアウォール（firewall）とは，「防火壁」の意味ですが，コンピュータネットワークにおいては，不正な侵入や破壊的行為を未然に防ぐために，外部からのアクセスを監視・制限して内部のネットワークの安全を図るシステムをいいます．ハッカー（hacker）とは，元々高度なコンピュータ技術を持ったコンピュータマニアに対する尊称として使用されていましたが，通信ネットワークの発達後は，コンピュータシステムに不正に侵入したり，データの盗用・破壊・改ざんを行う悪質な利用者として使われるようになりました．このため，後者の悪質な情報ネットワーク利用者を特にクラッカーと呼び，前者の元々の意味であるハッカーと区別することもあります．

国によって法律や文化，習慣が違うことを私たちは相互に理解しあい，これからのネットワーク社会を安全で楽しいものにしていくことが，「情報文化の成熟」につながっていくのです．情報倫理の問題は，結局は，その国の，あるいはその人の「情報文化の成熟度」に由来しているのです．

資料：情報処理関連の主な認定試験・検定試験

情報処理関連の試験には，国などの中立的な機関が行っているものと製品メーカーなどの企業が行っているものがあります．そして試験内容も知識を問うものとソフトウェアの操作能力を問うものに大別することができます．

情報処理技術者試験

資格内容　情報技術に関する知識を幅広く問う．経済産業省が認定する国家試験．
ITパスポート，基本情報技術者，応用情報技術者などの試験区分がある．

問合せ先　独立行政法人 情報処理推進機構

URL　https://www.jitec.ipa.go.jp/

情報検定（J検）

資格内容　社会人として必要な情報処理に関する知識を問う．（文部科学省後援）
情報システム，情報活用，情報デザインの区分がある．

問合せ先　一般財団法人 職業教育・キャリア教育財団　検定試験センター

URL　http://jken.sgec.or.jp/

ICTプロフィシエンシー検定試験（P検）

資格内容　ICTを活用した問題解決力と，オフィスソフトの操作能力を問う．級別．

問合せ先　ICTプロフィシエンシー検定協会（P検協会）

URL　https://www.pken.com/

情報処理技能検定試験／文書デザイン検定試験など

資格内容　表計算，ワープロなどのオフィスソフトの操作能力を問う．（文部科学省後援）
情報処理技能検定，文書デザイン検定などの区分があり，それぞれ級別．

問合せ先　日本情報処理検定協会（日検）

URL　https://www.goukaku.ne.jp/

マイクロソフトオフィススペシャリスト（MOS）

資格内容　Microsoft Office製品の操作能力を問う．試験区分はWord，Excelなどのアプリケーションごとに，かつバージョンごとに分かれている．

問合せ先　(株)オデッセイ コミュニケーションズ　カスタマーサービス

URL　https://mos.odyssey-com.co.jp/

IC^3（アイシースリー）

資格内容　コンピュータやインターネットに関する知識・スキルを問う.
　　　　　19の言語で実施されている世界共通の資格試験.
問合せ先　(株)オデッセイ コミュニケーションズ　カスタマーサービス
URL　　　https://ic3.odyssey-com.co.jp/

インターネット検定「.com Master」

資格内容　インターネットに関する知識を問う.
　　　　　ベーシックとアドバンスの2つのグレードがある.
問合せ先　NTTコミュニケーションズ検定事務局
URL　　　https://www.ntt.com/com-master/

日商PC検定

資格内容　情報処理全般に関する知識と，オフィスソフトの操作能力を問う.
問合せ先　日本商工会議所・各地商工会議所
URL　　　https://www.kentei.ne.jp/

CGクリエイター検定／Webデザイナー検定／マルチメディア検定など

資格内容　コンピュータグラフィックス（CG）などの画像処理技術を問う.
問合せ先　公益財団法人 画像情報教育振興協会（CG-ARTS協会）
URL　　　https://www.cgarts.or.jp/kentei/

DTPエキスパート認証試験

資格内容　DTPに関するグラフィックアーツ，コンピュータ環境の知識を問う.
問合せ先　公益社団法人 日本印刷技術協会（JAGAT）
URL　　　https://www.jagat.or.jp/cat5/

参考文献

情報文化リテラシ，城所 弘泰 他，昭晃堂

広辞苑　第七版，新村 出，岩波書店

JIS ハンドブック 64 情報技術 1，日本規格協会

HTML 4.01 Specification，World Wide Web Consortium (W3C)

朝日新聞記事

Microsoft Windows および Microsoft Office オンラインヘルプ

Google オンラインヘルプ

日本マイクロソフト株式会社ホームページ　https://www.microsoft.com/ja-jp/

総務省ホームページ　http://www.soumu.go.jp/

文化庁ホームページ　http://www.bunka.go.jp/

索 引

アルファベット

記号

あ行

か行

さ行

た行

な行

は行

ま行

や行

ら行

わ行

〈著者略歴〉
城 所 弘 泰（きどころ ひろやす）
学習院大学計算機センター助教
立正大学経済学部非常勤講師
専門は情報科学

井 上 彰 宏（いのうえ あきひろ）
立正大学経済学部・経営学部非常勤講師
専門は情報化学

今 井 　 賢（いまい まさる）
立正大学名誉教授
専門は情報文化論

情報文化スキル（第４版）
—Windows 10 & Office 2019 対応—

2008年 4 月10日　第1版第1刷発行
2011年 4 月10日　第2版第1刷発行
2014年12月25日　第3版第1刷発行
2020年 2 月10日　第4版第1刷発行
2021年 5 月30日　第4版第2刷発行

著　者　城所弘泰
　　　　井上彰宏
　　　　今井　賢
発行者　村上和夫
発行所　株式会社 オーム社
　　　　郵便番号 101-8460
　　　　東京都千代田区神田錦町 3-1
　　　　電話 03(3233)0641(代表)
　　　　URL https://www.ohmsha.co.jp/

印刷・製本　美研プリンティング
ISBN978-4-274-22491-1　Printed in Japan